U0304971

普通高等教育"十一五"国家级规划教材

微生物学实验教程

第 4 版

主　编　徐德强　王英明　周德庆

编著者（以写作量为序）

胡宝龙　周德庆　祖若夫　徐德强

王英明　宋大新　丁晓明　肖义平

全哲学　郭惠民　范长胜

高等教育出版社·北京

内容简介

本书是复旦大学微生物学实验课程建立至今70年来数代教师教学经验的总汇。本次修订根据当前的教学要求，在保持前三版优点的基础上，通过新增、修订和删减，更新了内容，提升了质量。具体安排了98个实验，包括基础实验66个，任选实验32个。全书内容的选编既重视基本操作的全面训练，又突出了新进展、新重点，还注意对学生学习兴趣、综合能力、研究能力和创新能力的培养。内容涵盖显微镜技术，微生物形态观察，培养基配制，消毒与灭菌，生长繁殖的测定，菌种的分离、纯化、鉴定、保藏，遗传变异与育种，分子微生物学，病毒学与免疫学基本技术，以及与食品、发酵、环境、土壤和生物防治等有关的一些应用微生物学实验。书中有不少内容为作者独创；突出分子微生物学、微生物遗传学和厌氧菌实验技术。书后附有微生物学名发音等附录16个。配套的数字课程提供部分实验的讲授及操作视频。

本书具有内容丰富、取材新颖、体系科学、图例简明、易教易学和特色明显等优点。可用作综合性大学、师范院校和其他高校的生物科学、生物技术、生物工程、环境科学以及食品、化工、医药类和农林类等本科专业和研究生的微生物学实验教材，也可供从事生命科学有关研究、管理和生产等科技人员参考。

图书在版编目（CIP）数据

微生物学实验教程/徐德强，王英明，周德庆主编. --4版.
-- 北京：高等教育出版社，2019.4（2022.12 重印）
ISBN 978-7-04-051076-8

Ⅰ. ①微… Ⅱ. ①徐… ②王… ③周… Ⅲ. ①微生物学 –
实验 – 高等学校 – 教材 Ⅳ. ① Q93-33

中国版本图书馆 CIP 数据核字（2019）第 017158 号

Weishengwuxue Shiyan Jiaocheng

策划编辑 王 莉　　责任编辑 赵晓玉　　特约编辑 赵君怡　　封面设计 于文燕
责任印制 刁 毅

出版发行	高等教育出版社	网　　址	http://www.hep.edu.cn
社　　址	北京市西城区德外大街4号		http://www.hep.com.cn
邮政编码	100120	网上订购	http://www.hepmall.com.cn
印　　刷	肥城新华印刷有限公司		http://www.hepmall.com
开　　本	850mm×1168mm 1/16		http://www.hepmall.cn
印　　张	20	版　　次	1993 年 1 月第 1 版
字　　数	520 千字		2019 年 4 月第 4 版
购书热线	010-58581118	印　　次	2022 年 12 月第 6 次印刷
咨询电话	400-810-0598	定　　价	42.00元

本书如有缺页、倒页、脱页等质量问题，请到所购图书销售部门联系调换
版权所有　侵权必究
物 料 号　51076-00

数字课程（基础版）

微生物学
实验教程

（第4版）

主编　徐德强　王英明　周德庆

微生物学实验教程（第4版）

　　《微生物学实验教程》数字课程，是与教材一体化设计的配套数字资源，是教材的有力补充。本数字课程包括教材第三部分"任选实验（二）"，视频资源和参考文献等丰富的内容，建议教师根据教学目标引导学生充分利用这些资源，进行拓展学习。

用户名：　　　　密码：　　　　验证码：　　　　 5360 忘记密码？　　登录　　注册

http://abook.hep.com.cn/51076

扫描二维码，下载 Abook 应用

第4版前言

本书第3版被评为"普通高等教育'十一五'国家级规划教材",自2013年问世至今已逾5年,此前曾印刷7次,发行总数近70 000册。为跟上时代前进的步伐和学科的发展,在高等教育出版社领导和编辑的关心和鼓励下,编写组的老师们再次做了修订,经大家认真工作和相互配合,第4版终于成稿。

微生物学是生命科学中一门极其典型的实验性学科,这是由其研究对象的微观、超微观性决定的。在学科的建立和发展的关键时刻,都是因为有独创的实验仪器、装备或方法的引领而实现的。经典的实例比比皆是,例如,17世纪后半叶,荷兰的列文虎克用其自制的单式显微镜首次发现了肉眼无法见到的微观世界,从而带动了一批兴趣爱好者开始对一些微生物的观察和记载;19世纪中叶,当社会上错误的"生物自然发生论"甚嚣尘上之时,法国学者巴斯德设计了著名的曲颈瓶实验,一举证实了生命必须来自生命,提出了胚种学说,并开创了一门崭新的微生物学学科;此后,德国医生科赫及其团队创立了细菌的纯种分离、培养和鉴别的方法,开创了医学微生物学的黄金时代。今天,前辈们的一些重要经典实验方法,都被凝固在微生物学实验教材的基础实验部分中,它们在今后的学术长河中将永远熠熠生辉! 进入近现代阶段后,随着微生物学与宏观生物学、化学、物理学和技术科学间的交叉、渗透和融合,在微生物学实验中,又出现了大量的新仪器、新装备、新方法和新技术,它们不但极大地推动了现代微生物学特别是分子微生物学的飞速发展,也为微生物学反馈其他学科和研究领域提供了有利的武器和良好的机会。

因此,在任何生命科学领域学习的学生,在大学时代,必须打好坚实的微生物学实验基础,以便让自己迅速站到"巨人的肩膀上",借以更好地施展每个人的聪明才智。具体地讲,通过本课程的训练,学生们都应力求自己达到:无菌观念强、基本操作精、独立实验好、综合运用行。

本书力求达到质量为重、学界认可、学生爱用、历久弥新。本版在保持前三版优点的基础上,通过新增(3个)、修订(10余个)和删减(3个)等措施,更新了内容,提升了质量。具体安排了98个实验,包括基础实验66个,任选实验(一)15个,任选实验(二)17个(这部分实验内容为电子版)。通过上述措施,使本版达到篇幅适中,题材丰富,内容精炼和易教又易学等特色。此外,在与本书配套的数字课程中,还载有王英明等老师制作和整理的教学资料,可供学习和参考。

本教材能走到今天,首先应感谢我院几代先辈老师为我们打下的好学风和好基础,还要感谢高等教育出版社的领导和王莉等编辑的长期支持和具体帮助,以及本组各位老师的尽职和合作,此外,广大同行和读者的选用和肯定也是对我们最大的支持和鼓励。

在未来的岁月中,若能得到多方的批评、建议和帮助,将是我们不断进步的动力,谢谢大家!

周德庆

于复旦大学生命科学学院

2018.8.18

第3版前言

微生物学是生命科学中的一门最有自己独特实验方法的学科。一个多世纪以来,它的迅猛发展是紧紧依靠研究方法的不断创新和生产技术持续革新而取得的。如果说现代微生物学的进步是因为学者们不断地"站在巨人肩膀上"的结果,那么,现代微生物学实验方法的进步就需要学者们不断自觉地"站在巨人手掌上"才能达到。

本书第2版列入教育部的"普通高等教育'十一五'国家级规划教材"。自2006年至今,已连续印刷了10次,累计印数达数万册,在同行中有较大影响。为迅速跟上学科发展的步伐,为更好地服务于广大同行和读者,我们深感有责任及时对第2版作进一步的修订,主要通过删繁就简、削枝强干和去陈推新,以达到紧跟前沿、提高质量和更好地"站在巨人手掌上"的目标。

本版力图在保留前版主要内容和优点的基础上,删去一些选用频率较低、相对次要的实验(20个);重点增强了现代分子微生物学(7个)和微生物遗传学实验(3个),适量增加几个环境微生物学、微生物生理学和免疫学实验;此外,还对原有7个实验的内容作了更新和提高,从而使本版在不增加篇幅的前提下,做到数量适中(共有实验98个,包括基础实验65个和任选实验33个),重点更加突出,内容更加全面,质量更为提高。

本书是复旦大学数代教师在微生物学实验教学中长期实践经验的总汇。在本版的编写过程中,除继续发挥老、中、青教师的各自专长外,还特别注意发掘一些青年教师在现代分子微生物学实验领域的特长,由此也使本书更显特色。在与本书配套的数字课程网站中,还载有一套肖义平等老师制作和整理的相关图像资料,可供学习参考。

本书的出版,得到了高等教育出版社生命科学与医学出版事业部领导的大力支持和王莉等编辑的具体指导和精心加工;此外,我院乔守怡教授也长期关心和支持本教材的建设。在此,我们代表全体编著者向他们表示诚挚的谢意!

周德庆 徐德强
于复旦大学生命科学学院
2012.9.1

第 2 版前言

本书首版自复旦大学出版社于 1993 年正式出版至今，已有十余年。这是一本凝聚我专业数代教师四十余年来教学经验的总结，具有历史悠久、内容丰富、特色鲜明、定位明确和易教易学等优点。该书出版后，受到全国同行的欢迎和广泛选用，至今还经常收到求购和要求再版的信件。

由于学科的发展及我校新一代教师的成长，十余年来，我们在教学和科学研究中又累积了不少新内容和新经验，从而为本书第 2 版的出版提供了良好的物质基础和精神准备；同时，由于理论课教材《微生物学教程（第 2 版）》在全国同行中被广泛选用和获得较好反响，也为这本配套实验教材的出版提出了要求和创造了有利条件。

本教材共安排了 104 个实验，包括 76 个基础实验和 28 个任选实验，内容比第 1 版丰富得多。其中有不少实验是我们通过原创或革新等措施而成，形成了一批设计巧妙、条件简单、易于掌握和便于推广的特色实验，如四大类微生物菌落的识别、真菌单孢子分离、乳酸菌和双歧杆菌的简便快速计数法、厌氧菌的针筒培养法、根霉的假根观察、用侧臂试管测定细菌的生长曲线，以及改良的霉菌载片培养、划线分离技术和芽孢染色法等。通过讲解和学习这类自创实验，不仅可活跃教学气氛和提高学习效果，还可激发同学创新欲望和培养他们的创新能力。

本书是一份集体创作。编写过程中，得到我院副院长乔守怡教授的关心和支持，并受到高等教育出版社领导的大力支持和吴雪梅副编审的具体指导。在此，谨对他们表示由衷的感谢。

最后，欢迎全国同行和新老读者随时对本书提出宝贵的意见和建议，以臻逐步完善和提高。

周德庆

于复旦大学生命科学学院

微生物学和微生物工程系

2005.4.15

第1版前言

微生物学是生物学中第一个建立起一套自己特有实验技术的学科。随着时代的进步和科技的发展,微生物学在其原有的一些经典实验技术的基础上,又获得了极大地丰富和飞速的发展。今天,微生物学实验技术已渗透到现代生命科学的各分支领域,在推动有关研究和应用中正发挥着越来越重要的作用。

微生物学实验课是培养未来生命科学工作者掌握有关基本实验方法和技术的一门必修课。良好的教材是提高实验课质量的先决条件之一。在长期的教学实践中,我们认为在微生物学实验教学和教材编写中均应努力贯彻"培养兴趣,严格要求;操作为主,验证为辅;重点技术,反复实践;善于活用,巧于动手"等原则。

本书是在我们长期使用的讲义的基础上加以适当修改和充实而成的。在编写过程中,我们力求使它成为一本内容较全面、技术较完整、体系较新颖、编写有特色的基础微生物学实验教程。在"教程"这一总目标下,我们按一学期一般有20个教学周的常规,把第一部分的59个"基本实验"按周编排成19套(另一周留作考试用),每套都有一个主题,围绕主题按主次开设几个可供选择的实验。这不但有利于全学期教学内容和基本技术的均衡安排,而且还为周学时差别较大的不同学校提供了一个选择的参考。其次,为了让有余力的学生或有条件的学校开展兴趣小组活动,我们还特意安排了一组"任选实验"作为教程的第二部分,其内容都是一些条件简便、联系实际、有利于培养兴趣和训练综合动手能力的实验。

本书的出版为我们创造了一个与国内同行进行实验教材交流的良好机会。我们热切地期待广大青年学生和同行专家们对本书提出各种批评和建议。

周德庆
1992.3.8

目　录

第一部分　基 础 实 验

第二部分　任选实验（一）

目　　录

第一部分　基 础 实 验

第二部分　任选实验（一）

第三部分　任选实验(二) ⓔ*

---

* 请登录 http://abook.hep.com.cn/51076 浏览标记有 ⓔ 的内容。

实验须知

微生物学实验课是一门操作技能较强的课程。通过本课程学习,要求学生牢固建立无菌概念,掌握微生物学实验的一套基本操作技术;树立严谨、求实的科学态度,提高观察、分析问题和解决问题的能力;培养创新意识;树立勤俭节约、爱护公物、相互协作的优良作风。

为了提高教学效果,保证实验的质量和实验室的安全,我们根据微生物实验工作的特点提出如下几点注意事项:

1. 每次实验前必须充分预习实验教材,以了解实验的目的、原理和方法。初步熟悉实验操作中的主要步骤和环节,对整个实验的安排做到先后有序、有条不紊和避免差错。

2. 非必要的物品不要带进实验室,必须带进的物品(包括帽子、围巾等)应放在不影响实验操作的地方。

3. 每次实验前须用湿布擦净台面,必要时可用 0.1% 新洁尔灭溶液擦。实验前要洗手,以减少染菌的概率。

4. 微生物实验中最重要的一环,就是要严格地进行无菌操作,防止杂菌污染。为此,在实验过程中,每个人要严格做到以下 5 点:

(1) 操作时要预防空气对流:在进行微生物实验操作时,要关闭门窗,以防止空气对流。

(2) 接种时不要走动和讲话:接种时尽量不要走动和讲话,以免因尘埃飞扬和唾沫四溅而导致杂菌污染。

(3) 含菌器具要消毒后清洗:凡用过的带菌移液管、滴管或涂布棒等,在实验后应立即投入 5% 石炭酸(又称苯酚)或其他消毒液中浸泡 20 min,然后再取出清洗,以免污染环境。

(4) 含培养物的器皿要杀菌后清洗:在清洗带菌的培养皿、三角烧瓶或试管等之前,应先煮沸 10 min 或进行加压蒸汽灭菌。

(5) 要穿干净的白色工作服:微生物学工作者在进行实验操作时应穿上白色工作服,离开时脱去,并经常洗涤以保持清洁。

5. 凡须进行培养的材料,都应注明菌名、接种日期及操作者姓名(或组别),放在指定的温箱中进行培养,按时观察并如实地记录实验结果,按时交实验报告。

6. 实验室内严禁吸烟,不准吃东西,切忌用舌舔标签、笔尖或手指等物,以免感染。

7. 节约药品、器材和水、电、煤气。

8. 各种仪器应按要求操作,用毕按原样放置妥当。高压钢瓶和灭菌锅等特种设备需要专人负责管理。

9. 实验完毕,立即关闭煤气,整理和擦净台面,离开实验室之前要用肥皂洗手。值日生负责打扫实验室及进行安全检查(门窗、水、电及煤气等)。

10. 冷静处理意外事故:

(1) 打碎玻璃器皿:如遇因打碎玻璃器皿而把菌液洒到桌面或地上时,应立即以 5% 石炭酸液或 0.1% 新洁尔灭溶液覆盖,30 min 后擦净。若遇皮肤破伤,可先去除玻璃碎片,再用蒸馏水洗净后,涂上碘酒或红汞。碎玻璃消毒后,应放入锐器盒中。

(2) 菌液污染手部皮肤: 先用 70% 乙醇棉球拭净,再用肥皂水洗净。如污染了致病菌,应将手浸于 2%～3% 来苏尔或 0.1% 新洁尔灭溶液中,经 10～20 min 后洗净。

(3) 菌液吸入口中: 在普通微生物学实验中,不可用病原菌作材料,但即使用普通菌种,在作逐级稀释时,也要使用助吸器进行操作。万一遇菌液入口,应立即吐出,并用大量自来水漱口多次,再根据该菌的致病程度做进一步处理:

① 非致病菌:用 0.1% 高锰酸钾溶液漱口。

② 一般致病菌(葡萄球菌、酿脓链球菌、肺炎链球菌等):用 3% H_2O_2、0.1% 高锰酸钾溶液或 0.02% 硝甲酚汞液漱口。

③ 致病菌:如吸入白喉棒杆菌,在用②法处理后,再注射 1 000 U 白喉抗毒素作紧急预防;若吸入伤寒沙门氏菌、痢疾志贺氏菌或霍乱弧菌等肠道致病菌,在经②法处理后,可注射抗生素和相应抗血清以预防发病。

(4) 衣服或易燃品着火: 应先断绝火源或电源,搬走易燃物品(乙醚、汽油等),再用湿布掩盖灭火,或将身体靠墙或着地滚动灭火,必要时可用灭火器。

(5) 皮肤烫伤: 可用 5% 鞣酸、2% 苦味酸(苦味酸氨苯甲酸丁酯油膏)或 2% 甲基紫溶液涂抹伤口。

(6) 化学药品灼伤:

① 强酸、溴、氯、磷等酸性药剂:先用大量清水洗涤,再用 5% $NaHCO_3$ 或 5% NaOH 中和。

② NaOH、金属钠(钾)、强碱性药剂:先用大量清水洗涤,再用 5% 硼酸或 5% 乙酸中和。

③ 石炭酸:用 95% 乙醇洗涤。

④ 如遇眼睛灼伤:则应先用大量清水冲洗,再根据化学品的性质作分别处理,例如,遇碱灼伤可用 5% 硼酸洗涤,遇酸灼伤可用 5% $NaHCO_3$ 洗涤,在此基础上再滴入 1～2 滴橄榄油或液体石蜡加以润湿即可。

(周德庆)

实验常用器皿一览表

器皿名称	规格	数量／组
接种环	柄金属杆（长 22 cm）+ 环丝（长 8 ~ 9 cm）	1 根
接种针	柄金属杆（长 22 cm）+ 针丝（长 8 ~ 9 cm）	1 根
移液管	10 mL，5 mL，1 mL	2 支，4 支，20 支
移液管筒	ϕ 6 cm × 36 ~ 38 cm	1 支
培养皿	9 cm	20 套
培养皿筒（盒）	ϕ 10.5 cm × 21 cm	2 个
三角烧瓶	250 mL	5 ~ 6 个
三角烧瓶塞（套）	符合口径	5 ~ 6 个
试管	ϕ 15 mm × 150 mm	40 支
试管帽（塞）	符合口径	40 个
铝制试管架	ϕ 17.5 mm × 40 孔	1 个
载玻片	25 mm × 75 mm	15 ~ 20 片
载片培养"∪"形玻璃搁棒	置直经 9 cm 培养皿内适宜	3 ~ 5 个
细菌染色载片搁架	置染色废液缸上适宜	1 个
玻璃烧杯	250 mL	1 个
石棉网	14 cm × 14 cm	1 块
量筒	100 mL	1 支
玻璃漏斗	9 cm	1 个
乳胶管		1 根
橡胶管夹		1 个
滴管		5 支
橡皮滴管头		5 个
洗耳球		1 个
玻璃搅拌棒		1 根
菌液涂布棒		3 ~ 5 根
微量可调移液器		各种规格（公用）
杜氏发酵集气小管		10 支
刻度试管	10 mL	5 支
离心管（各种规格）	50 mL，10 mL，5 mL，1.5 mL	各 2 支
目镜测微尺		1 块（公用）
镜台测微尺		1 块（公用）
镊子	12.5 cm	1 把
微量进样器	25 μL	2 支（公用）
层析缸		公用
染色废液缸		1 个（公用）
显微镜	100× 油浸物镜	1 台（公用）
助吸器		1 支

第一部分　基础实验

第一周　环境微生物的检测和菌落识别

相比于动物和植物,微生物资源具有更丰富的物种多样性。在我们周围的环境中存在着各种各样的微生物,其种类繁多,形态多样。在普通光学显微镜下常见的微生物主要有细菌、放线菌、酵母菌和霉菌四大类。土壤是微生物栖居的"大本营",它含有的微生物种类和数量最多;有些微生物附着在尘埃上,飘浮于大气中或沉降在各种物体的表面;此外,人和动物体的口腔、呼吸道和消化道及动、植物体表面都存在着各种微生物。识别它们的方法很多,其中最简便的方法是观察其菌落的形态和特征。这种方法对菌种筛选、鉴定和杂菌识别等实际工作也十分重要。

由于这些微生物个体微小、构造简单、肉眼难以观察到,因此,人们往往忽略了它们的存在,而这些微生物又常常是引起工厂、医院和生物学实验室中各种实验材料、实验菌种、产品或手术创口等污染的祸根。所以,对初学者来说必须树立"处处有菌"的观念,在实验过程中必须严格实行无菌操作,牢固地树立无菌概念,经常保持实验人员、桌面及周围环境的清洁,认真掌握好各种操作技术。

微生物的接种技术是微生物学实验室中最为常用的基本操作。接种是指在无菌操作条件下,将某种微生物移接到适合其生长繁殖的新鲜培养基中或生物体内的一种操作过程。微生物学实验室中常用的接种方法有斜面接种、穿刺接种、三点接种等。根据实验的目的和要求不同使用相应的接种工具与方法,采用避免杂菌污染的技术措施是确保实验成功的必要条件。

实验Ⅰ–1–1　环境中微生物的检测

【目的】

1. 初步了解周围环境中微生物的分布状况。
2. 懂得无菌操作在微生物学实验中的重要性。
3. 学会用无菌操作倒平板培养基的方法。

【概述】

在我们周围的环境中存在着种类繁多、数量庞大的微生物。它们的个体很微小,因此人们的肉眼无法直接观察到它们的存在。如果将这些微生物通过某种方法接种到适合于它们生长的固体培养基(含有微生物生长所必需的营养物)表面,在适宜的温度下培养一段时间后,少量分散的菌体或孢子就可生长繁殖成一个个肉眼可见的细胞群体,即菌落。如果平板上的单菌落是由单个细胞(或单个孢子)生长繁殖而成的,则称为纯菌落;将它移植传代后所得的菌种(如斜面培养物等形式)称为纯种微生物(或纯培养物)。不同种的微生物可形成大小、形态各异的菌落,因此,根据微生物菌落形态的不同,就可初步鉴别四大类微生物——细菌、放线菌、酵母菌和霉菌(见实验Ⅰ–1–5)。

微生物学是一门实践性很强的学科,熟练地掌握一套微生物实验操作技能是初学者的首要任务,本周所学无菌操作倒平板就是一项关键操作。倒平板就是在无菌环境中,如火焰旁,将三角瓶中已融化的固体培养基倒入无菌培养皿中,然后置水平位置待凝,凝固后即成为无菌培养基平板(简称平板),这个操作过程称为倒平板。在操作前应认真观察示范操作和示意图,然后进行模拟操作训练,经反复练习,切实领会操作要点后再开始正式倒平板。

为使初学者能正确与熟练地掌握好微生物实验操作技能,我们在微生物学实验教学实践中总结了一套"一视、二看、三仿、四做"的教学经验,即在学生学习微生物学无菌操作之前,首先从电视屏上观看实验教学示范操作的片段,然后看清与明白教师规范的操作演示,再由学生反复模仿(在学生的模拟操作中,教师的巡视与纠错十分重要),直至切实领会操作要领,最后让学生进入正式的操作实践,如无菌操作倒平板等。在操作技能的传授中,教师还应及时对学生的模仿或正式倒平板操作进行适当的点评与记录。

【材料和器皿】

1. 菌源
实验室环境中的微生物(如人体口腔、手指、皮肤、头发、土壤和桌面等)。

2. 培养基
牛肉膏蛋白胨固体培养基,马铃薯葡萄糖琼脂培养基(简称 PDA 培养基),高氏 1 号培养基等。

3. 器皿
无菌培养皿若干套。

4. 其他
培养皿,三角瓶,无菌棉签,火柴,煤气灯(或酒精灯),标签纸和恒温培养箱等。

【方法和步骤】

1. 融化培养基
可用沸水浴融化,也可用微波炉或压力锅快速融化等。

(1) 沸水浴融化法:取装有无菌固体培养基的三角瓶(或大试管)一个,放在沸水浴中煮沸维持,待琼脂彻底融化(从水浴中取出,在不摇动下对着透视光观察为均质无块状液态)后取出,室温下放置待冷。

(2) 微波炉融化法:若采用微波炉加热融化固体培养基,应根据加热功率大小及待融化培养基的量来决定所需时间。否则将导致培养基中水分蒸发过多,或因培养基剧烈沸腾使三角瓶口棉塞冲脱而溢出培养基,有时甚至会引起棉花塞燃烧等事故。

(3) 压力锅融化法:当需融化的培养基量较多时,用加压灭菌锅融化较快速。方法是将待融化固体培养基放入锅内,采用 100 ~ 105℃的锅压维持 5 ~ 10 min 即可。

(4) 冷却注意点:一般把融化的固体培养基平放台面,室温冷却。为了避免培养基底部快速冷却而产生凝结现象,需要不时轻摇三角瓶,使瓶内培养基温度一致。

2. 清洁桌面
正式倒平板前须清理与清洁桌面,以减少桌面尘埃,降低平板污染的概率。

3. 倒平板
无菌操作倒平板培养基的方法有持皿法和叠皿法两种,以下分别叙述其要点:

(1) 持皿法倒平板(见图 I–1–1– ①):

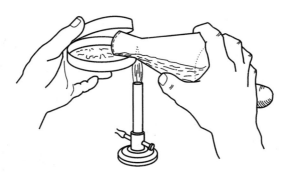

图 I-1-1-①　持皿法倒平板操作示意图

① 正确放置器皿:正式操作前先将若干套无菌培养皿与融化并冷却至 50~55℃的待倒培养基放在煤气灯的左侧,便于操作时取放,同时也可避免在操作时由于动作幅度过大而导致大范围的气流运动,增加污染的概率。

② 点燃煤气灯:点燃煤气灯,并将火焰调至适中(气流量不能太大,以免气流过急引起回火,若回火使灯管内燃烧会有严重烫伤手指等事故发生)。

③ 持皿法倒平板步骤

a. 手握瓶底:先用左手握住三角瓶的底部。

b. 瓶口位于无菌操作区:倾斜三角瓶,将瓶口移至煤气灯上方火焰旁的无菌操作区内。

c. 夹住棉花塞:用右手旋松棉塞,然后以右手的小指和手掌边缘夹住棉塞并将其轻轻拔出(切勿将棉塞放在桌面上,以免造成棉塞污染。除非一次用完瓶内培养基)。

d. 瓶口过火:将瓶口周缘在煤气灯火焰上过火一下(以杀灭可能黏附在瓶口外的杂菌,但切勿让瓶口在火焰中久留,以防瓶口过热而引起爆裂)。然后将三角瓶口维持在火焰旁的无菌操作区内。

e. 瓶移交右手:将斜握在左手中的三角瓶迅速移交(移交中瓶口面向火焰)给右手,仍以右手的拇指、食指和中指握住三角瓶的底部(瓶塞仍夹在右手小指与手掌间)。

f. 瓶口面朝向火焰:在取培养皿期间,三角瓶口始终维持在火焰无菌操作区内,同时瓶口面朝向火焰,在倒平板的整个操作过程中始终如此,严防杂菌污染瓶内培养基。

g. 左手取培养皿:用左手托起一套培养皿,用中指、无名指和小指托住培养皿底部,保持水平。

h. 开启培养皿:以食指按住皿盖与作为开启皿盖时的轴,用拇指开启培养皿成一缝,恰好能让三角瓶口伸入。

i. 倒出培养基:随后迅速倒出瓶内融化培养基至无菌培养皿内,一般倒入量为每皿 12~15 mL。

j. 水平冷凝:迅速盖上培养皿的盖,置水平位置冷凝。冷凝方法有两种:一种是将平板一个个摊平在桌面上让其迅速冷凝,另一方法是将几个平板叠放成一叠让其缓慢冷凝。前者冷凝较快,在室温较高时常采用。但缺点是有时在皿盖或凝结的培养基表面有冷凝水产生。而后者冷凝速度较慢,常在室温较低时应用,其优点是在缓慢冷凝中平板表面及盖内侧很少有冷凝水微滴形成。

k. 包扎三角瓶:将倒好平板的三角瓶在火焰旁迅速转移至左手,在此操作中仍让瓶口四周过火,棉塞稍过火并塞紧三角瓶口,再在瓶塞外包上纸并包扎好,以保持三角瓶内剩余培养基的无菌状态。

(2) 叠皿法倒平板(见图 I-1-1-②):此法操作步骤与持皿法基本相同。差异为左手不必手持培养皿,而先将需倒入培养基的无菌培养皿叠放在煤气灯的左侧,尽量靠近火焰。用右手握住三角瓶的底部,再以左手小指与无名指夹住瓶塞并拔出,随即将瓶口四周过火,然后用左手开启最上面一套培养皿的皿盖露一缝,让三角瓶口伸入并倒出已融化的培养基,盖上皿盖后再移至水平位置处待凝。最后依次倒完叠放在下层的各培养皿即可。

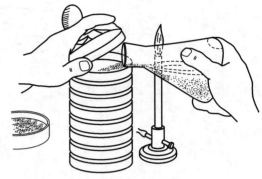

图 I –1–1– ② 叠皿法倒平板操作示意图

在连续倒平板的操作过程中,含培养基的三角瓶的瓶口应始终面朝煤气灯火焰(但切忌在火焰中灼烧),切勿让瓶口朝天,以免瓶内培养基的污染。

4. 贴标签

待培养基完全凝固后,在皿底贴上标签,并注明检测类型、组别及日期等(也可用记号笔标记)。

5. 检测方法

环境中存在的微生物种类多样,检测方法各异,现列举几种:

(1) **空气:** 做实验室空气中微生物的检测时,只要打开无菌平板的皿盖,让其在空气中暴露一段时间(5～10 min),即让空气中含微生物的尘埃或微粒以沉降法自然接种到平板培养基的表面,然后将皿盖盖上即可。

(2) **桌面:** 在做实验桌面的微生物检测时,可用一枚无菌棉签,先在手持无菌平板的半侧润湿后划数条“Z”型的接种线,以此作为无菌棉签实验的无菌对照区域。然后仍用此棉签去擦抹桌面,再在平板的另半侧的表面作同样的划线接种。上述操作均应以无菌操作法进行,即在火焰旁的无菌操作区内完成(见图 I –1–1– ③)。

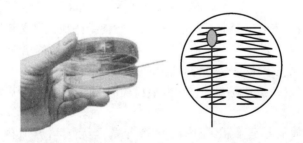

图 I –1–1– ③ 手持无菌平板与含菌棉签的平板划线示意图

(3) **头发:** 移去无菌平板的皿盖,使自己的头发部位保持在平板培养基的上方,然后以手指拨动头发数次,再盖上皿盖,就可粗略测知头发中所含带菌尘埃的多少及其含菌的种类等。

(4) **手指:** 可用未经清洗的手指先在无菌的平板培养基的左半侧作划线接种,并在皿底做好标记。然后用肥皂洗手,待手指冲洗干净并干燥后再在平板培养基的另半侧作同样的划线接种(见图 I –1–1– ③,以手指代棉签),然后盖好皿盖。待培养后比较平板两侧所形成的菌落或菌苔的差异来判断洗手的效果。

(5) **口腔:** 打开无菌平板培养基的皿盖,使口对着平板培养基的表面,以咳嗽或刺激鼻腔打喷嚏方式接种(轻咳与无力吹气有时仅震动空气,常常无法将口腔内的微生物自然接种至平板表面);也可用长的无菌棉签从口腔或咽喉等处取菌样,然后在平板表面作划线分离,再盖上皿盖,经培养后观察平板上的菌落或菌苔(见图Ⅰ–1–1–④)。

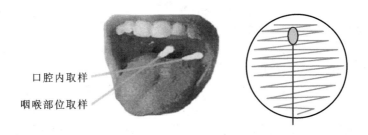

口腔内取样

咽喉部位取样

图Ⅰ–1–1–④　无菌棉签口腔内取样与平板划线示意图

(6) **土壤**:若要检测土壤微生物,则可用弹土法接种。其要点为:采集校园土壤,待风干磨碎后,可将细土末撒在无菌的硬板纸表面,先弹去纸面大量浮土,然后打开皿盖,使含土壤微粒的纸面(肉眼无法感知土壤微粒的存在)朝向平板培养基的表面,用手指在硬板纸背面轻轻一弹即可接上土壤中的各种微生物,待培养后即可辨认各类微生物的菌落。

6. 培养

将以上各种检测平板倒置于28℃恒温培养箱中培养,至下周实验时观察并计数各平板上的菌落数。若有时间可从24 h起观察数次,以了解各种平板上不同类型菌落出现的顺序及菌落大小、外形和颜色等的变化。

7. 观察

将观察结果记录在下表中。

8. 清洗

经观察记录完毕后,将含菌平板放在沸水中煮10 min以杀死平板表面的培养物,然后清洗并晾干培养皿(倒置皿底扣在皿盖上连接成排晾干)。也可以将含菌平板置于加压蒸汽灭菌锅中,灭菌后再清洗。

【结果记录】

将各类平板的检测结果记录在下表中。

检测对象	所用培养基	菌落数 / 皿	菌落特征（干燥 / 湿润、大 / 小、隆 / 扁、松 / 密、颜色及构造等）

【注意事项】

1. 用于倒平板的培养基一定要彻底融化,否则会在所倒的平板培养基表面出现未融化的琼脂块。而且,倒平板时的培养基温度不能过高(50～55℃为宜),否则会在皿盖内侧形成较多的冷凝水或在凝固的平板表面形成许多冷凝水微滴,不利于单菌落的形成。

2. 在无菌操作倒平板过程中,切忌用手抓、握三角瓶的瓶口处,以防灼热的瓶口端烫伤手指,同时,手指上的微生物也会严重污染瓶的口端,易造成严重的操作污染等。

3. 本实验对各种环境中微生物的检测方法均属定性检测,若要作定量检测,则需进一步设计实验。

4. 无菌操作中使用煤气灯火焰,要特别注意安全。调节火焰时气流量不要太大,严防回火或造成灯管内燃烧,此时若去调节空气会使手指严重烫伤。煤气灯使用中要严防引燃工作服或头发等事故的发生。

【思考题】

1. 通过本实验,试谈你对周围环境中微生物的分布、种类与数量的一些认识。
2. 平板培养基表面的菌落是如何形成的?
3. 琼脂在固体培养基中的作用是什么? 其作为凝固剂有何优点?
4. 本实验中哪些实验步骤属无菌操作? 为什么?
5. 请解释下列名词:无菌操作;自然接种;纯菌落;纯种;平板;菌落。

(胡宝龙　王英明)

【网上视频资源】

- 微生物学实验室的安全
- 无菌操作倒平板
- 环境中异养微生物的分离

实验 Ⅰ-1-2　斜面接种与培养

【目的】

1. 了解微生物接种技术的重要性和应用范围。
2. 掌握无菌操作移接斜面菌种的步骤和方法。

【概述】

微生物的接种技术是微生物学实验室中最为常用的基本操作。接种是指在无菌操作条件下,将微生物移接到适合其生长繁殖的新鲜培养基中或生物体内的一种操作实践。

微生物学实验室中常用的接种方法有斜面接种、穿刺接种、三点接种和液体接种等。根据实验的目的和要求可采用不同的接种工具与方法,常用的接种工具如图Ⅰ-1-2-①所示。

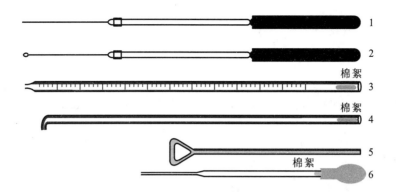

图Ⅰ-1-2-① 微生物学实验室常用的接种工具

1. 接种针 2. 接种环 3. 移液管 4. 弯头吸管 5. 涂布棒 6. 滴管与滴头

用于制作接种环或接种针的金属丝应软硬适中,必须具有灼烧时红得快、冷却迅速、能耐受反复灼烧、不易氧化且无毒等性能,通常用镍铬丝或铂丝为材料。用于接种细菌或酵母菌的接种环可用直径为 0.5 mm 的镍铬丝,将其一端弯成内径 2～3 mm 的圆环,环端要闭合,而另一端固定于金属棒或玻棒内即成。无论是接种环还是接种针,其突出在棒外的镍铬丝总长应在 7.5 cm 左右。也有用其他质地较硬的金属丝(不锈钢丝),将其一端制成钩状或扁平状的接种钩或接种铲,用于挑取菌丝体或与培养基结合紧密的菌苔等。

斜面接种法就是用灼烧灭菌后的接种环,从菌种管挑取少许菌苔,以无菌操作转移至另一支待接新鲜培养基斜面上,自斜面底部开始向上作"Z"形致密平行划线的操作过程。有时为了观察某微生物在斜面培养基上的一些生长特征,这时只需由下而上在斜面上划一直线,经合适温度培养后,观察并记录接种斜面上菌苔的生长特征(见图Ⅰ-1-2-②)。这些生长特征在菌种鉴定上具有参考价值,也可用于检查菌株的纯度等。

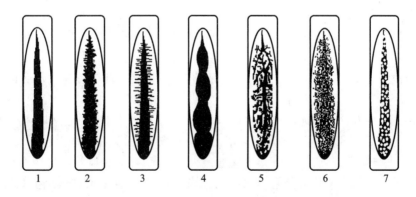

图Ⅰ-1-2-② 直线接种琼脂斜面上菌苔的生长特征

1. 丝状 2. 细刺状 3. 羽毛状 4. 扩展状 5. 树杈状 6. 薄雾状 7. 念珠状

无菌操作接种是指为防止杂菌污染纯培养物而采取的一系列预防措施后的接种过程。为此,接种前应清理桌面,移走不必要的物品,用湿布擦净桌面灰尘。菌种管和待接种的斜面试管都应插在试管架上(切勿平躺在桌面上),并放在取放便利的位置。接种时应在火焰旁的无菌操作区内完成菌种的转移或划线等操作过程。为避免因空气流动而带来污染,操作时切忌聊天、动作过猛或人员走动。总之,严防污染是接种成功的关键。

【材料和器皿】

1. 菌种

大肠埃希氏菌(*Escherichia coli*)或金黄色葡萄球菌(*Staphylococcus aureus*)。

2. 培养基

牛肉膏蛋白胨斜面培养基。

3. 其他

接种环,接种针,恒温培养箱和标签纸等。

【方法和步骤】

1. 接种前的准备工作

(1) **贴上标签**:将标注上菌名、接种日期和接种者姓名的标签粘贴在待接试管斜面正上方离管口 3~4 cm 处,以便接种时可与菌种管的菌名相核对,严防菌种搞错或混淆。

(2) **旋松棉塞**:经灭菌后棉塞纤维常会粘连在试管的内壁上,为接种时棉塞便于拔出,应预先旋松棉塞。

(3) **点燃煤气灯**:点燃煤气灯火焰,并将煤气灯的气流量(煤气与空气及两者之比)调至适中,形成柔和的 3 层火焰状态。

2. 接种操作

(1) **手持试管**:将菌种管及待接种的斜面试管并排放置在左手的食指、中指和无名指之间,让两试管底部稳躺在掌心,使两支试管的斜面保持在水平状态(见图 Ⅰ-1-2-③),还应让稍向上倾斜的试管口面朝火焰并停留在无菌操作区内。

在未正式接种时可用左手的拇指按压在试管的正面以确保其稳定,而接种时又可方便地移去拇指以看清菌种管与待接斜面的全部表面,便于取菌种与接种划线等操作。

(2) **灼烧接种环**:右手取接种环,手握接种环的胶木柄(如握铅笔或毛笔法,但均以手指能自如地拨动接种环为宜),将镍铬丝环先在火焰的氧化焰部位灼烧至红,然后将可能伸入试管的环以上部分均匀地通过火焰,以杀灭可能携带的杂菌,然后将接种环维持在火焰旁的无菌操作区内(见图 Ⅰ-1-2-③)。

(3) **拔出棉塞**:在近火焰的无菌操作区内,以握无菌接种环手的无名指和小指及小指与手掌边先后夹住两支试管的棉塞,然后将其轻轻拔出(不可将棉塞丢弃在桌面上)。

(4) **管口过火与停留**:开启的试管口迅速通过火焰灭菌,然后让试管口停留在火焰旁的无菌操作区内。仍保持斜面水平状态与管口面朝向火焰(切莫管口朝上或在火焰上灼烧),以防空气中的杂菌污染待接斜面或菌种管(见图 Ⅰ-1-2-③)。

(5) **接种操作**:将灭过菌的接种环伸入菌种管中,先使环端轻轻接触斜面菌种的顶端或边缘菌少的培养基部位,令环端蘸湿而急剧冷却,再移动接种环至菌苔上,用环的前缘部位挑取少量菌苔(菌体或孢子),然后在无菌操作区内转移带菌接种环至待接试管斜面上,自斜面底部开始向上作"Z"形划线接种,将环上的菌体有规则地划线涂布于斜面表面,然后抽出接种环,同时将两支试管口与棉塞依次过火一下,最后塞在各自的试管上,塞紧棉塞后将试管放回试管架上(见图 Ⅰ-1-2-④)。

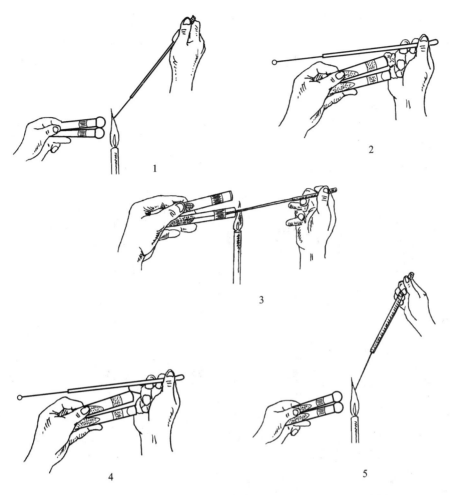

图Ⅰ-1-2-③　斜面试管的握法与无菌操作接种的流程示意图

1. 烧环　2. 拔塞　3. 接种　4. 加塞　5. 烧环

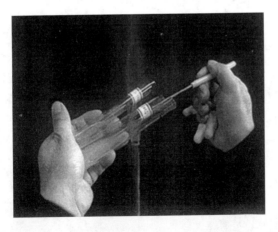

图Ⅰ-1-2-④　3支斜面试管的握法与划线接种操作示意图

(6) 杀灭环上残留菌：接种完毕应立即灼烧接种环，以杀死环上残留的菌体。如环上的菌体量多而黏稠,则应先灼烧环以上部位,再逐渐移至环口处灼烧至红,否则残留于环上的菌体会因骤然灼烧而四处飞溅,污染空气。在转移致病菌操作时更应注意防止此类污染,严防发生有害微生物对操作者自身的伤害。若采用管腔式电加热杀菌装置,则可将含菌接种环伸入其中以杀灭环端残留菌。

3. 培养与观察

将接种好的试管斜面置 37℃ 恒温培养箱中培养 24 h,观察菌苔的生长情况及斜面上所划的线条是否符合要求。由于划线操作不够正确或接种环不合要求等原因,斜面上往往会出现如图 Ⅰ-1-2-⑤所示的各种不理想的状态,请辨认自己接种的斜面菌种的结果属其中哪种类型。

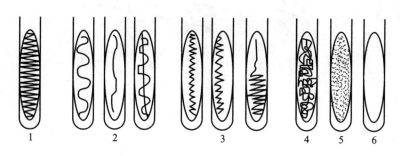

图 Ⅰ-1-2-⑤　斜面上的各种划线结果示意图
1. 正确　2. 稀疏　3. 不完全　4. 杂乱　5. 水膜　6. 对照

4. 培养物后处理

(1) **清洗**:做好各类培养物的善后处理是微生物学工作者的重要职责。菌种若需保留,请用无菌纸包扎试管棉塞端后存放 4℃ 冰箱。若待处理的是一些非致病菌类的废弃菌种管,可先拔去棉塞,再置沸水浴中杀菌 10 min,然后洗刷干净,并将试管倒置在试管架上晾干备用;对于具有致病性的微生物试管培养物,则要连塞作加压蒸汽灭菌后再进行洗刷。

(2) **清理桌面**:实验后的台面消毒处理与清洁卫生是微生物学实验室安全的保障之一,也是确保生物安全的重要内容。

【结果记录】

1. 将斜面划线接种后生长的培养物特征记录于下表中。

菌名	划线状况（图示）	菌苔特征	是否污染

2. 试分析斜面接种成败的各种原因。

【注意事项】

1. 接种前务必核对待接试管斜面标签上的菌名与菌种管的菌名是否一致,以防混淆或接错菌种。

2. 接种环自菌种管转移至待接试管斜面的过程中,切勿无意间通过火焰或触及其他物品的表面,以防止斜面接种失败或转接的斜面菌种污染杂菌。

3. 接种时只需将环的前缘部位与菌苔接触后刮取少量菌体,划线接种是利用含菌环端部位的菌体与待接斜面培养基表面轻度接触摩擦,并以流畅的线条将菌体均匀分布在划线线痕上,切忌划破斜面培养基的表面或在其表面乱划。

【思考题】

1. 何谓接种,什么是斜面接种法?

2. 接种时可否将棉塞放在桌面上? 菌种管和待接新鲜斜面试管可否平放在桌面上? 为什么?

3. 要使斜面上接种线划得致密、流畅、清晰,在接种时应注意哪几点?

4. 为防止斜面接种时杂菌污染,在操作中应注意哪些问题?

(胡宝龙)

【网上视频资源】

● 斜面接种法

实验 I -1-3　三点接种与培养

【目的】

1. 学会霉菌的三点接种法。

2. 掌握青霉、曲霉等霉菌菌落特征的辨认知识。

【概述】

霉菌的菌落形态特征是对它们进行分类鉴定的重要依据。为了便于观察,通常用接种针挑取极少量霉菌孢子点接于平板中央,由其形成单个菌落,这种接种方法常称为霉菌单点接种法;若在平板培养基上以匀称分布的三点方式接种,经培养后可在同一平板上形成 3 个重复的单菌落,则称为霉菌的三点接种法。

三点接种法的优点是在同皿中获得 3 个重复菌落,同时在 3 个彼此相邻的菌落间会形成一些菌丝生长较稀疏且较透明的狭窄区域,由于在该区域内的气生菌丝仅分化出少量子实体,因此可直接将培养皿放在显微镜的低倍镜下,随时观察到菌丝的自然着生状态与子实体的形态特征,因而省去了制片的麻烦,同时也避免了制片时易破坏子实体的自然生长状态特征等弊端。

此法在对霉菌进行形态观察和分类鉴定等工作中十分有用。

【材料和器皿】

1. 菌种

产黄青霉(*Penicillium chrysogenum*),黑曲霉(*Aspergillus niger*),构巢曲霉(*A. nidulans*)。

2. 培养基

马铃薯葡萄糖琼脂培养基等。

3. 其他

接种针,无菌培养皿,标签纸,记号笔和恒温培养箱等。

【方法和步骤】

1. 倒平板

融化马铃薯葡萄糖琼脂培养基,待冷至50℃左右,按无菌操作法将培养基倒入无菌培养皿中,水平放置待凝备用。

2. 贴标签

将注明菌名、接种日期及接种者姓名的标签粘贴于皿底部,或用记号笔在皿底作标记。

3. 标出三点

用记号笔等在皿底标出约为等边三角状的三点(三点均位于培养皿的半径之中心)。

4. 三点接种步骤

(1) 无菌操作取菌样:将灼烧灭菌后的接种针,伸入菌种管斜面顶端的培养基内,使其冷却与润湿,以针尖蘸取少量霉菌孢子。在转移带菌接种针前,须将接种针的柄在管口轻轻碰两下,以抖落针尖端未黏牢的孢子。然后移出接种针,塞上棉塞,将菌种管放回试管架。

(2) 带菌接种针的停留:带菌接种针在未点接平板期间,尽量保持在火焰旁的无菌操作区内,但切勿太靠近火焰或无意间过火(均可杀灭针尖菌体或孢子),也要防止针尖无意中碰到他物(无菌操作未过关)而污染杂菌。

(3) 取出平板皿底:左手将预先倒置在煤气灯旁的平板皿底取出(皿盖仍留桌面),手持平板使其停留在火焰旁的无菌操作区内,并且使平板培养基面朝向火焰。

(4) 三点接种:快速将蘸有孢子的接种针尖垂直地点接至平板培养基表面的标记点处(见图Ⅰ-1-3-①),然后将平板皿底以垂直于桌面的状态轻快地放回皿盖中,让三点接种平板一直保持倒置状态(切忌来回翻动)。最后将带菌的接种针灼烧至红,以杀灭针上残留的菌体与孢子。

5. 培养

将培养皿倒置于28℃恒温培养箱中,培养1周后观察菌落生长情况,若有时间可多观察几次,以了解菌落的形成过程及孢子的形成规律。

6. 清洗

将废弃的平板和菌种管(去棉塞)置沸水中煮10 min,立即洗刷晾干。

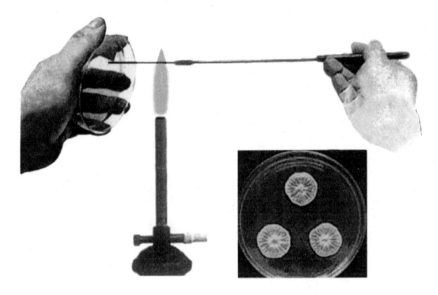

图 I-1-3-① 无菌操作三点接种及其结果示意图

【结果记录】

1. 将三点接种的菌落生长情况记录于下列图示中,或拍照记录结果。

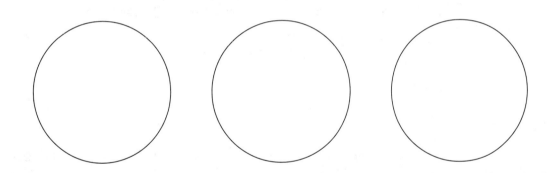

2. 观察菌落的特征,记录在下表中。

菌种	产黄青霉	黑曲霉	构巢曲霉
大小(直径)/mm			
表面及背面颜色			
表面特征(致密或疏松;有无同心环纹和辐射状沟纹等)			
表面有无液滴及其颜色			
是否产生可溶性色素			

3. 培养基有无刺破,如刺破后长出的菌落有何异常或不同?

【注意事项】

1. 接种时应使手持的平板尽量垂直于桌面,以防接种时针上的孢子撒落到平板的其他区域,或因空气中的带菌尘埃降落至平板表面而引起污染等。

2. 接种时接种针应尽量垂直于平板,轻快地让针尖的菌体或孢子点接于平板表面,尽量不要刺破培养基,以防形成的单菌落形态不规则。

【思考题】

1. 接种的平板上是否仅长出 3 个菌落? 菌落形态有无异常? 试分析其原因。

2. 三点接种适用于哪一类微生物? 要保证三点接种的成功应注意哪几点?

(胡宝龙 王英明)

【网上视频资源】

- 无菌操作倒平板
- 霉菌的三点接种

实验 I –1–4 穿刺接种法和细菌运动力的观察

【目的】

掌握穿刺接种法并观察细菌在半固体培养基中的运动力。

【概述】

穿刺接种法就是用接种针挑取少量菌苔,直接刺入半固体直立柱培养基中央的一种接种法。该法只适用于细菌和酵母菌的接种培养。

穿刺接种法不仅用于观察细菌的运动力,而且在菌种保藏(如液体石蜡封藏)、明胶液化及某些生理生化反应(产 H_2S 实验)等实验中都得到应用。因此,这也是微生物工作者必须掌握的接种技术之一。

细菌在半固体培养基中运动力的观察,就是将欲检测的细菌穿刺接种至牛肉膏蛋白胨半固体(琼脂含量 0.4% ~ 0.6%)直立柱培养基中,经培养后观察细菌有无运动力。细菌如有运动力,就会沿穿刺线向四周扩散生长,使穿刺线变粗且周缘不整齐。细菌在穿刺线外的生长形状是鉴定细菌的特征之一(见图 I –1–4– ①)。无运动能力的细菌仅能沿穿刺线生长,穿刺线显得纤细浓密和整齐。

若将细菌穿刺至明胶直立柱中,就可用于检测细菌是否有液化明胶的能力。凡能产生蛋白酶的细菌,可使明胶自表面开始沿穿刺线逐渐分解,使明胶柱液化呈火山口状、芜菁状、漏斗状、囊状或层状等不同的形状,因此,可作为菌种鉴定的依据之一。

穿刺接种时持试管的方法有两种:一种是横握法,这与斜面接种的握法相同;另一种是直握

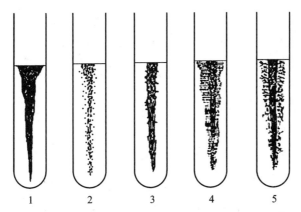

图 I-1-4- ① 半固体穿刺生长的特征

1. 丝状 2. 念珠状 3. 乳头状 4. 羽毛状 5. 树根状

法(见图 I-1-4- ②)。

【材料和器皿】

1. 菌种

金黄色葡萄球菌(*Staphylococcus aureus*),大肠埃希氏菌(*Escherichia coli*),蕈状芽孢杆菌(*Bacillus mycoides*)。

2. 培养基

牛肉膏蛋白胨半固体直立柱培养基。

3. 其他

接种针,恒温培养箱和记号笔等。

【方法和步骤】

1. 接种前的准备

与斜面接种方法相同(标注菌名,旋松棉塞,点燃煤气灯)。

2. 穿刺接种法(直握法)

(1) **挑取菌种**:左手持菌种管,右手拿接种针(拿法与斜面接种法同)。经火焰灭菌后,用持针的右手拔出棉塞,管口过火灭菌后再将接种针伸入菌种管中,先在斜面上端冷却,再挑取少量菌苔,移出接种针,管口再过火,塞上棉塞,将菌种管放回试管架上。

(2) **穿刺接种**:左手拿直立柱试管,在火焰旁用右手的小指和掌边拔出棉塞。随之将试管口朝下,同时将接种针从直立柱培养基中央自下而上直刺到离管底 1~1.5 cm 处(切勿穿透培养基),然后沿原穿刺线拔出接种针(见图 I-1-4- ②)。管口过火,塞上棉塞,插在试管架上。

(3) **灭接种针上残菌**:将带有菌的接种针在火焰上烧红,经灭菌后才可放在桌面上。随手再将棉塞塞紧,以防脱落。

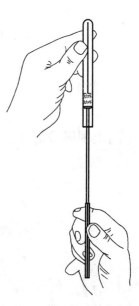

图 I-1-4- ② 垂直式穿刺接种法

3. 培养

将已接种的直立柱试管置 37℃ 恒温培养箱中,培养 24 h 后取出,通过透射光目测细菌在穿刺线上的生长情况,并记录结果。

4. 接种后处理

(1) **清洗**:将废弃的菌种管和观察过的直立柱试管棉塞拔去,置水浴中煮沸 10 min,然后刷洗干净,倒置于试管架上,沥干。

(2) **整理**:清理桌面。

【结果记录】

将穿刺接种的观察结果记录于下表中。

	金黄色葡萄球菌	大肠埃希氏菌	蕈状芽孢杆菌
穿刺线上生长形状(图示)			
判断有无运动力			
备 注			

【注意事项】

1. 半固体培养基琼脂的用量依据琼脂牌号不同而定。其硬度的判断,以培养基冷却凝固后,用手轻敲即碎为准。为使培养基透明而不混浊,配制的培养基必须过滤。

2. 接种前应将接种针拉直,穿刺时手要平稳,不可左右摆动。

3. 穿刺接种时,接种针不可穿透培养基。

【思考题】

1. 为什么穿刺接种时不可穿透培养基? 如果穿透了会出现什么现象?

2. 什么叫穿刺接种法? 有哪些实验须用该接种法?

(祖若夫)

【网上视频资源】

● 穿刺接种法

实验 Ⅰ-1-5 四大类微生物菌落形态的识别

【目的】

1. 熟悉细菌、放线菌、酵母菌和霉菌的菌落形态特征。

2. 根据四大类微生物菌落的形态特征,对一批未知菌落进行识别。

【概述】

微生物具有丰富的物种多样性。在光学显微镜下常见的微生物主要有细菌、放线菌、酵母菌和霉菌四大类。可识别它们的方法很多,其中最简便的方法是观察其菌落的形态特征。此法对菌种筛选、鉴定和杂菌识别等实际工作十分重要。

菌落是由某一微生物的一个或少数几个细胞(包括孢子)在固体培养基上繁殖后所形成的子细胞集团,其形态和构造是细胞形态和构造在宏观层次上的反映,两者有密切的相关性。由于上述四大类微生物的细胞形态和构造明显不同,因此所形成的菌落也各不相同,从而为识别它们提供了客观依据。

在四大类微生物的菌落中,细菌和酵母菌的形态较接近,放线菌和霉菌的形态较接近,现分述如下。

1. 细菌和酵母菌菌落形态的异同

细菌和多数酵母菌都呈单细胞生长,菌落内的各子细胞间都充满毛细管水,从而两者产生相似的菌落,包括质地均匀、较湿润、透明、黏稠、表面较光滑,易挑起,菌落正反面和边缘与中央部位的颜色较一致等。它们之间的区别为:

(1) **细菌:**因其细胞较小,故形成的菌落一般也较小、较薄、较透明并较"细腻"。不同的细菌常产生不同的色素,故会形成相应颜色的菌落。更重要的是,有的细菌具有某些特殊构造,于是使其也形成特有的菌落形态特征,例如,有鞭毛的细菌常会形成大而扁平、边缘很不圆整的菌落,这在一些运动能力强的细菌,例如,变形杆菌(*Proteus* spp.)中更为突出,有的菌种甚至会形成迁移性的菌落。一般无鞭毛的细菌只形成形态较小、突起和边缘光滑的菌落。具有荚膜的细菌可形成黏稠、光滑、透明及呈鼻涕状的大型菌落。有芽孢的细菌,常因其芽孢与菌体细胞有不同的光折射率以及细胞会呈链杆状排列,致使其菌落出现透明度较差,表面较粗糙,有时还有曲折的沟槽样外观等。此外,由于许多细菌在生长过程中会产生较多有机酸或蛋白质分解产物,因此,菌落常散发出一股酸败味或腐臭味。

(2) **酵母菌:**细胞比细菌大(直径大 5~10 倍),且不能运动,繁殖速度较快,故一般形成较大、较厚和较透明的圆形菌落。酵母菌一般不产色素,只有少数种类产红色素(如红酵母属 *Rhodotorula*),个别产黑色素。假丝酵母属(*Candida*)的种类因可形成藕节状的假菌丝,使菌落的边缘较快向外蔓延,因而会形成较扁平和边缘较不整齐的菌落。此外,由于酵母菌普遍生长在含糖量高的有机养料上并产生乙醇等代谢产物,故其菌落常伴有酒香味。

2. 放线菌和霉菌菌落形态的异同

放线菌和霉菌的细胞都呈丝状生长,当在固体培养基上生长时,会分化出营养菌丝(或基内菌丝)和气生菌丝,后者伸向空中,菌丝相互分离,它们之间无毛细管水形成,故产生的菌落不仅外观干燥、不透明,而且多呈丝状、绒毛状或毡状。由于营养菌丝伸向培养基内层,因此菌落不易被挑起。由于气生菌丝、子实体、孢子和营养菌丝有不同的构造、颜色和发育阶段,因此菌落的正反面以及边缘与中央会呈现不同的构造和颜色。在一般情况下,菌落中心具有较大的生理年龄,会较早分化出子实体和形成孢子,故颜色较深。此外,放线菌和霉菌因营养菌丝分泌的水溶性色素或气生菌丝或孢子的丰富颜色,而使培养基或菌落呈现各种相应的色泽。它们之间的区别为:

(1) **放线菌:**放线菌为原核生物,菌丝纤细,生长较缓慢,在其基内菌丝上可形成大量气生菌丝,气生菌丝再逐渐分化出孢子丝,其上再形成许多色泽丰富的分生孢子。由此造成放线菌菌落具有形态较小,菌丝细而致密,表面呈粉状,色彩较丰富,不易挑起以及菌落边缘的培养基出现凹陷状等特征。某些放线菌的基内菌丝因分泌水溶性色素而使培养基染上相应的颜色。不少放线菌还会产生有利于识别它们的土臭味素(geosmin),从而使菌落带有特殊的土腥气味或冰片气味。

(2) **霉菌**:霉菌属于真核生物,它们的菌丝直径一般较放线菌大1倍至10倍,长度则更加突出,且生长速度极快。由此形成了与放线菌有明显区别的大而疏松或大而较致密的菌落。由于其气生菌丝随生理年龄的增长会形成一定形状、构造和色泽的子实器官,所以菌落表面会形成种种肉眼可见的构造。

现将四大类微生物菌落的识别要点归纳如下:

根据图Ⅰ-1-5-①表解,基本上可识别大部分未知菌落的归属。若遇某些过渡类型或疑难对象,则可借助显微镜观察其细胞形态来解决。

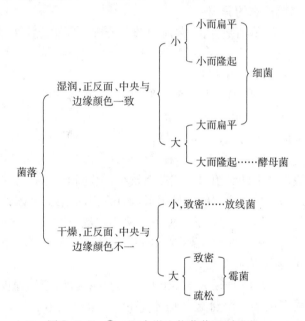

图Ⅰ-1-5-①　四大微生物菌落识别要点

【材料和器皿】

1. 已知菌落

(1) **细菌类**

大肠埃希氏菌(*Escherichia coli*),金黄色葡萄球菌(*Staphylococcus aureus*),胶质芽孢杆菌(*Bacillus mucilaginosus*,俗称"钾细菌"),枯草芽孢杆菌(*Bacillus subtilis*)。

(2) **酵母菌类**:酿酒酵母(*Saccharomyces cerevisiae*),黏红酵母(*Rhodotorula glutinis*),热带假丝酵母(*Candida tropicalis*)。

(3) **放线菌类**:细黄链霉菌(*Streptomyces microflavus* 5406,又称为"5406"抗生菌),黑化链霉菌(*S. nigrificans*),灰色链霉菌(*S. griseus*),金霉素链霉菌(*S. aureofaciens*)。

(4) **霉菌类**:产黄青霉(*Penicillium chrysogenum*),黑曲霉(*Aspergillus niger*),构巢曲霉(*A. nidulans*),白僵菌(*Beauveria bassiana*)等。

2. 培养基

牛肉膏蛋白胨固体培养基,马铃薯葡萄糖琼脂培养基,高氏1号培养基,钾细菌培养基。

【方法和步骤】

1. 制备已知菌的单菌落标本

通过平板涂布或平板划线法可在相应的平板上获得细菌、酵母菌和放线菌的菌落,用单点或三点接种法获得霉菌的单菌落。接种后,细菌平板可放置在37℃恒温培养箱中24~48 h,酵母菌为28℃下2~3 d,霉菌和放线菌置于25~28℃培养5~7 d。

2. 制备未知菌的单菌落标本

用不同培养基平板按环境中微生物检测法(见实验Ⅰ-1-1)获取多个适宜的平板,然后从中挑选各大类典型菌落若干个,逐个编号,待识别。

3. 辨认未知菌落

按图Ⅰ-1-5-①表解进行辨认,并将结果填入下面相应的表格中。

【结果记录】

1. 将观察到的已知菌落形态特征记录在下表中。

四大类	菌名	辨别要点				菌落描述						
		湿		干		表面	边缘	隆起形状	颜色			透明度
		厚薄	大小	松密	大小				正面	反面	水溶色素	
细菌	大肠埃希氏菌											
	金黄色葡萄球菌											
	胶质芽孢杆菌											
	枯草芽孢杆菌											
酵母菌	酿酒酵母											
	黏红酵母											
	热带假丝酵母											
放线菌	细黄链霉菌											
	黑化链霉菌											
	灰色链霉菌											
	金霉素链霉菌											
霉菌	产黄青霉											
	黑曲霉											
	构巢曲霉											
	白僵菌											

2. 将观察到的未知菌落识别结果记录在下表中。

菌落号	湿		干		菌落描述							判断结果
	厚薄	大小	松密	大小	表面	边缘	隆起形状	颜色			透明度	
								正面	反面	水溶色素		
1												
2												
3												
4												
5												
6												
7												
8												
9												
10												

3. 统计一下你对未知菌落识别的准确率(%)。

【注意事项】

1. 每张实验台上都放一套已知菌落和未知菌落标本,观察时请勿随意打开或挑取。

2. 对要观察和识别的菌落,必须选择长在稀疏区域的单菌落,否则会因过分拥挤而影响菌落的大小、形状和结构,从而影响对其正确判断。

【思考题】

1. 菌落干燥与湿润的原因是什么,为何这一标准在四大类微生物识别中占有重要地位?

2. 试分析影响菌落大小的内外因素。

3. 具有鞭毛、荚膜或芽孢的细菌在它们形成菌落时,一般会出现哪些相应特征?

4. 酿酒酵母与热带假丝酵母的菌落特征有何差别,为什么?

5. 当放线菌菌落处在生长初期(气生菌丝还未大量形成),其菌落外形也呈现出较湿润、透明和光滑,这时如何判断它是放线菌而不是细菌?

(周德庆)

【网上视频资源】

● 平板划线分离法
● 平板涂布法
● 环境中异养微生物的分离
● 常见微生物菌落特征观察

第二周　细菌染色法和光学显微镜的使用

显微镜是研究微生物必不可少的工具。自从发明了显微镜后,人们才能观察到各种微生物的形态,从此揭开了微生物世界的奥秘。随着科学技术的不断发展,显微镜可利用的光源已从可见光扩展到紫外光及非光源(电子显微镜),从而大大地提高了显微镜的分辨率和放大率。借助于各种显微镜,人们不仅能观察到真菌、细菌的形态和构造,而且还能清楚地观察到病毒的形态和构造。

微生物实验中最常用的还是普通光学显微镜,我们应了解其构造和原理,以达到正确使用和保养的目的。

除暗视野显微镜和相差显微镜可用于观察活的细菌细胞外,用其他普通光学显微镜观察细菌细胞时,只有经过染色才能看清其形态和构造。因此,各种染色法也是微生物学工作者应掌握的基本技术。

实验Ⅰ-2-1　普通光学显微镜的使用

【目的】

1. 了解普通光学显微镜的构造和原理。
2. 正确掌握使用显微镜的方法。

【概述】

普通光学显微镜由机械装置和光学系统两部分组成(见图Ⅰ-2-1- ①)。

1. 机械装置

(1) **镜座和镜臂**:它们是显微镜的基本骨架,起稳固和支撑显微镜的作用。

(2) **镜筒**:它是一个金属或塑料制的圆筒,其上端安放目镜,下端安装转换器。

(3) **物镜转换器**:是一个用于安装物镜的圆盘,其上可装 4~6 个物镜。为使用方便,物镜应按低倍到高倍的顺序安装。转换物镜时,必须用手按住圆盘旋转,勿用手指直接推动物镜,以防物镜和转换器间的螺旋松脱而损坏显微镜。

(4) **镜台(载物台)**:用于安放载玻片。镜台上安装有玻片夹或玻片移动器,调节镜台移动器上的手轮可使标本前后、左右移动,有些移动器上还装有刻度标尺,可标定标本的位置,便于重复观察。

(5) **调焦装置**:调焦装置即安装在镜臂基部两侧的粗调节螺旋和细调节螺旋,用于调节物镜与标本间的距离,使物像更清晰。粗螺旋转一圈可使镜筒或载物台升降约 20 mm,细螺旋旋一圈可使镜筒或载物台升降约 0.1 mm。

2. 光学系统

(1) **目镜**:目镜的功能是把经物镜放大的物像再次放大。目镜由两片透镜组成,上面一片为接目透镜,下面一片为会聚透镜,两片透镜之间有一光阑。光阑的大小决定了视野的大小,光阑的边缘就是视野的边缘,故又称为视野光阑。由于标本正好在光阑上成像,因此若在光阑上粘一小段细发作为指针,就可用来指示标本的具体位置。光阑上还可放置测量微生物大小的目镜测微尺。目镜上标有 5×、10×、15× 等放大倍数记号,不同放大倍数的目镜其口径是统一的,可互换使用。

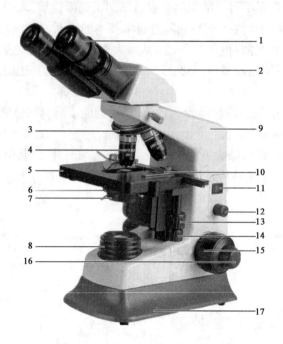

图 I -2-1- ① 光学显微镜的构造

1. 目镜 2. 镜筒 3. 物镜转换器 4. 物镜 5. 镜台 6. 聚光器 7. 可变光阑

8. 光源 9. 镜臂 10. 玻片移动器 11. 电源开关 12. 亮度调节旋钮 13. 玻片纵向移动手轮

14. 玻片横向移动手轮 15. 粗调节螺旋 16. 细调节螺旋 17. 镜座

(2) 物镜:是显微镜中最重要的部件。物镜有低倍(4×)、中倍(10 ~ 20×)、高倍(40 ~ 65×)和油镜(100×)等不同的放大倍数。油镜上刻有"OIL"(oil immersion)字样,并刻有一圈白线为标记,用于区别其他物镜。物镜上标有放大倍数、数值孔径(numerical aperture,简写为 NA)、工作距离(物镜下端至盖玻片间的距离,mm)及要求盖玻片的厚度等主要参数(见图 I -2-1- ②)。

图 I -2-1- ② 光学显微镜物镜的主要参数

1. 筒长 2. 指定盖玻片厚度 3. 放大倍数 4. 数值孔径

(工作距离:4×:17.4 mm; 10×:16.3 mm; 40×:0.7 mm; 100×:0.3 mm)

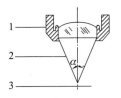

图 I -2-1- ③　物镜的镜口角
1. 物镜　2. 镜口角　3. 标本面

数值孔径系指介质的折射率与镜口角 1/2 正弦的乘积,可用 $NA=n\cdot\sin\dfrac{\alpha}{2}$ 表示。

公式中,n 为物镜与标本间介质的折射率。α 为镜口角(通过标本的光线延伸到物镜前透镜边缘所形成的夹角),见图 I -2-1- ③。

显微镜的优劣主要取决于分辨率的大小。所谓分辨率就是显微镜工作时能分辨出两点间最小距离(D)的能力。D 值愈小表明分辨率愈高。D 值可用下列公式表示:

$$D=0.61\frac{\lambda}{NA}$$

欲提高显微镜的分辨率,一是缩短光的波长(λ),光波愈短则显微镜的分辨率愈高。但是普通光学显微镜所利用的光源不可能超过可见光的波长范围(约 400 ~ 770 nm)。虽然利用紫外线作光源可提高分辨率,但应用范围有限,只适用于显微镜摄影而不适于直接观察。二是增大物镜的数值孔径。影响数值孔径的因素之一是镜口角 α。当 $\sin(\alpha/2)$ 增到最大时,$\alpha/2$ 值为 90°,就是说进入透镜的光线与光轴成 90° 角,这是不可能的,所以 $\sin(\alpha/2)$ 的最大值总是小于 1。现在所用的油镜其 $\alpha/2$ 为 60° 左右。影响数值孔径的另一因素是介质的折射率,不同介质的折射率是不同的,空气的折射率为 1.0,水的折射率为 1.33,香柏油的折射率为 1.52,玻璃的折射率为 1.5。因此,在物镜和标本间加入香柏油作介质时,数值孔径就可增大到 1.2 ~ 1.4。所以,当用数值孔径为 1.25 的油镜来观察标本时,就能分辨出距离不小于 0.2 μm 的物体,而大多数细菌的直径在 0.5 μm 左右,故在油镜下能看清细菌形态及其某些结构。

显微镜的总放大率是指物镜放大率和目镜放大率的乘积。但由于物镜和目镜搭配的不同,其分辨率也不同,例如,在总放大率相同的情况下,采用数值孔径大的 40 倍物镜和 10 倍目镜相搭配,其分辨率就比数值孔径小的 20 倍物镜和 20 倍目镜相搭配时要高些,效果也比较好。

(3) 聚光器:聚光器起会聚光线的作用,可上下移动,在其边框上刻有数值孔径值。当用低倍物镜时聚光器应下降,当用油镜时聚光器应升到最高位置。在聚光器的下方安装有可变光阑(光圈),它是由十几张金属薄片组成,可放大或缩小,用以调节光强度和数值孔径的大小。在观察较透明的标本时,光圈宜缩小些,这时分辨力虽降低,但反差增强,从而使透明的标本看得更清楚。但也不宜将光圈关得太小,以免由于光干涉现象而导致成像模糊。

【材料和器皿】

1. 标本

金黄色葡萄球菌(*Staphylococcus aureus*)及大肠埃希氏菌(*Escherichia coli*)的染色涂片;酿酒酵母(*Saccharomyces cereviseae*)的水封片。

2. 仪器

显微镜(有油镜)。

3. 其他

香柏油,镜头清洁液($V_{无水乙醚}:V_{无水乙醇}=70:30$),擦镜纸等。

【方法和步骤】

1. **用低倍镜观察酵母菌**

(1) **打开光源**:打开显微镜电源,调节光亮度,将低倍物镜转到工作位置。上升聚光器,将可变光阑完全打开。

(2) **调节聚光器和物镜数值孔径相一致**:根据视野的亮度和标本明暗对比度来调节光圈大小,达到较好的效果。

(3) **放置标本**:下降镜台,将酿酒酵母水封片放在镜台上,用玻片移动器夹住,然后上升镜台,使低倍物镜下端接近载玻片。

(4) **调焦**:转动粗调节螺旋,逐渐上升镜筒或下降镜台到看见模糊物像时,再转动细调节螺旋,调节到物像清晰为止。

(5) **观察**:转动纵向和横向移动手轮,找到合适视野。观察并绘制酵母菌的形态。如要精细观察可转换高倍镜。

2. **高倍镜观察**

(1) **寻找视野**:将在低倍镜下找到的合适部位移至视野当中。

(2) **转换高倍镜**:用手按住转换器慢慢地旋转,当听到"咔嚓"一声即表明物镜已转到正确的工作位置上。

(3) **调焦**:使用齐焦物镜时,只要从低倍转到高倍再稍调一下细调节螺旋就可看清物像。如用不齐焦物镜时,每转换一次物镜都要进行调焦,即先使物镜降至非常靠近载玻片的位置,然后再慢慢下降镜筒或上升镜台,并细心调节粗、细调节螺旋,直至物像清晰为止。

(4) **观察**:仔细地观察酵母菌的形态构造。

3. **用油镜观察细菌**

(1) **放置标本**:将染色的细菌涂片(涂面朝上)置于镜台上。

(2) **找合适的视野**:先用低倍镜寻找合适的视野,并将欲观察的部位移到视野中央。

(3) **转换油镜**:将油镜转到工作位置。

(4) **调节聚光器与油镜数值孔径相一致**:只要将聚光器上升到最高位置,可变光阑开到最大,此时两者的数值孔径即达到一致。

(5) **加香柏油**:从双层瓶(见图Ⅰ-2-1-④)的内层小管中取香柏油1~2滴加到欲观察部位的涂片上(切勿加多),然后将油镜转到工作位置,下降镜筒或上升镜台,使油镜头浸入香柏油中,并从侧面观察,使镜头降至既非常接近载玻片,又不能与载玻片相撞的合适位置。

(6) **调焦**:双眼从目镜中观察,同时缓慢转动粗螺旋,上升油镜或下降镜台,至出现模糊的物像时再用细螺旋调节,至物像清晰为止。若找不到目的物,可能是油镜或镜台上升或下降时速度太快,以至眼睛捕捉不到一闪而过的物像。

(7) **观察**:仔细观察细菌形态并将结果填入表中。

4. **显微镜用毕后的处理**

(1) **关闭电源**:关闭显微镜电源开关,上升镜筒或下降镜台,取下载玻片。

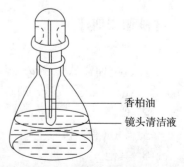

香柏油

镜头清洁液

图Ⅰ-2-1-④ 装香柏油的双层瓶

(2) **清洁显微镜：**①清洁油镜，先用擦镜纸擦去镜头上的香柏油，再用沾少许镜头清洁液的擦镜纸擦掉残留的香柏油，最后再用干净的擦镜纸抹去残留的镜头清洁液。②清洁目镜和其他物镜，可用干净的擦镜纸擦净。③用柔软的绸布擦净机械部分的灰尘。

(3) **搁置物镜：**将物镜转成"八"字式，缓慢下降镜筒，使物镜靠置在镜台上，或下降镜台，使镜台下降至最低位置。同时将聚光器降至最低位置。

(4) **去除细菌涂片上的香柏油：**加 2～3 滴镜头清洁液于涂片上，使香柏油溶解，再用吸水纸轻轻压在涂片上吸掉镜头清洁液和香柏油。这样处理不会损坏细菌涂片，并可保存以供以后再观察。如不需要保留涂片，可用洗衣粉水煮沸后再清洗干净。

【结果记录】

将观察到的微生物形态画于下表中：

	低倍镜（放大___倍）	高倍镜（放大___倍）	油镜（放大___倍）
酿酒酵母			
大肠埃希氏菌			
金黄色葡萄球菌			

【注意事项】

1. 搬动显微镜时应一手握住镜臂，另一手托住底座，镜身保持直立，并紧靠身体，步态稳健。切忌单手拎提，以免目镜从镜筒上掉出而砸坏。

2. 各个镜面切忌用手涂抹，以免手上的油、汗污染镜面，造成发霉、腐蚀。

3. 用镜头清洁液擦镜头时，用量要少，不宜久抹，以防胶粘透镜的树脂被溶解。切勿用乙醇擦镜头和支架。

4. 因油镜的工作距离甚短，故操作时要特别谨慎，切忌用眼睛对着目镜边观察边提升镜台的错误操作。

【思考题】

1. 使用油镜应注意哪些问题？
2. 试列表比较油镜、高倍镜在数值孔径、工作距离及物镜镜头的大小等方面的差别。
3. 试述影响分辨率的三个因素。
4. 当物镜由低倍转到油镜时，随着放大倍数的增加，视野的亮度是增强还是减弱？应如何调节？

（祖若夫　肖义平）

【网上视频资源】

● 显微镜的原理和结构

- 细菌玻片标本的观察和油镜的保养
- 酵母菌的个体形态观察

实验 I-2-2 细菌的涂片及简单染色法

【目的】

掌握细菌的涂片和简单染色法。

【概述】

细菌的涂片和染色是微生物实验中的一项基本技术。细菌的细胞小而透明,在普通光学显微镜下不易识别,必须对它们进行染色,使染色后的菌体与背景形成明显的色差,从而能清楚地观察到其形态和构造。

用于生物染色的染料主要有碱性染料、酸性染料和中性染料三大类。碱性染料的离子带正电荷,能和带负电荷的物质结合,因细菌蛋白质等电点较低,当它生长于中性、碱性或弱酸性的培养基中时常带负电荷,所以通常采用碱性染料[如美蓝(又称亚甲蓝)、结晶紫、碱性复红或孔雀绿等]使其着色。酸性染料的离子带负电荷,能与带正电荷的物质结合,当细菌分解糖类产酸使培养基 pH 下降时,细菌所带正电荷增加,因此易被伊红、酸性复红或刚果红等酸性染料着色。中性染料是前两者的结合,又称为复合染料,如伊红美蓝和伊红天青等。

简单染色法即仅用一种染料使细菌着色。此法虽操作简便,但一般只能显示其形态,不能辨别其构造。

染色前必须先固定细菌。其目的有二:一是杀死细菌并使菌体黏附于载玻片上;二是增加其对染料的亲和力。常用的有加热和化学固定两种方法。固定时应尽量维持细胞原有形态,防止细胞膨胀或收缩。

【材料和器皿】

1. 菌种

大肠埃希氏菌(*Escherichia coli*),金黄色葡萄球菌(*Staphylococcus aureus*)。

2. 仪器

显微镜。

3. 染色液

草酸铵结晶紫或石炭酸(又称苯酚)复红。

4. 材料

载玻片,擦镜纸,镜头清洁液,香柏油和玻片搁架等。

【方法和步骤】

1. 涂片

在洁净无油腻的载玻片中央放一小滴水(或用接种环挑 1~2 环水),用无菌的接种环挑取少量菌体与水滴充分混匀,涂成极薄的菌膜。涂布面积约 1 cm²。

2. 固定

手执载玻片一端,有菌膜的一面朝上,通过微火数次(用手指触摸涂片反面,以不烫手为宜),直至菌膜干燥。待载玻片冷却后,再加染色液。

3. 染色

载玻片置于玻片搁架上,加适量(以盖满菌膜为度)草酸铵结晶紫染色液(或石炭酸复红液)于菌膜部位,染 1~2 min。

4. 水洗

倾去染色液,用洗瓶中的自来水,自载玻片一端缓缓流向另一端,冲去染色液,冲洗至流下的水中无染色液的颜色为止。

5. 干燥

自然干燥或用吸水纸盖在涂片部位以吸去水分(注意勿擦去菌体)(见图Ⅰ-2-2-①)。

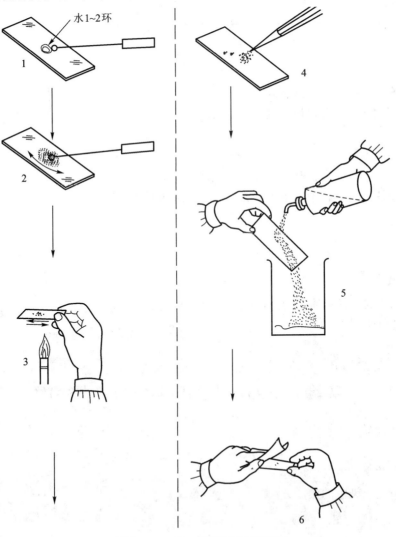

图Ⅰ-2-2-①　染色过程示意图

1. 加水　2. 挑菌涂片　3. 固定　4. 加染色液　5. 水洗　6. 吸干

6. 镜检

用油镜观察并绘细菌形态图于记录表中。

7. 清理

实验完毕,按实验Ⅰ-2-1步骤4的要求清洁显微镜和涂片。有菌的载玻片用洗衣粉水煮沸后清洗干净并沥干。菌种管同样煮沸消毒后再清洗。

【结果记录】

将细菌简单染色和形态观察的结果记录于下表中。

菌名	染色液名称	菌体颜色	菌体形态（图示）
大肠埃希氏菌			
金黄色葡萄球菌			

【注意事项】

1. 载玻片要洁净无油,否则菌液涂不开。

2. 挑菌宜少,涂片宜薄,过厚则不易观察。

【思考题】

1. 涂片为什么要固定,固定时应注意什么问题?

2. 你在涂片染色过程中遇到了什么问题? 试分析其中原因。

（祖若夫）

【网上视频资源】

● 细菌玻片标本的观察和油镜的保养

● 细菌的单染色法

实验Ⅰ-2-3　革兰氏染色法(经典法)

【目的】

1. 了解革兰氏染色的原理。

2. 掌握革兰氏染色的操作方法。

【概述】

革兰氏染色法是1884年由丹麦病理学家C. Gram所创立的。用革兰氏染色法可将所有的细菌区分为革兰氏阳性菌(G^+)和革兰氏阴性菌(G^-)两大类,此法是细菌学上最常用的鉴别性染色法。

革兰氏染色法的主要步骤是先用结晶紫进行初染,再加媒染剂——碘液,以增加染料与细胞的亲和力,使结晶紫和碘在细胞壁以内形成相对分子质量较大的复合物,然后用脱色剂(乙醇或丙酮)脱色,最后用沙黄液复染。凡细菌不被脱色而保留初染剂的颜色(紫色)者为革兰氏阳性菌,如被脱色后又染上复染剂的颜色(红色)者则为革兰氏阴性菌。

该染色法之所以能将细菌区分为 G^+ 菌和 G^- 菌,是由这两类菌的细胞壁结构和成分的不同所决定的。G^- 菌的细胞壁中含有较多易被乙醇溶解的类脂质,而且肽聚糖层较薄,交联度低,故用乙醇或丙酮脱色时溶解了类脂质,增加了细胞壁的通透性,使结晶紫和碘的复合物易于渗出,结果是细菌被脱色,再经沙黄复染后细菌就染成红色。G^+ 细菌细胞壁中肽聚糖层较厚且交联度高,类脂质含量少,经脱色剂处理后反而使肽聚糖层的孔径缩小,通透性降低,因此细菌仍保留初染时的紫色。

【材料和器皿】

1. 菌种

大肠埃希氏菌(*Escherichia coli*)、金黄色葡萄球菌(*Staphylococcus aureus*)斜面菌种各 1 支。

2. 仪器

显微镜。

3. 染色液

草酸铵结晶紫染色液,鲁氏(Lugol)碘液,95%乙醇,0.5%沙黄染色液。

4. 材料

载玻片,香柏油,镜头清洁液,擦镜纸,吸水纸,染色缸等。

【方法和步骤】

1. 涂片

(1) **常规涂片法**:挑一环水于载玻片中央,再用接种环分别挑取少量大肠埃希氏菌和金黄色葡萄球菌与载玻片上的水滴均匀混合,并涂成薄的菌膜(注意挑取金黄色葡萄球菌的量应少于大肠埃希氏菌)。

(2) **三区涂片法**:在载玻片的左右端各加 1 滴水,用无菌接种环挑少量金黄色葡萄球菌与左边水滴充分混合成仅有金黄色葡萄球菌的区域,并将少量菌液延伸至载玻片的中央。再用无菌的接种环挑少量大肠埃希氏菌与右边水滴充分混合成仅有大肠埃希氏菌的区域,并将少量大肠埃希氏菌菌液延伸至载玻片中央,与金黄色葡萄球菌相混合成含有两种细菌的混合区,如图 Ⅰ–2–3–①所示。

图 Ⅰ–2–3–①　三区涂片法示意图

1. 金黄色葡萄球菌区　2. 两菌混合区　3. 大肠埃希氏菌区

2. 固定

手执载玻片一端,有菌膜的一面朝上,载玻片在微火上通过数次(用手指触摸涂片反面,以不烫手为宜),直至菌膜彻底干燥。待冷却后,再加染料。

3. 染色

(1) **初染**:将载玻片置于玻片搁架上,加草酸铵结晶紫染色液(加量以盖满菌膜为度),染色 1~2 min 后倾去染色液,用自来水小心地冲洗。

(2) **媒染**:滴加鲁氏碘液,染 1~2 min,水洗。

(3) **脱色**:滴加95%乙醇,将载玻片稍摇晃几下即倾去乙醇,如此重复 2~3 次,立即水洗,以终止脱色。

(4) **复染**:滴加沙黄染色液,染色 2~3 min,水洗。最后用吸水纸轻轻吸干。

4. 镜检

用油镜观察,区分出 G^+ 菌和 G^- 菌的细菌形态和颜色。

5. 实验完毕后处理

(1) **清洁显微镜**:按实验 I–2–1 的方法进行。

(2) **清洗染色玻片**:用洗衣粉水煮沸、清洗、沥干备用。

(3) **菌种管的消毒和清洗**:同前。

【结果记录】

将革兰氏染色的结果记录于下表中。

菌　名	菌体颜色	菌体形态（图示）	G^+ 或 G^-
大肠埃希氏菌			
金黄色葡萄球菌			

【注意事项】

1. 革兰氏染色成败的关键是脱色时间,如脱色过度,革兰氏阳性菌也可被脱色而被误认为是革兰氏阴性菌。如脱色时间过短,革兰氏阴性菌也会被误认为是革兰氏阳性菌。脱色时间的长短还受涂片之厚薄、脱色时载玻片晃动的快慢及乙醇用量多少等因素的影响,难以严格规定。一般可用已知革兰氏阳性菌和革兰氏阴性菌做练习,以掌握脱色时间。当要确证一个未知菌的革兰氏反应时,应同时做一张已知革兰氏阳性菌和阴性菌的混合涂片,以资对照。

2. 染色过程中勿使染色液干涸。用水冲洗后,应甩去载玻片上的残水,以免染色液被稀释而影响染色效果。

3. 选用培养 18~24 h 菌龄的细菌为宜。若菌龄太老,由于菌体死亡或自溶常使革兰氏阳性菌转呈阴性反应。

【思考题】

1. 革兰氏染色中哪一步是关键,为什么? 你如何控制这一步?

2. 不经复染这一步,能否区别革兰氏阳性菌和阴性菌?

3. 固定的目的之一是杀死菌体,这与用自然死亡的菌体进行染色有何不同?

(祖若夫)

【网上视频资源】

- 细菌玻片标本的观察和油镜的保养
- 革兰氏染色法

实验Ⅰ-2-4　革兰氏染色法(三步法)

【目的】

掌握一种改良的革兰氏染色方法。

【概述】

自 1884 年丹麦病理学家 C. Gram 发明著名的革兰氏染色法后,100 多年来虽经过一些学者的多次改进,但都仍沿用 Gram 原来的四步法,基本原理也无改变。本实验介绍我国学者黄元桐等建立的,具有操作简便、结果可靠等优点的革兰氏染色三步法。

【材料和器皿】

1. 菌种

大肠埃希氏菌(*Escherichia coli*),金黄色葡萄球菌(*Staphylococcus aureus*),细菌未知种(一株)。

2. 试剂

(1) **结晶紫染色液**:同前。

(2) **碘液**:碘 1 g,碘化钾 2 g,蒸馏水 100 mL。先取少量蒸馏水加入含碘和碘化钾的烧杯中,待碘完全溶解后再加入全部蒸馏水,分装于滴瓶中备用。

(3) **复红乙醇溶液**:碱性复红 0.4 g,95%乙醇 100 mL,溶解后装入滴瓶中备用。

3. 器皿

显微镜,载玻片,香柏油,镜头清洁液,擦镜纸,吸水纸,染色架,染色缸,洗瓶,接种环等。

【方法和步骤】

1. 制片

在一洁净载玻片上加蒸馏水一滴,然后用接种环分别挑取少量大肠埃希氏菌和金黄色葡萄球菌与上述水滴混匀,制成薄薄的细菌涂片,而后将此载玻片在煤气灯火焰上通过 3～4 次,使细菌固定在载玻片上。细菌未知种采用单菌涂片。

2. 染色和脱色

(1) **结晶紫染色**:在上述的细菌涂片上加草酸铵结晶紫液(加量以覆盖菌膜为度),染 1～2 min,水洗并除尽水滴。

(2) **媒染**：在上述涂片上滴加碘液,染 1 ~ 2 min,水洗,除尽水滴。

(3) **复染和脱色**：在上述涂片上,滴加复红乙醇溶液,维持 1 min,水洗。用吸水纸轻轻吸干。

3. 镜检

用油镜观察上述涂片。

4. 实验完毕后处理

同实验Ⅰ-2-3。

【结果记录】

将上述 3 菌种的个体形态和革兰氏染色结果记录于下表中。

菌种	菌体颜色	菌体形态（图示）	G⁺ 或 G⁻
大肠埃希氏菌			
金黄色葡萄球菌			
细菌未知种			

注：G^+ 菌呈深紫色, G^- 菌呈浅红色。

【注意事项】

为取得可靠的实验结果,本法同样需要采用 18 ~ 24 h 菌龄的菌种。若取老培养物,则常可使革兰氏阳性菌转呈阴性反应。

【思考题】

本实验(三步法)为何能将细菌分为 G^+ 和 G^- 两大类?

(徐德强)

实验Ⅰ-2-5 显微测微尺的使用

【目的】

1. 了解显微测微尺的结构。
2. 掌握显微测微尺用于测量菌体大小的方法。

【概述】

显微测微尺可用于测量微生物细胞或孢子的大小,它包括镜台测微尺和目镜测微尺两个部件(见图Ⅰ-2-5-①)。镜台测微尺是一块特制的载玻片,其中央有一全长为 1 mm 的刻度标尺,等分成 100 小格,每格长度为 0.01 mm(10 μm),可用它来校正目镜测微尺每小格的长度。

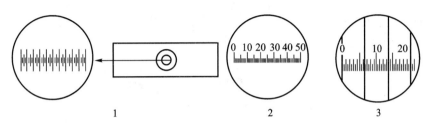

图 Ⅰ-2-5-① 显微测微尺
1. 镜台测微尺及其放大部分　2. 目镜测微尺　3. 镜台测微尺和目镜测微尺的刻度相重叠

目镜测微尺是一块可放在目镜内的圆形玻片,其中央刻有 50 等分或 100 等分的小格。每小格的长度随目镜、物镜放大倍数的大小而变动。在测量微生物菌体或孢子的大小之前,应预先用镜台测微尺来校正并计算出在某一放大倍数物镜下,目镜测微尺每小格所代表的实际长度,再以它作为测量微生物细胞的尺度。

【材料和器皿】

1. **微生物染色涂片**:枯草芽孢杆菌(*Bacillus subtilis*),酿酒酵母(*Saccharomyces cerevisiae*)。
2. **仪器**:显微镜,镜台测微尺,目镜测微尺。
3. **材料**:香柏油,镜头清洁液,擦镜纸等。

【方法和步骤】

1. 放置目镜测微尺

取出目镜,旋开接目透镜,将目镜测微尺放在目镜的光阑上(有刻度的一面向下),然后旋上接目透镜,将目镜插入镜筒。

2. 放置镜台测微尺

将镜台测微尺放在镜台上(刻度面向上),通过调焦看清镜台测微尺的刻度。

3. 校准目镜测微尺的长度

用低倍镜观察,移动镜台测微尺和转动目镜测微尺,使两者刻度相平行,并使两者间某一段的起、止线完全重合,然后分别数出两条重合线之间的格数,即可求出目镜测微尺每小格的实际长度(目镜测微尺和镜台测微尺两个重合点的距离愈长,所测得数值愈准确)。用同样的方法分别测出用高倍物镜和油镜测量时目镜测微尺每格所代表的实际长度。

4. 计算目镜测微尺每格的长度

$$每格长度(\mu m)=\frac{两重合线间镜台测微尺所占格数 \times 10}{两重合线间目镜测微尺所占格数}$$

例:油镜下测得目镜测微尺 50 格相当于镜台测微尺 7 格,则目镜测微尺每格的长度为:

$$\frac{7 \times 10}{50}=1.4(\mu m)$$

5. 测量菌体大小

取下镜台测微尺,放上枯草芽孢杆菌(或酿酒酵母)染色涂片,通过调焦,待物像清晰后,转动目镜测微尺或移动菌体的涂片,测量枯草芽孢杆菌细胞的长、宽各占几格。将测得格数乘以目镜测微尺每格的长度即可求得该菌的大小。杆菌的大小以长（μm）× 宽（μm）表示。为了提高准确率,可多测几个细胞求其平均值。

6. 用毕后处理

取出目镜测微尺。将目镜放回镜筒。用擦镜纸擦去目镜测微尺上的油腻和手印。如用油镜测量,则按实验Ⅰ–2–1 中的油镜清洁法处理。其他处理同实验Ⅰ–2–3。

【结果记录】

1. 将不同放大倍数物镜下测得目镜测微尺每格的长度记录于下表中。

显微镜编号	镜筒长度 /cm	目镜测微尺每格长度 /μm		
		低倍镜（10×）	高倍镜（40×）	油镜（100×）

2. 将测得菌体大小记录于下表中。

枯草芽孢杆菌			酿酒酵母		
细胞序号	长 /μm	宽 /μm	细胞序号	长 /μm	宽 /μm
1			1		
2			2		
3			3		
4			4		
5			5		
6			6		
7			7		
8			8		
平均值			平均值		

【注意事项】

1. 镜台测微尺上的圆形盖玻片是用加拿大树胶封合的,当去除香柏油时不宜用过多的镜头清洁液,以免树胶溶解,使盖玻片脱落。

2. 为了提高测量的准确率,通常要测定 10 个以上的细胞后再取其平均值。

【思考题】

1. 显微测微尺包括哪两个部件? 它们各起什么作用?

2. 在某架显微镜下用某一放大倍数的物镜,测得目镜测微尺每格的实际长度后,当换一架显微镜用同样放大倍数的物镜时,该尺度是否还有效? 为什么?

（祖若夫）

【网上视频资源】

- 显微镜的原理和结构
- 酵母菌大小的测量

第三周　细菌的芽孢、荚膜和鞭毛染色法

芽孢、荚膜和鞭毛是某些细菌的特殊结构。芽孢是某些细菌生长到一定阶段在菌体内形成的一个圆形或椭圆形的休眠体，它对不良环境具有很强的抗性。在合适条件下又能吸水萌发，重新形成一个新的菌体。芽孢的形状、大小及其在菌体内的位置都是鉴定细菌的重要依据。此外，由于芽孢具有很强的抗性，因此在生产上或科学实验中都以能否杀死芽孢作为高温及某些化学药剂灭菌效果的评定指标。在一般实验室中通常用芽孢染色法来观察其形态。

荚膜是包裹在细胞壁外的一层(厚约 200 nm)疏松、胶黏状的物质，其成分通常是多糖，少数细菌的荚膜是由多肽或其他复合物组成。一般荚膜只包裹一个细菌，但有时许多细菌被一个共同的荚膜围成一团，就形成了菌胶团。有无荚膜也是鉴别细菌的特征之一。荚膜的折光率低，要用特殊的染色法才能看清楚。有荚膜的病原菌一般都有较强的致病力，在动物体内有抗白细胞吞噬的作用，如肺炎链球菌、炭疽芽孢杆菌等。也有些细菌如肠膜明串珠菌(*Leuconostoc mesenteroides*)荚膜的成分是葡聚糖，因此，在生产实践中人们就利用它来生产右旋糖酐，作为羧甲淀粉(代血浆)，还可作为食品工业的增稠剂和生化实验用的分子筛凝胶等。

鞭毛是细菌的运动"器官"，它由鞭毛丝、钩形鞘和基体三部分组成。除鞭毛丝之外，其余两部分结构只有在电子显微镜下才能观察到。然而，电子显微镜不是一般实验室常备的仪器，所以最常用的方法还是采用鞭毛染色法。经鞭毛染色后的涂片在普通光学显微镜下可观察到鞭毛的外形、着生位置和数目。这些都是鉴定细菌的重要特征。如果仅为了解某菌是否有鞭毛，可做一活菌的水浸片置暗视野显微镜下，观察该菌是否有规则的运动，来判断该菌是否有鞭毛。

人们通常用相差显微镜来观察活细胞。因微生物细胞经染色后往往会失去活体细胞的自然状态，如细胞的形状和大小都会有些变化，并且有些细微的结构可能会被染料所遮盖，而这些结构特征又往往是微生物分类鉴定的重要依据，采用相差显微镜来观察活的透明的微生物细胞就可弥补上述的缺陷。

实验Ⅰ-3-1　芽孢染色法

【目的】

掌握细菌的芽孢染色法。

【概述】

细菌的芽孢具有厚而致密的壁，透性低，不易着色，若用一般染色法只能使菌体着色而芽孢不着色(芽孢呈无色透明状)。芽孢染色法就是根据芽孢既难以染色而一旦着色后又难以脱色这一特点而设计的。所有的芽孢染色法都基于同一个原则：除了用着色力强的染料外，还需要加热，以促使芽孢着色，再使菌体脱色，而芽孢上的染料则难以渗出，故仍保留原有的颜色，然后用对比度强的染料对菌体进行复染，使菌体和芽孢呈现出不同的颜色，因而能更明显地衬托出芽孢，便于观察。

【材料和器皿】

1. 菌种

巨大芽孢杆菌（*Bacillus megaterium*），丙酮丁醇梭菌（*Clostridium acetobutylicum*）。

2. 试剂

5%孔雀绿染色液，0.5%沙黄染色液。

3. 器皿

小试管（$\phi 10 \times 75$ mm），烧杯（300 mL），滴管，洗瓶。

4. 仪器

显微镜（有油镜）。

5. 其他

载玻片，玻片搁架，接种环，擦镜纸，镊子，香柏油，镜头清洁液等。

【方法和步骤】

1. 本实验室改良的 Schaeffer-Fulton 氏染色法

(1) **制备菌液**：加 1～2 滴自来水于小试管中，用接种环从斜面上挑取 2～3 环的菌苔于试管中并充分打匀，制成浓稠的菌液。

(2) **加染色液**：加 5%孔雀绿染色液 2～3 滴于小试管中，用接种环搅拌使染色液与菌液充分混合。

(3) **加热**：将此试管浸于沸水浴（烧杯）中，加热 15～20 min。

(4) **涂片**：用接种环从试管底部挑数环菌液于洁净的玻片上，并涂成薄膜。

(5) **固定**：将玻片通过微火 3 次，直至干燥。

(6) **脱色**：用水洗，直至流出的水中无孔雀绿颜色为止。

(7) **复染**：加 0.5%沙黄染色液，染 2～3 min 后，倾去染色液，不用水洗，直接用吸水纸吸干。

(8) **镜检**：用油镜观察。

结果：芽孢为绿色，菌体为红色。

2. Schaeffer-Fulton 氏染色法

(1) **涂片**：按常规法制一涂片。

(2) **固定**：在微火上通过 2～3 次，直至菌膜干燥。

(3) **染色**：

① 加染色液：加 5%孔雀绿染色液于涂片处（染料以铺满涂片为度），然后将玻片放在玻片搁架上，再将搁架放在三角铁架上，用微火加热至染料冒蒸汽时开始计算时间，约维持 5 min。加热过程中要随时添加染色液，切勿让标本干涸。

② 水洗：待载玻片冷却后，用洗瓶中的自来水轻轻地冲洗，直至流出的水中无孔雀绿颜色为止。

③ 复染：用 0.5%沙黄液染色 2 min。

④ 水洗：自来水冲洗，吸干。

(4) **镜检**：用油镜观察。

结果：芽孢为绿色，菌体为红色。

【结果记录】

将芽孢染色结果记录于下表中。

菌名	染色法	芽孢和菌体的颜色	图示芽孢的形态、大小和着生位置

【注意事项】

1. 供芽孢染色用的菌种应控制菌龄,使大部分芽孢仍保留在菌体内。巨大芽孢杆菌在 37℃条件下培养 12 ~ 14 h 效果最佳。

2. 改良法在节约染料、简化操作及提高标本质量等方面都较常规法优越,可优先使用。

3. 用改良法时,欲得到好的涂片,首先要制备浓稠的菌液,其次从小试管中挑取被染色的菌液时,应先用接种环充分搅拌,然后再挑取菌液,否则菌体沉于管底,涂片时菌体太少。

【思考题】

1. 在芽孢染色涂片上为什么有时会出现大量游离的芽孢?

2. 芽孢染色的原理是什么?用一般染色法是否能观察到芽孢?

(祖若夫)

实验Ⅰ-3-2 荚膜染色法

【目的】

掌握细菌的荚膜染色法。

【概述】

由于荚膜与染料间的亲和力弱,不易着色,通常采用负染色法,即设法使菌体和背景着色而荚膜不着色,因而荚膜在菌体周围呈一透明圈。由于荚膜含水量在 90% 以上,故染色时一般不用热固定,以免荚膜皱缩变形。

我们推荐下列 3 种方法,其中以湿墨水法较简便,并且适用于各种有荚膜的细菌。如用相差显微镜检查则效果更佳。

【材料和器皿】

1. 菌种
胶质芽孢杆菌(*Bacillus mucilaginosus*),即"钾细菌"。

2. 试剂
"沪光"(或其他牌号)绘图墨水,用滤纸过滤后贮藏于瓶中备用。6%葡萄糖水溶液,1%甲基紫水溶液,甲醇。Tyler法染色液:结晶紫 0.1 g,冰醋酸 0.25 mL,蒸馏水 100 mL。20% $CuSO_4$ 水溶液。

3. 器皿
载玻片,玻片搁架,盖玻片等。

4. 仪器
显微镜(有油镜)。

5. 其他
擦镜纸,吸水纸,香柏油,镜头清洁液。

【方法和步骤】

1. 湿墨水法

(1) **制菌液**:先加一滴墨水于洁净的载玻片中央,再挑少量菌体与其充分混匀。

(2) **加盖玻片**:放一清洁盖玻片于混合液上,然后在盖玻片上放一张滤纸,向下轻压,吸收多余的菌液。

(3) **镜检**:用低倍镜或高倍镜观察。

结果:背景灰色,菌体较暗,在其周围呈现一明亮的透明圈即荚膜。

2. 干墨水法

(1) **制菌液**:加 1 滴 6%葡萄糖水溶液于洁净载玻片一端,挑少量钾细菌与其充分混合,再加 1 环墨水,充分混匀。

(2) **制片**:左手执载玻片,右手另拿一张光滑的载玻片(作推片用),将推片的边缘置于菌液前方,然后稍向后拉,当载玻片与菌液接触后,轻轻地向左右移动,使菌液沿推片接触后缘散开(见图 Ⅰ-3-2- ①),然后以 30° 角迅速而均匀地将菌液推向载玻片另一端,使菌液铺成一薄膜。

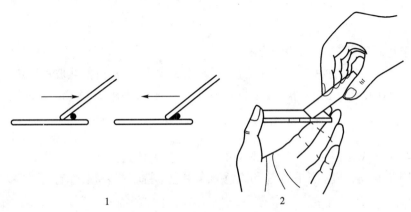

1　　　　　　　　　2

图 Ⅰ-3-2- ①　涂片及推片法
1. 推片法示意图　2. 推片姿势

(3) **干燥**：空气中自然干燥。

(4) **固定**：用甲醇浸没涂片,固定 1 min,立即倾去甲醇。

(5) **干燥**：在煤气灯上方用文火干燥。

(6) **染色**：用 1% 甲基紫水溶液染 1~2 min。

(7) **水洗**：用自来水清洗,自然干燥。

(8) **镜检**：用低倍镜或高倍镜观察。

结果:背景灰色,菌体紫色,荚膜呈一清晰透明圈。

3. Tyler 法

(1) **涂片**：按常规涂片,可多挑些菌苔与水充分混合,并将黏稠的菌液尽量涂开,但涂布面积不宜过大。

(2) **干燥**：在空气中自然干燥。

(3) **染色**：用 Tyler 法染色液染 5~7 min。

(4) **脱色**：用 20% $CuSO_4$ 水溶液洗去结晶紫,脱色要适度(约冲洗 2 遍)。用吸水纸吸干,并立即加 1~2 滴香柏油于涂片处,以防止 $CuSO_4$ 结晶的形成。

(5) **镜检**：用低倍镜或高倍镜观察。

结果:背景蓝色,菌体紫色,荚膜无色或浅紫色。

【结果记录】

将荚膜染色的结果记录于下表中。

染色法	菌体与荚膜的形态和颜色（图示）
湿墨水法	
干墨水法	
Tyler 法	

【注意事项】

1. 加盖玻片时不可有气泡,否则影响观察。

2. 应用干墨水法时,涂片要在离火焰较高处,用文火干燥,不可使载玻片发热。

3. 在采用 Tyler 法染色时,标本经染色后不可用水洗,必须用 20% $CuSO_4$ 冲洗。

【思考题】

1. 组成荚膜的成分是什么? 涂片是否可用热固定,为什么?

2. 试述用 Tyler 法染色时,在涂片和脱色操作中应掌握哪些要领,你有何经验教训?

(祖若夫)

【网上视频资源】

● 细菌的荚膜染色

实验Ⅰ-3-3　鞭毛染色法

【目的】

掌握细菌的鞭毛染色法。

【概述】

细菌的鞭毛极细,直径一般为 10 ~ 20 nm,只有用电子显微镜才能观察到。但是,如采用特殊的染色法,则在普通光学显微镜下也能看到它。鞭毛染色方法很多,但基本原理相同,即在染色前先经媒染剂处理,让它沉积在鞭毛上,使鞭毛直径加粗,然后再进行染色。常用的媒染剂由鞣酸和氯化铁或钾明矾等配制而成。现推荐以下 3 种染色法。

【材料和器皿】

1. 菌种

普通变形杆菌(*Proteus vulgaris*)斜面菌种 1 支(菌龄 15 ~ 18 h)。

2. 仪器

显微镜(有油镜)。

3. 其他

载玻片,香柏油,镜头清洁液,擦镜纸,吸水纸,记号笔,玻片搁架,镊子,接种环等。

4. 试剂

硝酸银染色液(A、B 液),Leifson 氏染色液(A、B、C 液),Bailey 氏染色液(A、B 液),姜尔氏石炭酸复红液。

【方法和步骤】

1. 银染色法

(1) **清洗玻片**:选择光滑无裂痕的玻片,最好选用新的。为了避免玻片相互重叠,应将载玻片插在专用金属架上,再放入洗衣粉过滤液(洗衣粉煮沸后用滤纸过滤,以除去粗颗粒)中,煮沸 20 min。取出稍冷后用自来水冲洗,晾干。再放浓洗液中浸泡 5 ~ 6 d。使用前取出载玻片,用自来水冲去残酸,再用蒸馏水洗。将水沥干后,放入 95% 乙醇中脱水。过火去乙醇,立即使用。

(2) **配制染色液:**

A 液:鞣酸 5 g,FeCl₃ 1.5 g,蒸馏水 100 mL。待溶解后,加入 1% NaOH 溶液 1 mL 和 15% 甲醛溶液 2 mL。

B 液:硝酸银 2 g,蒸馏水 100 mL。

待硝酸银溶解后,取出 10 mL 做回滴用。往 90 mL B 液中滴加浓氢氧化铵溶液,当出现大量沉淀时再继续加氢氧化铵,直到溶液中沉淀刚刚消失变澄清为止。然后用保留的 10 mL B 液小心地逐滴加入,至出现轻微和稳定的薄雾为止(此操作非常关键,应格外小心)。在整个滴加过程中要边滴边充分摇荡。配好的染色液当日有效,4 h 内效果最好。

(3) **菌液的制备及涂片**:菌龄较老的细菌鞭毛易脱落,所以在染色前应将普通变形杆菌在新配制的牛肉膏蛋白胨培养基斜面上(培养基表面湿润,斜面基部含有冷凝水)连续移接几代,以增强细菌的活动力。最后一代菌种放入 37℃恒温培养箱中培养 15～18 h。然后用接种环挑取斜面与冷凝水交接处的菌液数环,移至盛有 1～2 mL 无菌水的试管中,使菌液呈轻度混浊。将该试管放入 37℃恒温培养箱中静置 10 min(放置时间不宜太长,否则鞭毛会脱落),让幼龄菌的鞭毛松展开。然后挑数环菌液于载玻片的一端,立即将玻片倾斜,让菌液缓慢地流向另一端,用吸水纸吸去多余的菌液。涂片在空气中自然干燥。

(4) **染色**:

① 滴加 A 液,染色 4～6 min。

② 用蒸馏水充分洗净 A 液。

③ 用 B 液冲去残水,再加 B 液于涂片上,用微火加热至冒气,维持 0.5～1 min(加热时应随时补充蒸发掉的染色液,不可使玻片出现干涸区)。

④ 用蒸馏水洗,自然干燥。

(5) **镜检**:用油镜观察,并记录结果。

结果:菌体和鞭毛均呈深褐色至黑色。

2. Leifson 氏染色法

(1) **清洗玻片**:方法同 1。

(2) **配制染色液**:

A 液:碱性复红 1.2 g,95% 乙醇 100 mL。

B 液:鞣酸 3 g,蒸馏水 100 mL(如加 0.2% 苯酚,可长期保存)。

C 液:NaCl 1.5 g,蒸馏水 100 mL。

染色液分别贮藏于磨口玻璃瓶中,在室温下较稳定。使用前将上述溶液等体积混合,将混合液贮藏于密封性良好的瓶中,置冰箱中可保存数周。在较高温度下因混合液易发生化学变化而使着色力日益减弱。

(3) **菌液的制备及涂片**:

① 菌液的制备同 1。

② 用记号笔在玻片的反面划分 3～4 个相等的区域。

③ 放 1 环菌液于每个小区的一端,将玻片倾斜,让菌液流向另一边,并用滤纸吸去多余的菌液。

④ 在空气中自然干燥。

(4) **染色**:

① 加染色液于第一区,使染料覆盖涂片区。隔数分钟后染料加入第二区,以后以此类推(相隔时间可自行决定),其目的是确定最合适的染色时间,且节约材料。

在染色过程中要仔细观察,当整个玻片出现铁锈色沉淀和染料表面出现金色膜时,即用水轻轻地冲洗。一般约染色 10 min。

② 在没有倾去染料的情况下,就用自来水轻轻地冲去染料,否则会增加背景的沉淀。

③ 自然干燥。

(5) **镜检**:用油镜观察,并记录结果。

结果:细菌和鞭毛均染成红色。

3. Bailey 氏染色法

(1) **清洗玻片**:方法同 1。

(2) **配制染色液**:

① 姜尔氏石炭酸复红液(Ziehl's carbol-fuchsin):碱性复红 0.3 g,95％乙醇 10 mL,5％苯酚液 100 mL。将染料溶于乙醇中,再加 5％苯酚液。

② 媒染液

A 液:10％鞣酸水溶液 18 mL,6％ $FeCl_3 \cdot 6 H_2O$ 6 mL,将两液混合即成。此液必须在使用前 4 d 配好,可贮藏 1 个月,临用前必须过滤。

B 液:A 液 3.5 mL,0.5％碱性复红乙醇液 0.5 mL,浓 HCl 0.5 mL。此液必须按顺序配,应现配现用,超过 15 h 则效果不好,24 h 后则不可使用。

(3) **菌液的制备及涂片**:同 1。

(4) **染色**:

① 加 A 液染色 5 min,然后倾去 A 液。

② 加 B 液染色 7 min。

③ 用蒸馏水轻轻地洗净染料。

④ 加姜尔氏石炭酸复红液,置恒温金属板上加热,至染色液微微冒气时开始计时,维持 1 ~ 1.5 min。

⑤ 用自来水将染料慢慢地冲净。

⑥ 自然干燥。

(5) **镜检**:用油镜观察,并记录结果。

结果:细菌的菌体和鞭毛均呈红色。

【结果记录】

将鞭毛染色的结果记录于下表中。

菌　名	染色法	鞭毛着生方式（图示）	菌体与鞭毛的颜色

【注意事项】

1. 银染色法比较容易掌握,但染色液必须每次配制,比较麻烦。

2. Leifson 氏染色法受菌种、菌龄和室温等因素的影响,要掌握好染色条件必须经过一些摸索。其优点是染色液可保存较长时间。

3. 细菌鞭毛极细,很易脱落,在整个操作过程中,必须仔细小心。

4. 供染色用的玻片必须认真清洗干净,否则会影响涂片的效果。

【思考题】

1. 在染色前通常必须将菌种连续传接几代,其目的是什么?

2. 哪些因素影响鞭毛染色的效果?应采取哪些相应措施才能克服?

(祖若夫)

实验 I-3-4 相差显微镜的使用

【目的】

了解相差显微镜的原理并学习使用方法。

【概述】

当光线通过透明的活细胞后,由于细胞各部分密度的差异(或折射率不同),而使光波的相位发生变化,形成相位差。但是人眼是分辨不出相位差异的,只能分辨出波长(颜色)和振幅(明暗)的差异,因此,活的透明细胞在普通光学显微镜下观察时,整个视野的亮度是均匀的,无法看出细胞内的细微结构。相差显微镜就是根据光波干涉原理,借助于环状光阑和相板这两个特殊部件的作用,把相位差转变为可见的振幅差,从而能观察到活细胞内的一些结构。相差显微镜的成像原理见图 I-3-4-①。

相差显微镜包括环状光阑、相板及合轴调整望远镜 3 个特殊部件,现简介如下:

1. 环状光阑: 环状光阑上有一透明的亮环,使来自反光镜的直射光只能从环状部分通过,形成一个空心圆筒状的光柱,经聚光器照射到标本以后就产生两部分光,一部分是直射光,另一部分是经过标本后产生的衍射光,这两部分光经物镜内相板的作用而改变了光的相位和振幅。

在相差聚光器下面装有一个转盘,盘上

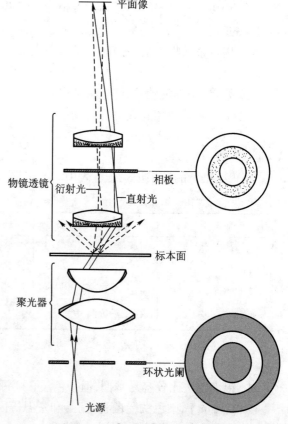

图 I-3-4-① 相差显微镜成像图

镶有宽狭不同的环状光阑,在不同光阑边上刻有 10×、20× 和 40× 等字样,这表示当用不同放大倍数的物镜时,必须配合相应的环状光阑。

2. **相板**:相板安装在物镜的后焦平面上,带有相板的物镜称为相差物镜(有的厂家用红色"PH"表示)。

相板上有一灰色的环状圈,称为共轭面。面上涂有吸光物质,直射光从这部分通过,并吸收了约 80% 的直射光,以降低它的透光度,在共轭面的内、外侧部分称为补偿面,面上涂有减速物质,使衍射光的相位发生改变,因此,这两者相结合就能分别改变直射光和衍射光的振幅和相位。

在被检物的折射率大于介质的情况下,透过共轭面的直射光被吸收 80% 后亮度变暗,而它产生的衍射光在通过被检物后其相位已推迟 20% 波长,再通过相板的补偿面时,相位又推迟 20% 波长。由于这两束光的相位不同(差 50% 波长),其合成波的振幅为两者之差,所以光线就更暗,而标本的介质只有直射光,结果形成明亮的背景和暗的标本。这称为暗相差或正相差。

与此相反,如果相板的共轭面上涂的是减速物质,推迟直射光 20% 波长,而补偿面涂的是吸光物质,结果就是直射光与衍射光的相位相同(衍射光通过物体时相位推迟了 20% 波长),其合成波的振幅为两者之和,结果物体是明亮的而背景是暗的。这称为明相差或负相差。

3. **合轴调整望远镜**:它是一架特制的低倍望远镜,用以调节环状光阑和相板环的重合。

【材料和器皿】

1. **菌种**

酿酒酵母(*Saccharomyces cerevisiae*)水封片。

2. **仪器**

相差显微镜,显微镜灯。

3. **其他**

擦镜纸,载玻片,盖玻片等。

【方法和步骤】

1. **安装相差装置**

取下原有聚光器和物镜,分别安上相差聚光器和相差物镜,并将转盘转到"0"标记的位置。用 10× 相差物镜调光。

2. **调节光源**

要采用光源强的显微镜灯(有灯泡、会聚透镜、灯光阑和插置滤光片夹等装置)。为了取得好的效果,多采用科勒照明法(Köhler illumination),操作步骤如下:

(1) 置显微镜灯于显微镜的前方,灯光阑中心与平面反光镜相距约 15 cm。

(2) 把聚光器上升到最高位置,并将可变光阑关到最小。

(3) 把灯光阑的口径关小(约关一半)。将擦镜纸或白纸紧靠在平面反光镜上,调节灯的位置和倾斜度,使灯丝成像在白纸的中央,移去白纸,然后上下移动聚光器,使灯丝的像投到聚光器的可变光阑上。

(4) 放绿色的滤光片(使波长较一致)于滤光片托架上。打开可变光阑,将酿酒酵母水封片放在镜台上,用 10× 相差物镜观察,然后调焦至能看清物像为止。

(5) 关上灯光阑并把聚光器稍稍下降,使得灯光阑的像与标本均在焦点上,然后慢慢打开灯光阑,直到视野中能看清光阑开口的边缘为止。此时,打开或缩小光阑 1~2 次,就可看到视野中照明面积也随着变化。

(6) 把灯光阑充分打开,再仔细地微调灯与反光镜的位置,使视野中央照明区达到最均匀和最亮。这时,在视野中央既能看清标本,也能看清灯光阑开口的边缘,此即表明已达到照明要求。

3. 合轴调节

取下原有目镜,换上合轴调整望远镜。上下移动望远镜筒,至能看清物镜中相板环为止。相板位置是固定的,而环状光阑可横向移动,因此可用左右手同时操作相差聚光器后面的调节柄,使相板环与环状光阑的亮环两部分完全重合,如图 I-3-4-② 所示。

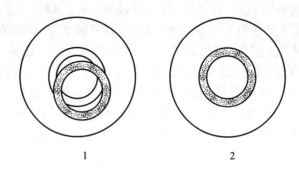

1   2

图 I-3-4-② 合轴调节

1. 环状光阑和相板环不重合   2. 环状光阑与相板环完全重合

4. 放回目镜

取下合轴调整望远镜,放回目镜即可进行观察。每次更换不同放大倍数的相差物镜时,都要按上述方法重新调节。

5. 观察

观察酿酒酵母的细胞核形态。

【结果记录】

将在相差显微镜下观察的结果记录于下表中。

菌名	相差显微镜的背景是亮或暗	细胞内结构是亮或暗	酵母菌细胞和细胞核形态（图示）
酿酒酵母			

【注意事项】

1. 挑取菌液不宜太多,以适于观察活菌标本。

2. 载玻片厚度应为 1 mm 左右,盖玻片厚度为 0.17 mm,过厚或过薄均不宜使用。

【思考题】

1. 相差显微镜的光学原理是什么?
2. 相差显微镜有几个附属部件,它们各起什么作用?

(祖若夫)

实验Ⅰ-3-5　暗视野显微镜的使用

【目的】

1. 了解暗视野显微镜的构造和原理。
2. 掌握暗视野显微镜的使用方法。

【概述】

在普通光学显微镜下安装上一个暗视野聚光器,就可成为一架暗视野显微镜。

常用的暗视野聚光器有抛物面型和心型两种(见图Ⅰ-3-5-①)。抛物面型聚光器顶部是平滑的,而心型聚光器的反射部分呈心形。其主要原理是在这两种暗视野聚光器的底部中央有一块遮光板,使来自反光镜的中央光柱不能直接射入物镜,而仅让光线从聚光器的周缘部位斜射到标本上,这样,只有经物体反射和衍射的光线才能进入物镜。因此,整个视野是暗的,而菌体细胞则是明亮的。

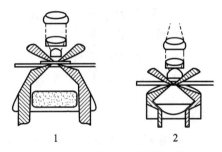

图Ⅰ-3-5-①　暗视野聚光器
1. 抛物面型聚光器　2. 心型聚光器

由于暗视野显微镜能使标本和背景形成强烈的明暗对比,所以在明视野显微镜下观察不到的活菌体,在暗视野显微镜下则清晰可见。其不足之处是仅能看到菌体的轮廓,而看不清内部结构,因此主要用于观察细菌(包括螺旋体)和大型病毒的形态及细菌的运动。

【材料和器皿】

1. **菌种**

普通变形杆菌(*Proteus vulgaris*),菌龄 15 ~ 18 h。

2. **仪器**

普通光学显微镜,暗视野聚光器。

3. **器皿**

新的载玻片,盖玻片,镊子。

4. **其他**

香柏油,镜头清洁液,擦镜纸,接种环等。

【方法和步骤】

1. 装暗视野聚光器

取下原有聚光器,换上暗视野聚光器,并上升聚光器,使其透镜顶端与镜台平齐。

2. 调节光源

光源宜强,可用带有会聚透镜的显微镜灯照明(或用小弧光灯,在灯前放一透镜),光源应在透镜的焦点处,使光线平行地射到反光镜上。调节光源和反光镜,使光线正好落在反光镜的中央。

3. 放置标本

加 1 小滴香柏油于聚光器透镜顶端平面上,再将普通变形杆菌的水封片搁置在镜台上,使载玻片的下表面与透镜上的香柏油相接触(注意:避免产生气泡)。

4. 用低倍镜对光

使聚光器的焦点与被检物在一平面上。当聚光器调到准确的位置时,可看到有一圆点光在视野中心。

5. 用油镜观察

具体操作见实验Ⅰ–2–1中油镜的使用。如对比度不够明显,可稍微调节聚光器和反光镜,并缓慢地调节粗、细螺旋,以使菌体和细菌的运动方式显示得更为清晰。

6. 用毕后的处理

参照普通光学显微镜的要求,妥善地清洁镜头,擦去聚光器上的香柏油并将它卸下,再安装上普通光学显微镜的聚光器。

【结果记录】

描述在暗视野中普通变形杆菌的运动情况。

【注意事项】

1. 玻片应非常清洁,保证无裂痕、无油脂。
2. 制片时菌液浓度宜低一些,否则达不到暗视野观察的要求。
3. 使用不同类型的暗视野聚光器时,对载玻片和盖玻片的厚度各有一定的要求。用油镜观察标本时,多使用抛物面型聚光器,所用的载玻片厚度通常为 1.0 ~ 1.1 mm,盖玻片厚度不超过 0.17 mm。否则会因聚光器的焦点与标本不在一个平面上而无法看清物像。

【思考题】

1. 暗视野显微镜与普通光学显微镜(明视野)有何区别?试述其光学原理。
2. 暗视野显微镜有何优缺点?试述其应用范围。

(祖若夫)

第四周　放线菌和真菌的培养与形态观察

放线菌和霉菌等微生物常具有发达的菌丝体。放线菌的菌丝体由基内菌丝、气生菌丝和孢子丝等组成;霉菌的菌丝体则由营养菌丝、气生菌丝和孢子梗等组成。由于基内菌丝或营养菌丝长入培养基中,用一般的接种工具不易挑取,因此,用常规制片法很难获得完整、直观与自然着生的菌丝体等的玻片标本,更难观察到子实体及孢子丝等的着生状态,借助微生物的载片培养法能很好地解决上述不足。

真菌常能形成一些特殊的构造,如根霉的无性繁殖是形成孢囊孢子,它的无性孢子着生在孢子囊内。根霉的孢子囊较大,其形状因菌种不同而异。孢子囊成熟后囊壁破裂,释放出大量的孢囊孢子,并能显示出囊轴(孢囊梗与孢囊间横隔凸起,膨大成球形或锥形的结构)和囊托。孢子囊、囊轴和孢囊孢子等形状和大小是根霉属分类的主要依据,根霉的有性繁殖还能产生接合孢子。

同样若将两株异性的蓝色犁头霉菌株接种在同一平板培养基培养,则相邻的异性菌丝能各自向对方伸出极短的侧枝并接触,然后各自顶端膨大形成两个原配子囊,并进一步发育形成配子囊,再经质配和核配发育成幼接合孢子囊,最终形成黑色、小点状的接合孢子囊带。

本周实验所采用的真菌的载片培养法、放线菌的插片法、搭片法和犁头霉接合孢子囊的形成过程等实验的培养方法,可较好地观察放线菌和霉菌各种形态特征,因而得到广泛应用。

实验Ⅰ-4-1　放线菌的插片、搭片培养和形态观察

【目的】

1. 学会用插片法和搭片法培养放线菌的制片方法。
2. 掌握用显微镜观察放线菌个体形态特征的方法。

【概述】

放线菌是产生抗生素的最重要微生物种类之一,其形态特征是菌种选育和分类的重要依据。为此,人们曾设计过许多方法来培养和观察它的形态特征,其中以插片法和搭片法较为有效与常用。其主要原理和方法是:在接种过放线菌的琼脂平板上,插上盖玻片或在平板上开槽接种后再搭上盖玻片,由于放线菌的菌丝体可沿着培养基与盖玻片的交界线蔓延生长,从而较容易地黏附在盖玻片上,待培养物成熟后再轻轻地取出盖玻片,就能获得在自然状态下生长的直观标本,将它置于载玻片上(让含培养物的面朝上)作显微镜检查,就可观察到放线菌在自然状态下着生的菌丝体的各种形态特征(见图Ⅰ-4-1-①)。

【材料和器皿】

1. **菌种**

细黄链霉菌(*Streptomyces microflavus*)5406。

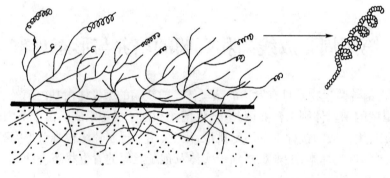

图 Ⅰ-4-1-① 链霉菌属典型的菌丝体与孢子丝形态图

2. 培养基

高氏 1 号培养基。

3. 器皿

培养皿,盖玻片,载玻片,镊子,接种工具,显微镜等。

【方法和步骤】

1. 插片法(见图 Ⅰ-4-1-②)

(1) **倒平板**:融化高氏 1 号培养基,冷却至 50℃ 左右倒平板。平板宜厚些(利于插盖玻片,每皿倒入约 20 mL 培养基)。冷凝待用。

(2) **两种插片法**:先划线接种后插片与先插片后划线接种。

① 先划线接种后插片:用接种环以无菌操作法从斜面菌种上挑取少量孢子,在平板培养基的一侧(约一半面积)作来回划线接种。接种量可适当多些,然后以无菌操作法在接种线处插入无菌盖玻片(常以 40°~50° 角插入,深度约为盖玻片的 1/3 长度)即可。

② 先插片后划线接种:用无菌镊子取无菌盖玻片,在平板培养基的另一侧先插上无菌盖玻片,然后在交界线上接种(接种线长约为盖玻片的一半,即在盖玻片两端留有空白,因为放线菌的菌丝会向两边蔓延生长)。以此法制备的片子,可省略镜检时先要擦去盖玻片另一面菌丝体的操作步骤。

(3) **培养**:将插片平板倒置于 28℃ 恒温培养箱中培养 3~7 d。

(4) **镜检**:用镊子小心取出盖玻片,并将其背面附着的菌丝体擦净(先插片后划线接种的可省略)。然后将盖玻片无菌丝体的面放在洁净的载玻片上,用低倍镜、高倍镜或油镜观察,并与图示的链霉菌 3 种菌丝形态作一比较。由于 3 类丝状菌丝不在同一平面上,故需调节显微镜的微调以分辨之。

2. 搭片法(见图 Ⅰ-4-1-②)

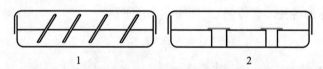

图 Ⅰ-4-1-② 放线菌的插片与搭片培养示意图
1. 插片法 2. 搭片法

（1）**开槽**：用无菌解剖小刀在凝固后的无菌平板培养基上开槽，槽的宽度约 0.5 cm，无菌操作法取出槽内琼脂条。

（2）**划线接种**：用接种环以无菌操作法从菌种斜面的菌苔上挑取少量放线菌孢子，在槽口边缘来回划线接种。

（3）**搭片**：用无菌操作法在接种后的平板槽面上盖上无菌盖玻片数块。

（4）**培养**：平板倒置于 28 ℃恒温培养箱中培养 3～7 d，放线菌在沿槽边缘生长繁殖时，会自然地附着于粘贴到槽面上的盖玻片表面。

（5）**观察**：待培养物成熟后，取下盖玻片，置于载玻片上，镜检，观察内容同插片法。

3. 实验后处理

实验结束后，用镜头纸擦拭显微镜的镜头，并将培养物、载玻片和盖玻片置于水中，煮沸消毒 20 min，然后清洗、晾干。

【结果记录】

将放线菌形态的观察结果记录在下表中。

菌　　名	培养法	图示菌丝、孢子丝及孢子形态	菌落特征（平板上）

【注意事项】

1. 镜检时请特别注意放线菌的基内菌丝、气生菌丝的粗细和色泽差异。

2. 放线菌的生长速度较慢，培养周期较长，在操作中应特别注意无菌操作，严防杂菌污染。

3. 若将培养后的盖玻片用 0.1% 美蓝染色液染色后再做镜检，则效果更好。

【思考题】

1. 在显微镜的高倍或油镜下如何区分放线菌的基内菌丝和气生菌丝？

2. 用插片法和搭片法制备放线菌的标本，其主要优点是什么？可否用此法培养与观察其他几类微生物，应做哪些改进，为什么？

（胡宝龙）

【网上视频资源】

● 显微镜的原理和结构
● 放线菌的插片培养和个体形态观察

实验 I-4-2 真菌的载片培养和形态观察

【目的】

1. 学会用载片培养法培养真菌。
2. 观察青霉、曲霉和假丝酵母菌的发育过程和各自的形态特征。

【概述】

载片培养是培养和观察研究真菌或放线菌生长全过程的一种有效方法。通常只要把菌种接种在载玻片中央的小琼脂块培养基上，然后覆以盖玻片，再放在湿室中作适温培养，就可随时用光学显微镜观察其生长发育的全过程，且可不断摄影而不破坏样品的自然生长状态。

真菌载片培养的方法很多，这里介绍一种我们自行设计的采用营养较贫乏、载玻片与盖玻片间空间十分狭窄的载片培养，由此可以看到菌丝疏密恰当、特征构造明显、菌丝和产孢子构造分布在较狭窄平面上的良好标本。它不但易于显微镜观察和摄影，还可通过固定、染色和封固，制成固定标本加以保存。

【材料和器皿】

1. 菌种

产黄青霉（*Penicillium chrysogenum*），黑曲霉（*Aspergillus niger*），热带假丝酵母（*Candida tropicalis*）。

2. 培养基

马铃薯葡萄糖琼脂培养基（原配方以无菌水作 3∶1 稀释，以调整其硬度和降低营养物的浓度）。

3. 试剂

20% 无菌甘油，乳酸苯酚液（乳酸 10 g，结晶苯酚 10 g，甘油 20 g，蒸馏水 10 mL）。

4. 器皿

培养皿，载玻片，玻璃搁棒，盖玻片，圆形滤纸片，细口滴管，镊子，显微镜等。

【方法和步骤】

1. 霉菌的载片培养

（1）**准备湿室**：在培养皿底铺一层等大的滤纸，其上放一玻璃搁架、一块载玻片和两块盖玻片，盖上皿盖，其外用纸包扎后，121℃下湿热灭菌 20 min，然后置 60℃烘箱中烘干，备用。

此培养皿即为载片培养的湿室，其外形如图 I-4-2- ①所示。

（2）**融化培养基**：将试管中的稀马铃薯葡萄糖琼脂培养基加热融化，然后放在 60℃左右的水浴（烧杯）中保温，待用。

（3）**整理湿室**：以无菌操作法用镊子将载玻片和盖玻片放在玻璃搁棒上的合适位置处。

（4）**点接孢子**：用接种针（环）挑取少量孢子至载玻片的两个合适位置上。

（5）**覆培养基**：用无菌细口滴管吸取少量融化培养基，滴加到载玻片的孢子上。培养基应滴得圆整扁薄，直径约为 0.5 cm。

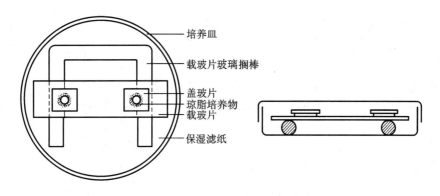

图 I-4-2-① 载片培养的湿室示意图

（6）**加盖玻片**：用无菌镊子取一片盖玻片仔细盖在琼脂培养基上，防止气泡产生，然后均匀轻压，务必使盖片与载片间留下约 0.25 mm 高度（严防压扁）。

（7）**保湿培养**：每皿约倒入 3 mL 20% 的无菌甘油，以保持培养湿度，然后置 28℃ 恒温培养。10 h 后即可不断观察其孢子萌发、菌丝伸展、分化和子实体等的形成过程。

（8）**详细镜检**：从湿室中取出载玻片标本，置低倍镜或高倍镜下认真观察霉菌标本中营养菌丝、气生菌丝和产孢子结构的形态及特征性构造，如曲霉的顶囊、足细胞，青霉帚状枝的对称性等（见图 I-4-2-②）。

（9）**固定保存**：遇好的载片可作长期保存时，可滴加少量乳酸苯酚液予以固定，然后用加拿大树胶封牢。

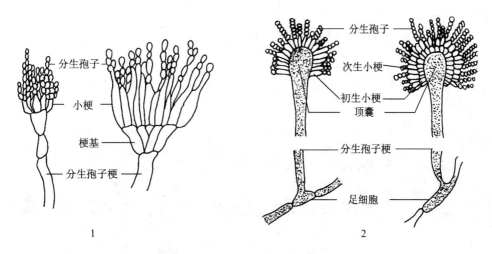

图 I-4-2-② 青霉、曲霉示意图
1. 青霉　2. 曲霉

2. 假丝酵母的载片培养

准备湿室、融化培养基和整理湿室的步骤同上。

（1）**滴培养基**：用灭菌后的细口滴管吸取少量融化的马铃薯葡萄糖琼脂培养基至载玻片的两个适当位置上，随即涂成圆而薄的形状。

（2）**取菌接种**：用接种环从斜面菌种上挑取极少量菌苔,轻轻接至培养基中央(不使培养基破损),盖上盖玻片后轻压,留出狭窄的空间。

（3）**保湿培养**：如前,倒入20%的无菌甘油至湿室,置28℃恒温培养箱中培养48 h后观察假菌丝等特征性构造(见图Ⅰ-4-2-③)。

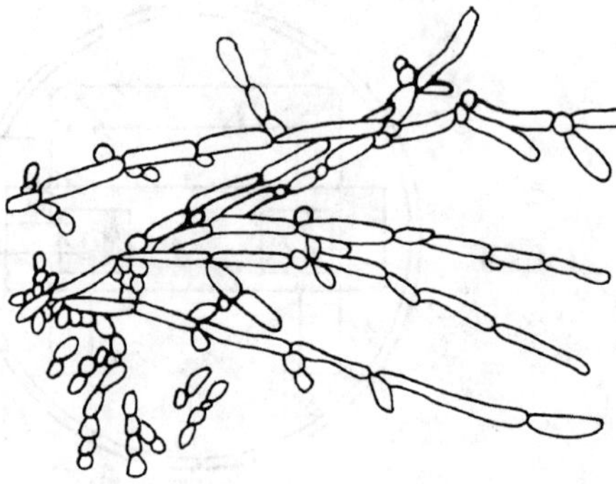

图Ⅰ-4-2-③ 假丝酵母的假菌丝示意图

【结果记录】

1. 观察并描述实验中选用的各霉菌和假丝酵母斜面菌种的形态特征。

2. 把显微镜下观察到的曲霉、青霉和假丝酵母的菌丝体和特征性构造(足细胞,分生孢子头,分生孢子梗,分生孢子,假菌丝等)绘图并记录在下表中。

菌　　种	低倍镜视野下	高倍镜视野下
产黄青霉孢子及孢子头		
黑曲霉孢子及孢子头		
热带假丝酵母的假菌丝		

【注意事项】

1. 作载片培养时,接种的菌种量宜少,培养基要铺得圆且薄些,盖上盖玻片时,不产生气泡,也不能把培养基压碎或压平而无缝隙。

2. 观察时,应先用低倍镜沿着琼脂块的边缘寻找合适的生长区,然后再换高倍镜仔细观察有关构造并绘图。

【思考题】

1. 什么是载片培养,它适用于哪几类微生物的形态观察,为什么?

2. 用20%无菌甘油作保湿剂有何优点?

3. 若作载片培养时,盖玻片和载玻片之间的空隙压得过小或全无,将会出现怎样的结果,为什么?

（周德庆）

【网上视频资源】

● 载片培养观察青霉和曲霉的个体形态

● 酵母菌的个体形态观察

实验Ⅰ-4-3　根霉孢子囊和假根的观察

【目的】

1. 了解根霉假根分化的原理,学会用培养皿法制备假根的观察标本。
2. 用显微镜观察假根的形态及其他构造的特征。

【概述】

假根是根霉的一个重要特征,它具有附着和吸取营养等功能。观察根霉的假根,一般是从根霉的培养物(斜面菌种或平板上的培养物)上挑取若干菌丝体,放在载玻片上制备成水封片进行镜检观察。用这种方法制成的标本一般仅能观察到根霉的菌丝、孢子囊梗及孢囊孢子等构造,而对其特殊构造——假根却不能很直观地观察到,这是由于假根扎入培养基内而难以完整地取出的缘故。

本实验介绍的培养法能很直观和真实地观察到根霉的假根及其他构造的形态特征。其主要依据是当根霉的气生菌丝在遇到培养基以外的障碍物(如培养皿的盖子及皿盖内放置的载玻片等物)时也会很好地附着并分化形成假根,并在假根节上正常地生出孢子囊梗和形成孢子囊,还能观察到在两个假根间的匍匐菌丝。具体操作方法是:用接种针蘸取少量根霉孢子点接到马铃薯葡萄糖琼脂平板上,然后倒置培养。若在皿盖内放一载玻片或用玻片搁架("U"形玻璃搁棒)将其支起,可缩短培养基与载玻片间的距离,则可缩短根霉假根标本片制备的时间(见图Ⅰ-4-3-①)。

利用此培养法所获得的载片标本也可制成永久保存片,只要滴加少许乳酸苯酚液于理想的标本部位,再盖上盖玻片并用树胶封固即可。

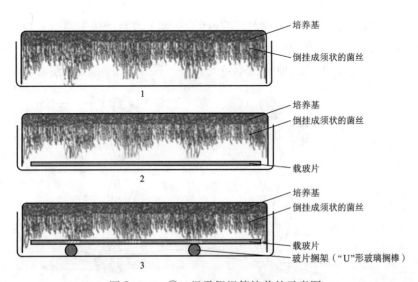

图Ⅰ-4-3-①　根霉假根等培养的示意图
1. 单培养皿法　2. 培养皿玻片法　3. 培养皿与玻片搁架法

【材料和器皿】

1. 菌种

黑根霉(*Rhizopus nigricans*),米根霉(*R. oryzae*)。

2. 培养基

马铃薯葡萄糖琼脂培养基。

3. 试剂

乳酸苯酚液。

4. 其他

培养皿,载玻片,盖玻片,玻片搁架,显微镜,接种工具等。

【方法和步骤】

1. 倒平板

将马铃薯葡萄糖琼脂培养基融化并冷却至50℃左右倒平板,待凝备用。

2. 点接菌种

用接种针以无菌操作蘸取斜面菌种上的根霉孢子,以每平板上均匀点接12~16点的方式接种。亦可在同一平板表面分别接上黑根霉"+""−"菌株的两条接种线。

3. 放载玻片

可在皿盖内放一块载玻片,或先在皿盖内放一"U"形玻璃搁棒,在其上再放置一块载玻片,以缩短培养基表面与载玻片间的距离(可减少假根制片培养的时间)。

4. 培养

将平板倒置于28℃恒温温箱内培养2~3 d。根霉的气生菌丝就能倒挂成须状,并有许多菌丝接触到载玻片,这些菌丝仍可附着在载玻片上并重新分化出许多假根及其他构造。

5. 镜检

取出皿盖内的载玻片培养标本,使附着菌丝体的面朝上置显微镜下观察。只要用低倍镜就能观察到假根及从假根节上分化出的孢子囊梗、孢子囊、孢囊孢子及两个假根间的匍匐菌丝,如图 I -4-3- ②所示。由于假根和其他构造不是处在同一视野的平面上,观察时须调节聚焦点来

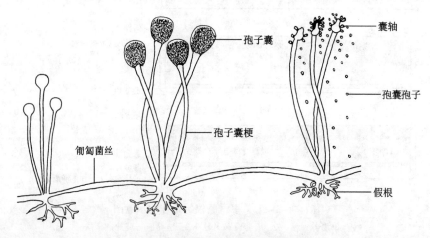

图 I -4-3- ②　根霉的假根示意图

看清各层次的构造。若在载玻片的少量假根及孢子囊梗等培养物上滴加乳酸苯酚液,再盖上盖玻片,就能在同一视野中观察除假根以外的孢子囊、囊轴和匍匐菌丝等构造,但其自然状态都受到一定程度的扭曲(但仍比挑菌制片的观察效果好)。

【结果记录】

　　1. 观察根霉斜面菌种的培养特征。

　　2. 观察根霉在固体平板培养基上生长的形态特征。

　　3. 镜检并绘制根霉的各种形态结构图,并记录在下表中。

观察项目	黑根霉（图示）	米根霉（图示）
假　根		
匍匐菌丝		
孢子囊		
孢囊孢子		
囊　轴		

【注意事项】

　　1. 接种时严防因孢子飞散而污染环境。

　　2. 观察时为防止根霉菌丝与孢子等污染物镜镜头,宜在载玻片标本上盖上一块盖玻片后再作镜检观察。

【思考题】

　　1. 本实验中观察假根的设计原理是什么?

　　2. 什么叫假根、匍匐菌丝、孢子囊和孢囊孢子?

(胡宝龙)

实验 I-4-4 蓝色犁头霉接合孢子囊的形成和观察

【目的】

观察蓝色犁头霉接合孢子囊的形成过程及形态特征,并掌握有关的实验方法。

【概述】

霉菌与细菌、放线菌等微生物相比,不但具有较复杂的形态特征,同时它的繁殖方式也更加多样化。其中蓝色犁头霉形成接合孢子(存在于接合孢子囊中)是霉菌有性生殖的方式之一。

如果将两个异性的蓝色犁头霉菌株接种在同一平板培养基上,并将其置于适宜的温度下培养,则相邻的异性菌丝能各自向对方伸出极短的侧枝。当两者接触后,各自顶端膨大形成两个原配子囊,并进一步发育形成配子囊。后经质配和核配发育成幼接合孢子囊,最后形成黑色、小点状的接合孢子囊。这些接合孢子囊在平板中央排列成带状,其表面被许多指状附属物围住,且每个接合孢子囊中形成一个接合孢子。

采用本实验介绍的接种和培养方法,可观察到蓝色犁头霉形成接合孢子囊不同阶段的形态特征。

【材料和器皿】

1. 菌种

蓝色犁头霉(*Absidia coerulea*)"+""-"菌株。

2. 培养基

马铃薯葡萄糖琼脂培养基(PDA 培养基)。

3. 试剂

乳酸苯酚液(由 10 g 结晶苯酚,10 g 乳酸,20 g 甘油和 10 mL 蒸馏水配制而成)。

4. 器皿

培养皿,载玻片,盖玻片,显微镜,解剖针,接种环,记号笔等。

【方法和步骤】

1. PDA 平板制备

将融化并冷至约 45℃的 PDA 培养基以每皿 12~15 mL 倾浇平板(重复 2 皿),平放,冷凝待用。

2. 接种和培养

用无菌接种环挑取蓝色犁头霉"+""-"菌株的少量孢子或菌丝,分别以"八"字形划线接种在同一 PDA 平板的两侧(重复 2 皿),倒置于 25~28℃恒温培养箱内培养 4~5 d。

3. 肉眼观察

为了解生长情况,可在培养期间,用肉眼多次观察该菌在 PDA 平板上生长特征。一般自第 2 d 开始就能看到平板上"+"与"-"菌株的菌丝各自向两侧生长现象,而当培养至 4~5 d 时,可见到异性菌株间有一条黑色的接合孢子囊带。

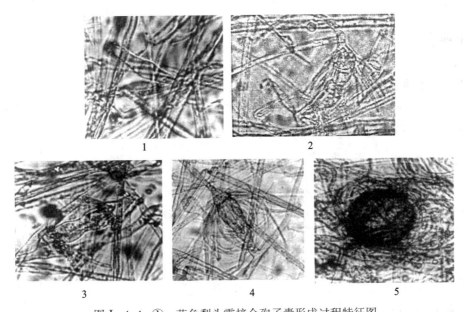

图 I-4-4-① 蓝色犁头霉接合孢子囊形成过程特征图

1. 原配子囊的形成　2. 配子囊的形成　3. 质配、核配　4. 幼接合孢子囊　5. 成熟的接合孢子囊

4. 显微镜观察

(1) 培养物直接观察:打开皿盖,在接合孢子囊带上压一块盖玻片,轻轻按一下,使盖玻片贴近培养基表面的接合孢子囊层,然后将此平板培养物直接置于显微镜的镜台上,用低倍镜或高倍镜观察接合孢子囊带不同部位,以了解蓝色犁头霉"+""−"菌株形成接合孢子囊的过程(接合孢子囊形成过程见图 I-4-4-①)。

(2) 培养物制片观察:

① 制片:在一洁净的载玻片中央加一滴乳酸苯酚液,用一无菌的解剖针分别挑取蓝色犁头霉所形成的接合孢子囊的不同部位的生长物,并浸入载玻片的乳酸苯酚液内,而后用 2 支无菌解剖针将培养物撕开,使其全部打湿,盖上盖玻片。

② 观察:用低倍镜或高倍镜观察蓝色犁头霉接合孢子囊及生长发育过程的特征。

a. 相邻的异性菌株菌丝间各自向对方伸出短的侧枝。

b. 原配子囊期:异性短侧枝相互接触,顶端各自膨大,形成两个原配子囊。

c. 配子囊期:每个原配子囊产生横壁,将原配子囊分隔为两个部分,横壁前端为配子囊,另一端为配子囊柄,且一配子囊柄上形成许多附属物。

d. 幼接合孢子囊期:两个配子囊间的隔膜消失,随之两菌株的细胞质和核相互融合,并形成幼接合孢子囊。

e. 接合孢子囊期:幼接合孢子囊中央膨大成囊,囊壁加厚,颜色变黑,形成成熟的接合孢子囊。

【结果记录】

1. 观察并记录蓝色犁头霉在 PDA 平板上所形成的接合孢子囊带的形态特征。

2. 图示镜检中所观察到的蓝色犁头霉形成接合孢子囊各阶段的形态特征。

【注意事项】

1. 接种时不要将蓝色犁头霉"+""－"菌株搞错,以避免实验失败。
2. 接种蓝色犁头霉的平板,培养基不宜倒太多,以免平板过厚而影响观察。
3. 蓝色犁头霉"+""－"菌株形成接合孢子囊的平板宜置于 25～28℃培养,温度过高或过低,结果均不太理想。

【思考题】

1. 蓝色犁头霉接合孢子囊形成大致可分几个时期? 分期依据是什么? 有何特征?
2. 接合孢子囊主要分布在平板培养基的哪个部位? 为什么?
3. 在你的培养物中,可观察到蓝色犁头霉接合孢子囊形成的哪几个阶段形态特征?

(徐德强)

【网上视频资源】

- 蓝色犁头霉接合孢子囊的观察
- 直接制片法观察霉菌的个体形态

实验Ⅰ-4-5 霉菌子囊壳、子囊和子囊孢子的观察

【目的】

学习并掌握霉菌子囊壳、子囊和子囊孢子的观察方法。

【概述】

霉菌是一类形态结构较复杂的、小型或微型的丝状真菌。它可通过无性或(和)有性方式进行繁殖。其中有性繁殖又依据种类不同可相应形成接合孢子和子囊孢子等有性孢子。在霉菌的分类鉴定中,通常首先需观察其是否能进行有性繁殖,即能否形成上述的何种有性孢子及它们相关的结构等形态特征。因此,子囊孢子的有无及其相关形态特征是鉴定霉菌的重要依据。

根据霉菌种类不同,其有性繁殖方式又可进一步分为同宗配合和异宗配合两类。本实验拟以粗糙脉孢菌(*Neurospora crassa*)为对象,了解霉菌有性繁殖的特点。该种的每个个体是雌雄同株,但其是通过异宗配合的方式,即需 2 个菌株交配后才能产生子囊壳、子囊和子囊孢子。

【材料和器皿】

1. **菌种**

粗糙脉孢菌(*Neurospora crassa*),野生型和赖氨酸缺陷型各一菌株。

2. **培养基**

玉米琼脂培养基。

把玉米浸泡后晾干,每支试管中放入 2 粒,后加入约 3 mL 已融化的 1.6％ 水琼脂,速将 2 cm × 5 cm 的滤纸条折成皱纹,插入试管中的琼脂内(浸入 0.5 ~ 1 cm),装妥后加塞,121℃ 20 min 灭菌。

3. 试剂

乳酸苯酚液。

4. 器皿

试管,载玻片,盖玻片,接种针(钩),显微镜等。

【方法和步骤】

1. 接种培养

用接种针分别挑取粗糙脉孢菌野生型和赖氨酸缺陷型菌株的少量孢子(或菌丝),接入含玉米琼脂试管中的滤纸两侧(接近水琼脂 0.5 ~ 1 cm),重复接两支,将上述试管置于 28℃ 恒温培养箱培养 8 ~ 12 d。

2. 观察

(1) **制片**:在一洁净的载玻片中央加 1 滴乳酸苯酚液,用一无菌的接种钩挑取滤纸片或培养基表面的数个子囊壳(呈黑色颗粒状的生长物)于上述乳酸苯酚液中,并在其上盖上盖玻片。

(2) **观察**:先用低倍镜观察粗糙脉孢菌的子囊壳形状、颜色[通常呈具一平钝或圆锥形孔口的近球形的黄褐至黑褐色子囊壳(未成熟时呈黄褐色)],然后用接种针的柄轻压盖玻片,使子囊壳破裂,再用低倍镜和高倍镜观察其子囊形状、子囊中子囊孢子数目(子囊常呈圆柱形,下有短柄,顶端有厚而胶质化的环,子囊内含 8 个子囊孢子,单行排列)、子囊孢子的形状、颜色、表面纹饰和两种颜色的孢子在子囊中的排列方式。

【结果记录】

图示上述观察到的粗糙脉孢菌有性繁殖产物的各种形态特征。

【注意事项】

接种时不要将粗糙脉孢菌野生型和赖氨酸缺陷型菌株搞错,以避免实验失败。

【思考题】

通过本实验,试解释真菌有性繁殖中异宗配合的含义。

【附录】

粗糙脉孢菌的形态学特征

该菌在玉米粉琼脂上,菌落初为粉粒状,后疏松地展开,并且于试管壁边缘形成绒毛状气生菌丝,粉红色至浅橙色。菌丝体松散,四周蔓延,具横隔。生孢子菌丝向空间生长,双叉式分支,分生孢子成链,有孢隔,球形或近球形,光滑,多聚成团块,黄色至淡橙红色,直径 6 ~ 8 μm,大多数为 6 ~ 7 μm。

子囊壳簇生或散生,近球形。有的生于基物表面,部分埋于基物内部,光滑或带有疏松菌丝,初黄褐色,后变为黑褐色。壁厚,褐色。直径400~600 μm,孔口平钝或圆锥形,黑色。子囊圆柱形,(150~175)μm×(18~20)μm,其下部有一短柄,顶端有厚胶质化的环。子囊内含8个椭圆形子囊孢子,单行排列,有20个具分叉的纵的脊纹,初橄榄绿色,后变为暗褐黑色[一般(27~30)μm×(14~15)μm](见图Ⅰ-4-5-①和图Ⅰ-4-5-②)。

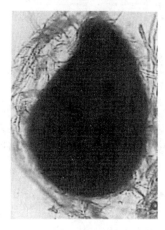

图Ⅰ-4-5-① 粗糙脉孢菌的子囊壳

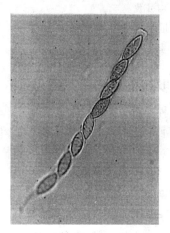

图Ⅰ-4-5-② 粗糙脉孢菌的子囊和子囊孢子

(徐德强)

【网上视频资源】

- 粗糙脉孢霉子囊壳、子囊和子囊孢子的观察
- 直接制片法观察霉菌的个体形态

第五周　培养基的配制、分装和灭菌

　　培养基是一种由人工配制的适合微生物生长繁殖和累积代谢产物的混合养料。虽然培养基种类名目繁多，但就其营养成分而言，不外乎含有碳源、氮源、能源、无机盐、生长因子和水六大类。由于不同微生物的营养方式不同，利用各种营养物的能力也有差异，因此，必须根据各种微生物的特点及实验目的选用合适的培养基。

　　培养基除了满足微生物所必需的营养物质之外，还要求有适宜的酸碱度和渗透压。不同的微生物对 pH 的需求不一样，大多数细菌、放线菌生长的最适 pH 为中性至微碱性，而酵母菌和霉菌则偏酸性，所以配制培养基时都要将 pH 调至合适的范围。

　　按培养基的物理状态来区分，可将培养基分成液体、半固体和固体三类，固体培养基通常就是在液体培养基中加入适量的凝固剂琼脂（或明胶、硅胶等）配制而成。培养异养菌最常用的凝固剂是琼脂（其熔点在 96℃ 以上，而凝固点在 42℃ 以下），它是从海藻中提取的多糖类物质，其主要成分是半乳糖和半乳糖醛酸的聚合物，一般不能被微生物所利用，仅起凝固剂的作用。硅胶仅用于配制供自养微生物生长的固体培养基。

　　若按培养基的应用功能来区分，则常有通用培养基、选择性培养基、鉴别性培养基和生物测定培养基等。选择性培养基是一类根据某微生物的特殊营养要求或对某种理化因子的抗性而设计的，具有从混合菌样中筛选出劣势菌的作用。而鉴别性培养基则是一类在成分中加有能与目的菌的无色代谢产物发生显色反应的指示剂，从而能用肉眼辨色找出目的菌菌落的一种培养基，如伊红美蓝培养基。

　　配制成的培养基，其质量的优劣常受水质、试剂、原料来源和灭菌方法等多种因素的影响，如不同品牌的蛋白胨所含氨基酸的种类因原料来源及生产方法的不同而有很大差别，因此在配制供生理生化测定用的培养基时，应严格选择所用试剂，否则不仅影响实验结果，甚至会导致实验失败。

　　20 世纪 60 年代后期，出现了商品化的干燥培养基。使用时只要按比例加入一定量的水，经溶解、分装和加压蒸汽灭菌后即可使用。它不仅可节省配制培养基的时间，还具有操作简便和携带方便等优点，而且容易使配制的培养基规格达到标准化，实验结果也较稳定。

　　配制的培养基都必须经过灭菌后才可使用。灭菌时应根据营养物的耐热性选用加压蒸汽灭菌法、过滤除菌法或其他灭菌法。

实验 I-5-1　通用培养基的配制

【目的】

　　1. 了解配制微生物培养基的原理和培养基的种类。

　　2. 掌握配制微生物通用培养基的一般方法和操作步骤。

【概述】

培养异养细菌最常用的培养基是牛肉膏蛋白胨培养基,它是一种天然培养基。牛肉膏是牛肉浸液的浓缩物,含有丰富的营养物质,它不仅能为微生物提供碳源、氮源,还含有多种维生素。蛋白胨是酪蛋白、大豆蛋白或鱼粉等经蛋白酶水解后的中间产物,含有胨、胨和氨基酸等丰富的含氮素营养物。

配制供细菌、酵母菌、放线菌和霉菌生长用的通用培养基的程序大致相同,即先按配方称取药品,用少于总量的水分先溶解各组分,待完全溶解后补足水至所需的量,再调整 pH,然后将培养基分装于合适的容器中,经灭菌后收藏、备用。有些实验要求将配制的培养基放在合适的温度下培养过夜,待确证无杂菌后,才可使用。

配制一般的固体培养基时所用的凝固剂可直接用市售的琼脂粉,但这类琼脂粉常含有少量矿物质和色素,如要求用较纯净的琼脂,就须经过特殊的处理,以去除杂质。其方法是将琼脂放在蒸馏水中浸泡数日,每天换水,以除去无机盐和其他可溶性有机物,然后用 95% 乙醇浸泡过夜,取出后放在洁净的纱布上晾干,备用。

配制适合于厌氧菌生长的培养基时,通常须在培养基中加入适量的还原剂如巯基醋酸钠、维生素 C 或半胱氨酸等来降低培养基的氧化还原电位,以利厌氧菌的生长。

配制成的培养基应根据其成分的耐热程度选用不同的灭菌方法,最常用的是加压蒸汽灭菌法。配制后的培养基如果来不及灭菌时应暂存 4℃ 冰箱,以防止因杂菌的生长而破坏其中的营养成分。

【材料和器皿】

1. 试剂

牛肉膏,蛋白胨,NaCl,1 mol/L NaOH,琼脂粉,1 mol/L HCl。

2. 器皿

台秤,玻璃烧杯,搪瓷烧杯,三角瓶,量筒,漏斗,试管,玻棒等。

3. 其他

pH 试纸(pH 5.4 ~ 9.0),药匙,牛皮纸,棉花,纱绳,灭菌锅等。

【方法和步骤】

1. 配制牛肉膏蛋白胨培养基(培养细菌用)

(1) **配方**:牛肉膏 0.3 g,蛋白胨 1 g,NaCl 0.5 g,琼脂粉 1.5 g,水 100 mL,pH 7.2 ~ 7.4。本实验每组配 700 mL。

(2) **称取药品**:按培养基配方与用量分别称取各药品(药匙切勿混用,瓶盖及时盖上)。取少于总量的水于烧杯中,将各培养基成分(琼脂除外)逐一加入水中待溶。

(3) **加热溶解**:将玻璃烧杯放在石棉网上(搪瓷烧杯可直接用文火加热),用文火加热,并不断搅拌,促使各药品快速溶解,然后补充水分至所需配培养基的量。有时要配制成多倍浓度的培养基,其加水量按浓度计算即可。

(4) **调节 pH**:初配好的牛肉膏蛋白胨液体培养基是微酸性的,故需用 1 mol/L NaOH 调 pH 至 7.2 ~ 7.4。为避免调节时过碱,应缓慢加入 NaOH 液,即要边滴加 NaOH 边搅匀液体培养基,然后用 pH 试纸测其 pH。也可先取 10 mL 液体培养基于干净试管中,逐滴加入 NaOH 调 pH 至 7.2 ~ 7.4,并记录 NaOH 的用量,再换算出培养基总体积中需加入 NaOH 的数量,即可防止 NaOH 过量,并避免因用 HCl 回调而引入过多氯离子。

(5) **过滤**:若需配制出清澈透明的液体培养基,则可用滤纸过滤(见图 I–5–1– ①)。固体培养基去杂质可用 4 层纱布趁热过滤。但供一般使用的通用培养基可省略此步骤。

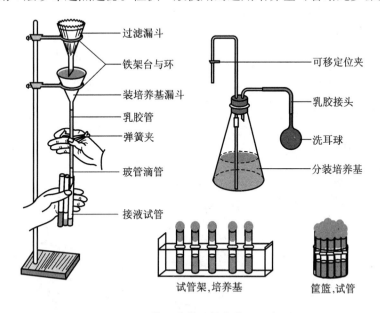

图 I–5–1– ①　分装试管的装置示意图

(6) **分装**:将配制好的培养基分装在相应的玻璃器皿内,待灭菌。本实验配制的培养基的分装见表 I–5–1– ①所示,分装要点简述如下:

① 分装三角瓶:取上述牛肉膏蛋白胨液体培养基 150 mL 分装于 250 mL 三角瓶中(每瓶中提前加入琼脂粉 2.2 ~ 2.3 g,按 1.5%计)。此法可使融化琼脂和灭菌同步进行,以节省配制培养基时融化琼脂所需的时间。三角瓶内培养基的装量以不超过总容量的 50% ~ 60% 为宜,若装量过多,灭菌时培养基在沸腾中易沾上棉塞,存放中易导致瓶内培养基的染菌等。

表 I–5–1– ①　每组需配制牛肉膏蛋白胨培养基和生理盐水的数量与分装法

每组配制量	总量	液体培养基	固体培养基	试管斜面
牛肉膏蛋白胨培养基	700 mL	100 mL/250 mL 瓶 ×1	150 mL/250 mL 瓶 ×3	10 支
生理盐水	0.85% NaCl 1 瓶(100 mL/250 mL 三角烧瓶)			

② 分装试管:将融化的固体培养基趁热加入分装漏斗中(见图 I–5–1– ①)。分装时左手并排地拿数支试管,右手控制弹簧夹,让培养基依次加入各试管。用于制作斜面培养基时,装量不应超过试管(15 mm × 150 mm)高度的 20%(约 4 mL)。分装时谨防培养基沾在试管口上,否则会使棉塞沾上培养基,导致灭菌后的斜面在贮存中易出现染菌现象。

(7) **加棉塞**:试管口和三角瓶口塞上用普通棉花(切勿用脱脂棉!)制作的棉塞(制法见图 I–5–1– ④)。

① **试管棉塞**:棉塞形状(形如未开伞之幼嫩蘑菇)、大小和松紧合适,应正好塞入试管至一定部位,其作用是防止杂菌侵入和有利气体交换。加塞时应使棉塞总长的 60% 塞入试管口,以防止棉塞脱落。也可用铝质或不锈钢的试管帽等替代棉塞,但操作中的手感等不如棉塞好,其通气、防污效果也稍差些。

② **三角瓶塞**:三角瓶的口径较试管大,制成的棉塞外包一层纱布,这样的棉塞既耐用又便于操作。现常用嵌着通气瓷块的塑胶瓶塞代替棉塞,但其操作时的手感极差。

③ **通气塞**:许多微生物在摇床上振荡培养时需要有良好的通气状态,所使用的三角瓶塞常用 8 层纱布制备成通气塞。灭菌前将方形纱布盖在瓶口,将其中间部位用手指塞入瓶口内,再将四角折叠成塞子状后加纸套包扎好,然后灭菌。接入菌种后,将棉塞状纱布拉开,包扎在瓶口外即成通气塞,如图Ⅰ-5-1-②所示,最后置摇床上振荡培养。

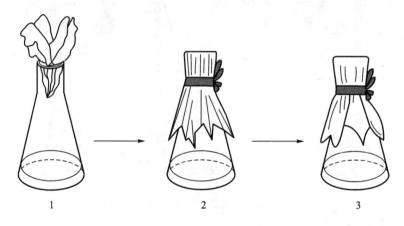

图Ⅰ-5-1-②　纱布制通气塞的制备、灭菌与使用示意图

1. 灭菌前(纱布的中央部分塞入瓶内) 2. 灭菌时(塞外包扎牛皮纸) 3. 接种后(摊开纱布,包扎)

(8) 包扎:在棉塞外再包上一层牛皮纸,防止灭菌时冷凝水直接沾湿棉塞及存放中尘埃等污染。若培养基分装于试管中,则应先把试管成捆扎牢(用传统的打结法,严防捆内试管的脱出),再在成捆试管的棉塞外包上一层牛皮纸再扎紧(也可装在试管架上或铁丝筐中),然后挂上标签,注明培养基名称、日期及组别后进行灭菌。

(9) 灭菌:将待灭菌的培养基放入加压灭菌锅内,于 121℃灭菌 20 min。

(10) 搁斜面:灭菌后,如需制成斜面的试管培养基,应待培养基冷却至 50 ~ 60℃(以防止搁置时斜面上呈现过多的冷凝水)后搁置成斜面(凝固前切勿移动试管)。搁置时只要将管口一端搁在玻棒或其他高度适宜的木棒上,调整搁置斜面的倾斜度,以斜面的长度不超过试管总长的 50%(见图Ⅰ-5-1-③)为宜。

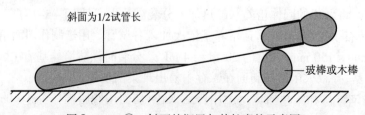

图Ⅰ-5-1-③　斜面的搁置与其长度的示意图

(11) **贮存**：经无菌试验，证实培养基已灭菌彻底后，才能收藏于 4℃冰箱或清洁的柜内贮存备用，在存放期间应尽量避免反复移位或晃动等易造成污染的行为。

2. 配制无菌生理盐水

称 0.85 g NaCl 于三角瓶中，再加入 100 mL 蒸馏水，塞上棉塞，塞外包上一层牛皮纸，置加压蒸汽灭菌锅内在 121℃下灭菌 20 min，即为无菌生理盐水。

3. 厌氧菌培养基的配制

(1) **配方**：蛋白胨 5 g，酵母膏 10 g，葡萄糖 10 g，胰酶解酪蛋白 5 g，盐溶液*10 mL，0.025% 刃天青液 4 mL，半胱氨酸盐酸盐 0.5 g，琼脂 15 g，水 1 000 mL，pH 7.0，121℃灭菌 20 min。

该培养基中的半胱氨酸为还原剂。刃天青是氧化还原指示剂，它具有双重作用，在有氧条件下起 pH 指示剂的作用，即在碱性时呈蓝色，pH 酸性时呈红色，而中性时显紫色。而当培养基处于无氧状态时，刃天青变为无色。此时，培养基的氧化还原电位约为 -40 mV，可满足一般厌氧菌的生长繁殖。

(2) **称药品**：称取除半胱氨酸和盐溶液以外的各成分于烧杯中，加水溶解后，再加盐溶液和刃天青溶液。最后加半胱氨酸。

(3) **调 pH**：用 1 mol/L NaOH 调 pH 至 7.0。

(4) **分装**：取培养基 100 mL 加入 150 mL 容量的血浆瓶中，再加 1.5% 琼脂，旋紧瓶盖。

(5) **灭菌**：在每一血浆瓶塞上插一枚注射器的针头，放入加压蒸汽灭菌锅内，在 121℃下灭菌 20 min。灭菌完毕打开灭菌锅后应立即拔去针头，以减少冷却中空气溶入培养基中而增加溶解氧，在培养基冷却中若用高纯氮气维持瓶压的下降，则培养基的无氧状态保持得更好。

(6) **加热驱氧**：灭菌后，随着放置时间的延长，则培养基中的溶解氧也随之增加（液体培养基更易溶入 O_2），因此在使用前必须把培养基放入沸水浴中加热以驱除溶解氧，即沸水浴至血浆瓶内刃天青褪至无色时才可使用。

4. 庖肉培养基（用于培养和保藏厌氧菌）

(1) **去膘牛肉**：取已去筋膜、脂肪的牛肉 500 g，切成黄豆大小的颗粒，放入盛有 1 000 mL 蒸馏水的烧杯中，用文火煮沸约 1 h。

(2) **过滤**：用纱布过滤后取若干牛肉渣粒装入亨盖特滚管或普通试管，装量达 15 mm 左右的高度。再于各试管中加入 pH 7.4～7.6 牛肉膏蛋白胨液体培养基 10～12 mL，最后塞上黑色异丁基橡胶塞。

(3) **灭菌**：在异丁基橡胶塞上插 1 枚注射器针头，放入灭菌锅内，于 121℃下灭菌 20 min。灭菌后立即拔去针头，并塞紧管塞。若以无氧法分装成的无氧培养基的亨盖特滚管，则可免插注射器针头，但要将各滚管塞压紧后再进行灭菌，这样制成的滚管称为 PRAS 培养基（或称为预还原性厌氧无菌培养基），使用前也不必驱氧，但需无氧无菌操作法转移或接种。

(4) **使用前除氧**：若厌氧培养基在存放中有氧气渗入，使用前置水浴中煮沸 10 min，以除去溶入的氧，在高纯氮气饱和下冷却后避氧无菌操作接种。

---

* 盐溶液的成分：无水 $CaCl_2$ 0.2 g，$MgSO_4 \cdot 7H_2O$ 0.48 g，K_2HPO_4 1 g，KH_2PO_4 1 g，$NaHCO_3$ 10 g，NaCl 2 g，蒸馏水 1 000 mL。配法：先用 300 mL 水加入 $CaCl_2$ 和 $MgSO_4 \cdot 7H_2O$，待溶解后，再加 500 mL 水，并陆续加入其余盐类，不断搅拌，待全部溶化后，补足水分至 1 000 mL。

【结果记录】

1. 记录本实验配制培养基的名称、数量及其他灭菌物品的名称和数量。
2. 制作的斜面培养基是否符合要求？灭菌后培养基体积是否改变？试分析其原因。
3. 制作的试管棉塞是否合乎要求？从灭菌锅中取出时有否脱落？试分析原因。

【注意事项】

1. 称药品用的各药匙不要混用；称完药品应及时盖紧瓶盖，瓶盖切勿盖错，尤其是易吸潮的蛋白胨等更应注意及时盖紧瓶塞，并旋紧瓶盖。
2. 调 pH 时要小心操作，尽量避免回调而带入过多的无机离子。
3. 配制半固体或固体培养基时，琼脂的用量应根据市售琼脂的品牌、批次而定，否则培养基的软硬程度也会影响某些实验结果。
4. 在配制的厌氧培养基中的刃天青具有双重功能，请注意观察。

【思考题】

1. 配制牛肉膏蛋白胨斜面培养基有哪些操作步骤，哪几步中易出差错？如何防止？
2. 常用于试管和三角瓶口的塞子有几种，它们各自的适合范围与优缺点是什么？
3. 厌氧菌用的培养基通常都分装在带异丁基橡胶塞(耐高温)的亨盖特滚管或血浆瓶中，为何在灭菌时要在橡胶塞上插一枚针头？若不插排气针头，该采取何种措施分装与灭菌？
4. 试述牛肉膏蛋白胨培养基中的牛肉膏和蛋白胨的来源及功能。

【附录】

一、试管或三角瓶棉塞的制作步骤

见图Ⅰ-5-1-④。

1. 取棉花

按试管或三角瓶口径大小，取适量市售棉花(不可用脱脂棉)，使成形后棉塞大小适合试管或三角瓶口径及棉塞在口内的长度。

2. 整理

将棉絮铺成近方形或圆形片状(若制成试管棉塞，则其直径 5~6 cm)，中间较厚，边缘薄，纤维外露，形状如图Ⅰ-5-1-④中的 1 与 A 所示。

3. 折角

将近方形的棉花块的一角向内折(此折叠处的棉花较厚，制成塞后为试管棉塞外露的"头"部位置)，其形状显五边形状，如图Ⅰ-5-1-④中的 2 和 B 所示。

4. 卷紧

用拇指和食指将五边形状的下角折起，然后双手卷起棉塞成圆柱状，使柱状内的棉絮心较紧(起卷折时的"轴心"作用)，如图Ⅰ-5-1-④中的 3,4 和 C 所示。

5. 成形

在卷折的棉塞圆柱状基础上，将另一角向内折叠后继续卷折棉塞成形。这时双手的其余六指稍竖起旋转棉塞,使塞外边缘的棉絮绕缚在棉塞柱体上,从而使棉塞外型光洁如幼蘑菇状,如图Ⅰ-5-1-④中的 5 和 D 所示。

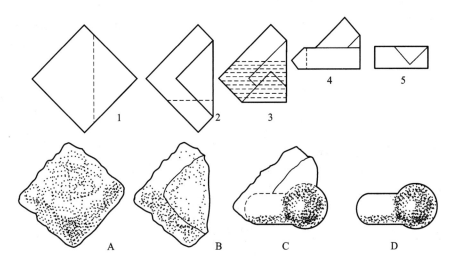

图Ⅰ-5-1-④　棉塞制作示意图

6. 塞试管

棉塞的直径和长度常依试管或三角瓶口大小而定,一般约 60% 塞入口内。要松紧适宜,紧贴管内壁而无缝隙。对较粗的试管棉塞,在其外再包上一层纱布,既增加美感,又可延长其使用寿命。

二、玻璃器皿的包装与灭菌

1. 移液管、滴管的包装(见图Ⅰ-5-1-⑤)

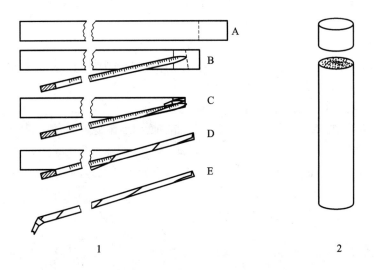

图Ⅰ-5-1-⑤　移液管的纸带包扎与筒装灭菌法

1. 移液管单支纸包　2. 移液管筒装灭菌

A. 包扎纸条　B. 双层纸处先包移液管口部　C. 卷滚移液管　D. 卷滚完毕　E. 打一纸结

(1) **管口端塞棉絮**：先在离移液管或滴管的手握端口约 0.5 cm 处塞一段长 0.5~1 cm 的普通棉花(不宜用脱脂棉)，松紧要合适，既可使吹吸时通气流畅又可阻拦杂菌入内，端口有棉絮纤维外露时可用火焰烤去。其包装与灭菌方法有以下两种。

(2) **筒装灭菌法**：可将多支端口塞好棉絮的移液管或滴管装入铜制或玻璃制的圆筒中(移液管或滴管的尖端朝筒内，筒底垫上几层棉纱布，将手握端位于筒口)，然后盖上筒盖；在玻璃筒棉塞外应包上牛皮纸后进行加压蒸汽灭菌(在 121℃下加压湿热灭菌 20 min)或干热灭菌(160℃下维持 2 h)。

(3) **单支纸包灭菌法**：

① 裁取纸条：取报纸裁成宽 4~5 cm 的长条，将其一端折叠成 3~4 cm 长的双层区。

② 包管法：放移液管的尖端在双层纸区，移液管与纸条的夹角以 25°~30° 为宜(夹角太小，纸条易松开，夹角太大则纸条长度常显不够)，然后滚卷移液管，将纸条成螺旋状地包裹在移液管外面，并让卷纸筒留有足够打结的长度。

③ 打纸结：将包卷多余的纸筒处打个纸结，以防纸筒卷从移液管上散开。

④ 多支包扎后火菌：将多支纸包裹移液管包扎成捆后用报纸或牛皮纸总包裹后再扎好，采用干热或加压湿热灭菌后备用。

2. 培养皿的包装

(1) **清洗与晾干**：新的或无培养物的培养皿可用自来水洗刷干净后晾干待灭菌，若是含菌培养皿，一定要在煮沸杀菌后才可洗刷晾干。

(2) **筒装灭菌**：将洗净且干燥的培养皿装入不锈钢或铜制培养皿筒(或培养皿盒)中，盖上筒盖后将其置于烘箱中进行干热灭菌(160℃，2 h)，或在加压蒸汽灭菌锅中进行灭菌(121℃，20 min)，60~80℃烘干备用。

(3) **纸包灭菌**：若无培养皿筒时，可将 10 套培养皿叠在一起用报纸滚卷包裹成圆筒状后，将两端的筒纸折叠成底与盖，再用棉纱绳捆扎好。采用湿热或干热灭菌(应堆放疏松，让气流易流通与交换，温度不能超过 170℃，否则易引起棉线或包扎纸燃烧等事故)。

3. 试管、三角瓶的包扎

(1) **无菌试管包装**：将洗净的试管塞上棉塞，用纱绳包扎成捆后在棉塞外包一层牛皮纸，再用一道纱绳将成捆试管外的牛皮纸扎紧(此处棉绳以传统法扎紧与打结)，严防其内试管脱出与破损。然后进行干热或加压蒸汽灭菌后备用。

(2) **无菌三角瓶包扎**：三角瓶加棉塞(或通气塞)，并在塞外再加一层牛皮纸，用纱绳在瓶塞外包纸打上一个活抽绳结后灭菌。其他如无菌抽滤瓶和细菌滤器等的灭菌可采取同样的包装与包扎法。

(3) **灭菌**：含培养基等液体的试管或三角瓶常采用加压蒸汽灭菌(121℃灭菌 20 min)。

(胡宝龙)

【网上视频资源】

● 材料的准备

● 培养基的制备

● 加压蒸汽灭菌

实验 I-5-2　鉴别性培养基的配制

【目的】

了解鉴别性培养基的原理,并掌握配制鉴别性培养基的方法和步骤。

【概述】

鉴别性培养基是一类在成分中加有能与目的菌的无色代谢产物发生显色反应的指示剂,从而达到只需用肉眼辨别颜色就能方便地从近似菌落中找出目的菌菌落的培养基。其一如伊红美蓝琼脂,在其配方中含有乳糖、伊红和美蓝,用以鉴别肠道病原菌及其他杂菌。其中伊红、美蓝作指示剂,伊红系酸性染料,当大肠埃希氏菌或产气肠杆菌分解乳糖产酸时,由于细菌带正电荷,所以被伊红着色。在大肠埃希氏菌中因为伊红与美蓝结合,使菌落不呈红色,而是蓝紫黑色,且具有绿色金属光泽;菌落呈棕色者为产气肠杆菌;不分解乳糖的肠道病原菌则不着色,有时因产生碱性物质较多,细菌带负电荷,被美蓝着色后,菌落并不呈蓝色,因美蓝与伊红结合,所以菌落为淡紫色;其二如乳糖胆盐发酵培养基,可用于食品卫生中大肠菌群的检测。该培养基内含胆盐 5 g/L 能抑制大部分非肠道细菌的生长,而不能抑制大肠菌群的生长。大肠菌群发酵乳糖产酸产气,引起 pH 变化,溴甲酚紫溶液颜色发生变化(由紫色变成黄色),以此来初步判断大肠菌群的存在;其三如亚硫酸铋琼脂(BS)培养基常用于分离伤寒和副伤寒沙门氏菌,在此培养基配方中含有葡萄糖、Na_2SO_3、柠檬酸铋铵和煌绿,它们既是抑菌剂,又是指示剂。煌绿、亚硫酸铋能抑制革兰氏阳性菌和大肠埃希氏菌的生长。两种抑菌剂对伤寒和副伤寒沙门氏菌均无影响,而且由于伤寒沙门氏菌能发酵葡萄糖,可将亚硫酸铋还原成硫酸铋,形成黑色菌落,其周围有黑色环,对光观察可见有金属光泽,以此达到鉴别的目的。

需注意的是,因为糖类经高温灭菌后会发生不同程度的水解,因此应避免高压高温灭菌,可采用降低压力、温度或用阿诺氏蒸汽锅灭菌;有条件的话,还可用过滤法除菌,或将糖类单独灭菌后,再加到培养基中,以免因糖类被破坏而影响使用效果。

【材料和器皿】

1. 试剂

蛋白胨,牛肉浸膏,葡萄糖,乳糖,$Na_2HPO_4 \cdot 2H_2O$,$K_2HPO_4 \cdot 3H_2O$,$FeSO_4 \cdot 7H_2O$,Na_2SO_3,柠檬酸铋铵,猪胆盐(或牛、羊胆盐),伊红 Y,美蓝,溴甲酚紫,煌绿,1 mol/L NaOH,1 mol/L HCl,琼脂等。

2. 器皿

台秤,烧杯,三角烧瓶,量筒,漏斗,试管,玻棒,加压蒸汽灭菌锅等。

3. 其他

药匙,pH 试纸,称量纸,记号笔,棉花塞,纱布,线绳,不锈钢试管帽,牛皮纸,报纸等。

【方法和步骤】

1. 伊红美蓝培养基(EMB)的配制

(1) 培养基成分:

乳糖　　　　　　　　　　　　　　　　　10.0 g

蛋白胨	10.0 g
$K_2HPO_4 \cdot 3H_2O$	2.0 g
2%伊红 Y 溶液	20 mL
0.65%美蓝溶液	10 mL
琼脂	15～20 g(根据琼脂的批号、硬度选择)
蒸馏水	1 000 mL
pH	7.2

(2) 配制方法:

① 称量:称取培养基各成分所需量。

② 溶化:在烧杯中加入约 2/3 所需水量,依次逐一溶化培养基各成分。

③ 定容。

④ 调 pH 至 7.2±0.1。

⑤ 按每 1 000 mL 培养基加入 20 mL 2%伊红 Y 溶液和 10 mL 0.65%美蓝溶液。

⑥ 加琼脂:加热融化并补足失水。

⑦ 分装、加塞、包扎。

⑧ 加压蒸汽灭菌:115℃ (0.07 MPa)灭菌 20 min。

2. 乳糖胆盐发酵培养基的配制

(1) 培养基成分:

蛋白胨	20 g
猪胆盐(或牛、羊胆盐)	5 g
乳糖	10 g
0.04%溴甲酚紫水溶液	25 mL
蒸馏水	1 000 mL
pH	7.3～7.4

(2) 配制方法:

① 称量:除指示剂外,按需称取其他成分。

② 溶化:在烧杯中加入约 2/3 所需水量,依次逐一溶化培养基各成分。

③ 定容。

④ 调 pH 至 7.3～7.4。

⑤ 按每 1 000 mL 培养基加入 25 mL 0.04%溴甲酚紫水溶液。

⑥ 分装,加塞,包扎。

⑦ 加压蒸汽灭菌:115℃ (0.07 MPa)灭菌 20 min。

3. 亚硫酸铋琼脂(BS)培养基的配制

(1) 培养基成分:

蛋白胨	10.0 g
牛肉浸膏	5.0 g
葡萄糖	5.0 g
$FeSO_4 \cdot 7H_2O$	0.3 g
$Na_2HPO_4 \cdot 2H_2O$	4.0 g

0.5%煌绿溶液	5 mL
柠檬酸铋铵	2.0 g
Na_2SO_3	6.0 g
琼脂	18 g
蒸馏水	1 000 mL
pH	7.5

(2) **配制方法**：将前3种成分溶于300 mL水中作基础液，$FeSO_4 \cdot 7H_2O$ 和 $Na_2HPO_4 \cdot 2H_2O$ 分别溶于20 mL和30 mL水中，再将柠檬酸铋铵和 Na_2SO_3 也分别溶于20 mL和30 mL水中。琼脂则加于600 mL水中，搅拌均匀，煮沸至完全融化，冷至约80℃待用。先将 $FeSO_4 \cdot 7H_2O$ 跟 $Na_2HPO_4 \cdot 2H_2O$ 两溶液混合，然后倾入基础液中，混匀，再将柠檬酸铋铵和 Na_2SO_3 两溶液混合均匀，也倾入基础液中，再混匀。调节pH至7.5±0.1。随即倾入琼脂液中，混合均匀，冷至50～55℃，加入0.5%煌绿水溶液5 mL，充分混匀，并立即倾入培养皿中，每皿约20 mL。平板呈淡绿色。

本培养基无需加压灭菌。在制备过程中不宜过分加热，并应严格按上述进行操作以避免降低其选择性功能。新配制的培养基如果一次未用完，应存放于冰箱，不宜超过48 h，以免降低其选择性。最好第一天配制，第二天使用。

【结果记录】

记录本实验配制培养基的时间、名称和数量。

【注意事项】

1. 称药品用的药匙不要混用。
2. 称完药品应及时盖紧瓶盖。因为某些成分如蛋白胨极易吸水潮解。
3. 调pH时要小心操作，避免回调。

【思考题】

1. 何谓鉴别性培养基？
2. 在伊红美蓝琼脂培养基中的伊红Y、美蓝起什么作用？
3. 乳糖胆盐发酵培养基中胆盐起什么作用？
4. 含糖培养基应如何灭菌才不致影响使用效果？
5. 在亚硫酸铋琼脂中煌绿、亚硫酸铋起什么作用？
6. 亚硫酸铋琼脂培养基为什么不用加压灭菌？

（肖义平）

实验Ⅰ-5-3 选择性培养基的配制

【目的】

了解选择性培养基的原理，并掌握配制选择性培养基的方法和步骤。

【概述】

选择性培养基是一类根据某微生物的特殊营养要求或对某化学、物理因素的抗性而设计的培养基,具有使混合菌样中的劣势菌变成优势菌的功能,广泛用于菌种筛选等领域。选择性培养基均含有增菌剂和选择剂,试样接种于这类培养基后,由于抑菌剂的选择性抑制作用,使所要分离的目的菌得到较好的繁殖,而其他菌被抑制。经过一定的培养时间后,再将目的菌接种到鉴别培养基上,可以提高目的菌的分离阳性率。抑菌剂的种类很多,如孔雀绿、煌绿、亚硒酸钠、去氧胆酸钠、胆盐、四硫磺酸钠或抗生素等,但加入量需准确,有的可以水溶液无菌配制冷藏备用。以上成分的用量、加入方法均按各类配方进行。

马丁培养基常用于从自然环境中分离真菌,培养基中的去氧胆酸钠和链霉素不是微生物的营养成分。由于去氧胆酸钠为表面活性剂,不仅可防止霉菌菌丝蔓延,还可抑制 G^+ 细菌生长,而链霉素对多数 G^- 细菌具抑制生长作用,所以它们是用于抑制细菌和放线菌的生长,而对于真菌的生长则没有影响,从而达到分离真菌的目的。

阿须贝氏(Ashby)无氮培养基常用于从自然界环境中分离固氮菌。培养基中只含有基本的碳源和无机盐,没有氮源。一般的细菌不能在此培养基上生长,一些固氮的细菌可以利用空气中的氮气作为氮源,可以在此培养基上生长,从而达到分离固氮菌的目的。

【材料和器皿】

1. 试剂

蛋白胨,葡萄糖,甘露醇,孟加拉红,链霉素,去氧胆酸钠,KH_2PO_4,$MgSO_4 \cdot 7H_2O$,NaCl,$CaSO_4 \cdot 2H_2O$,$CaCO_3$,琼脂。

2. 器皿

台秤,烧杯,三角烧瓶,量筒,漏斗,试管,玻棒,加压蒸汽灭菌锅等。

3. 其他

药匙,pH 试纸,称量纸,记号笔,棉花塞,纱布,线绳,不锈钢试管帽,牛皮纸,报纸等。

【方法和步骤】

1. 马丁培养基的配制

(1) 培养基成分:

葡萄糖	10 g
蛋白胨	5 g
KH_2PO_4	1 g
$MgSO_4 \cdot 7H_2O$	0.5 g
0.1%孟加拉红溶液	3.3 mL
琼脂	16 g
蒸馏水	1 000 mL
自然 pH	
2%去氧胆酸钠溶液	20 mL(预先灭菌,临用前加入)
链霉素溶液(10 000 U/mL)	3.3 mL(临用前加入)

(2) 配制方法：

① 称量：称取培养基各成分的所需量。

② 溶化：在烧杯中加入约 2/3 所需水量，然后依次逐一加入并溶化培养基各成分，再按每 1 000 mL 培养基加入 3.3 mL 的 0.1% 孟加拉红溶液。

③ 定容：待各成分完全溶化后，补足水量至所需体积。

④ 加琼脂：加入所需琼脂量，加热融化，补足失水。

⑤ 分装，加塞，包扎。

⑥ 加压蒸汽灭菌：121℃灭菌 20 min。

⑦ 临用前，加热融化培养基，待冷至 60℃左右，按每 1 000 mL 培养基以无菌操作加入 20 mL 2% 去氧胆酸钠溶液及 3.3 mL 的链霉素溶液(10 000 U/mL)，迅速混匀，并立即倒入培养皿，每皿约 20 mL。

2. 阿须贝氏(Ashby)无氮培养基的配制

(1) 培养基成分：

甘露醇	10 g
KH_2PO_4	0.2 g
$MgSO_4 \cdot 7H_2O$	0.2 g
NaCl	0.2 g
$CaSO_4 \cdot 2H_2O$	0.1 g
$CaCO_3$	5 g
琼脂	15 ~ 20 g
蒸馏水	1 000 mL
pH	7.2 ~ 7.4

(2) 配制方法：

① 称量：称取培养基各成分的所需量。

② 溶化：在烧杯中加入约 2/3 所需水量，依次逐一溶化培养基各成分。

③ 定容。

④ 调 pH 至 7.2 ~ 7.4。

⑤ 加琼脂：加入所需琼脂量，加热融化，补足失水。

⑥ 分装，加塞，包扎。

⑦ 加压蒸汽灭菌：121℃(0.07 MPa)灭菌 20 min。

【结果记录】

记录本实验配制培养基的时间、名称和数量。

【注意事项】

1. 称药品用的药匙不要混用。

2. 称完药品应及时盖紧瓶盖。

3. 调 pH 时要小心操作，避免回调。

【思考题】

1. 何谓选择性培养基?
2. 在马丁培养基中的孟加拉红、链霉素各起什么作用?
3. Ashby 无氮培养基为什么可以分离固氮菌?

(肖义平)

实验Ⅰ-5-4　加压蒸汽灭菌法

【目的】

1. 了解加压蒸汽灭菌的原理。
2. 掌握手提式加压蒸汽灭菌锅的使用方法。
3. 熟悉手提式加压蒸汽灭菌锅的安全使用注意事项。

【概述】

微生物学实验一般都要求在无菌条件下进行。为此,实验用的材料、器皿、培养基、移液管和滴管等都要预先包装并经灭菌后才可使用。

灭菌的方法很多,微生物学实验中常用的有干热灭菌、加压蒸汽灭菌、间歇灭菌、气体灭菌和过滤除菌等多种方法。可根据具体情况选用不同的灭菌法。

常规加压蒸汽灭菌是实验室中最常用的方法。加压蒸汽灭菌锅有立式、卧式、台式和手提式等多种规格(见图Ⅰ-5-4-①)。

手提式加压蒸汽灭菌锅是微生物学实验室中常用的灭菌设备。因其体积小,使用方便,适用于少量物品的灭菌。它的结构为有一耐压的金属外壳锅体,其内有一个装灭菌物料的金属桶,锅体上有锅盖,其上安装有排气阀、安全阀(正常情况下,当压力超值时会自动放汽而降压)和指示锅内压力的压力表(锅体内外压力差),盖的边缘有起密封锅体作用的橡皮垫圈。

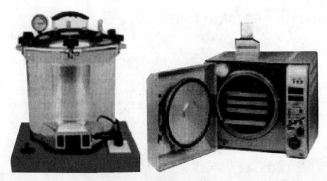

图Ⅰ-5-4-①　电加热手提式加压灭菌锅和小型台、卧式加压灭菌锅

锅盖上有压力表、安全阀、排气阀与软管;锅体上有紧固螺栓,内有装料桶、搁架、水

加压灭菌的原理是:通过加热密封锅体内的水和水蒸汽,提高锅体内蒸汽温度而达到对物品灭菌的目的。其过程是将盛于灭菌料桶外的锅体夹层中的水加热、沸腾,并不断产生蒸汽,借此水蒸汽排除锅内的空气直至排尽,立即关闭排气阀,使锅体完全密闭。这时仍不断加热灭菌锅内的沸水与蒸汽而使温度继续升高,锅内压力上升,当蒸汽压升到达 0.1 MPa 时,锅内温度达到 121℃,在该温度下维持 20 ~ 30 min 即可达到灭菌目的,可将物料中的所有微生物及芽孢彻底杀灭。当灭菌锅内空气未排净,如仅排除一半时,虽然压力表指示的数值与排尽空气时相同 (0.1 MPa),但锅内温度却只有 112℃ (见附录五)。所以,灭菌锅内空气是否排净将直接影响到锅内物品灭菌的效果。

适于加压蒸汽灭菌的物品有培养基、生理盐水、各种缓冲液、玻璃器皿和工作服等。灭菌所需时间和温度取决于被灭菌培养基中营养物的耐热性、容器体积的大小和装物量等因素(见附录六)。对于像砂土、液体石蜡或含菌量大的物品应适当延长灭菌时间。

【材料和器皿】

1. 灭菌器

手提式加压蒸汽灭菌锅(热源有煤气灶或电热炉等)。

2. 待灭菌物

待灭菌的培养基,玻璃器皿,生理盐水,斜面培养基和试管等。

【方法和步骤】

1. 加水

取出装料桶,往锅内加水,加水至与搁架圈同样高度为止(总量约 3 L)。

2. 装料

将装料桶放回锅体内,装入待灭菌的物品。放置装有培养基的器皿时,要防止培养基倾倒或溢出。同时瓶塞也不应贴靠料桶的壁,以防在锅体降压时所产生的冷凝水沾湿棉塞,或冷凝水渗透棉塞而进入培养基等灭菌物品中。

3. 加盖

将锅盖上与排气孔相连接的金属软管插入装料桶的排气槽内,移正锅盖,使螺口对齐后翻上螺栓,然后采用对角方式同时两两拧紧锅体与锅盖间的螺栓,使六只螺旋拧紧的锅盖各方受力均衡并使锅体完全密闭。在灭菌锅加热前应确认开启排气阀。

4. 排气

点燃煤气灯,待水煮沸后,以蒸汽驱赶锅内的空气沿排气软管从排气阀中逸出。待空气排尽后,才可关闭排气阀继续加热。检测空气排尽与否可用导气法或观察法判断:

(1) **导气法检测**:欲检查灭菌锅内空气是否排尽,可用连有橡皮管的特殊排气阀套管装置,将其套在排气阀上,橡皮管端导入深层冷水里,如果排出的是纯蒸汽,便立即形成冷凝水而完全溶于水中,橡皮管口处无气泡逸出。若是锅内还含有空气,就会形成大小不等的气泡上升至水面而逸出。

(2) **观察法判断**:通常使用者凭经验判别,一般认为当排气阀急速喷射出强烈蒸汽流,并吱吱作响时,估计锅内的空气已被排尽。

5. 升压

当锅内空气排尽时,即可关闭排气阀,继续加热使锅内蒸汽压缓慢上升,表压指针缓缓升高。

6. 保压

当锅压到达 0.1 MPa(121℃)时,调节热源开关,使锅内压力维持所需灭菌温度,同时计算灭菌时间。一般培养基和玻璃器皿的灭菌需维持 121℃ 20 min。

7. 降压

达到规定的灭菌时间后,应立即关闭热源,让锅内压力自然降至压力表的零压后,再打开排气阀,以消除锅体内外压力差。

8. 取料

开启锅盖和取出灭菌物品时,锅体表面的温度仍然很高,逸出的蒸汽也很烫。故取物品时一定要防止手及其他部位的皮肤烫伤。

9. 灭菌后处理

每次灭菌完毕,必须倒掉锅内剩余的水并擦干。然后按原样将灭菌锅放入存放柜内。

【结果记录】

1. 记录配制的培养基等物品的灭菌温度和维持时间。

2. 检查灭菌培养基在存放过程中是否有异常。

3. 将加压蒸汽灭菌的结果记录于下表中。

灭菌的物品	压力 /MPa	灭菌时间 /min	有无异常现象	如何预防和排除

【注意事项】

1. 使用手提式加压蒸汽灭菌锅前应检查锅体及锅盖上的部件是否完好,并严格按操作程序进行,避免发生各类意外事故。

2. 灭菌时,操作者切勿离开岗位,尤其是升压和保压期间更要注意压力表指针的动态,避免压力过高或安全阀失灵等导致危险事故。同时更应按培养基中营养成分的耐热程度来设置合理的灭菌温度与时间,以防营养成分被过多破坏。

3. 务必待压力表读数下降到零后再打开排气阀与锅盖,否则因锅内压力突然下降,使瓶装培养基或其他液体因压力瞬时下降而发生复沸腾现象,从而造成瓶内液体沾湿棉塞或溢出等事故。

4. 在放入灭菌料桶前,切记应往锅体内加入足量的水,若锅体内无水或水量不够等均会在灭菌时引发重大事故。

【思考题】

1. 加压蒸汽灭菌的原理是什么？是否只要灭菌锅压力表到达所需的值时，锅内就能获得所需的灭菌温度？为什么？

2. 手提式加压蒸汽灭菌锅的盖上有哪些部件，它们各起什么作用？

3. 进行加压蒸汽灭菌的操作有哪几个步骤，每一步骤应注意哪些问题？

4. 列举在使用手提式加压蒸汽灭菌锅时可能引发重大伤害事故的若干操作及其原因，并提出相应的杜绝措施。

（胡宝龙　王英明）

【网上视频资源】

- 抑菌、消毒和灭菌
- 加压蒸汽灭菌

实验 I-5-5　培养皿的干热灭菌法

【目的】

1. 了解灼烧法与电热干燥烘箱的灭菌原理。
2. 掌握干热灭菌法的操作要点及注意事项。

【概述】

干热灭菌法的种类很多，包括灼烧和电热干燥灭菌器（常用的烘箱、热烤箱或干燥箱与微波炉等）内灭菌等。前者是直接焚烧或灼烧待灭菌的物品，它是一种最为彻底与十分迅速的灭菌方法。在实验室内常用红外线灭菌器、酒精灯火焰或煤气灯火焰来灼烧接种环、接种针、试管口、瓶口及镊子等无菌操作中需用的工具或物品，确保纯培养物免受污染。而培养皿等玻璃器皿则可利用电热烘箱内的热空气进行定温与定时的灭菌，故称电热干热灭菌法。常用的干热灭菌烘箱是金属制的方形箱体，双层壁的箱体间含有石棉，以防热散失；箱体内部有温度传感器和风扇，后者使箱内温度均一。正面有开关和控制面板等，可以调节温度；此外箱内还有放置灭菌物品的搁板（见图 I-5-5-①）。它主要适用于空的玻璃器皿如试管、吸管、培养皿、三角瓶和盐水瓶等材料的灭菌，各种解剖工具、手术器械等金属器械和其他耐高温物品也可采

图 I-5-5-①　干热灭菌用的烘箱

用烘箱进行干热灭菌。

烘箱干热灭菌法就是将待灭菌的物品放入箱内后关闭,打开温控开关使箱内温度上升至160℃,维持 2 h,利用热空气对流与热交换原理,加热并杀死待灭菌物品内外一切微生物及芽孢等,从而达到彻底灭菌的目的。长时间的干热可导致微生物细胞膜的破坏、蛋白质的变性和原生质等干燥,使生命体永久地失活,它也可使各种细胞成分发生不可逆的氧化变性而丧失功能。因干热灭菌法简便有效,故在科学研究与生产实践中得到广泛的应用。

【材料和器皿】

1. 灭菌器

电热干燥烘箱。

2. 待灭菌物

培养皿,移液管(筒装或纸包装),各种清洁干燥的玻璃器皿等。

【方法和步骤】

1. 放料

将待灭菌的物品放入烘箱的搁板上,物品放置切勿贴靠箱壁,物品间留有缝隙,以利热气流的循环与灭菌温度均匀。

2. 启动

关闭箱门,接通电源,打开电源开关,设置灭菌温度为 160℃。

3. 升温

让温度升至 160℃。

4. 恒温维持

待温度升到 160℃时,应密切注意烘箱温控性能与箱体内的温度波动幅度(常与箱体内物品的堆放与气流的通畅程度等相关)。维持 160℃ 2 h。

5. 降温

灭菌完毕后,切断电源,让其自然降温。

6. 取料

待箱内温度降至 60℃以下时,才能打开烘箱门并取出物品。取灭菌物品时严防烫伤等事故。

【结果记录】

注意每批灭菌物品在使用中可能出现的各类异常情况,若这类器皿的特定部位发生污染等现象,请认真记录与分析。

【注意事项】

1. 待灭菌器皿均需洗净、干燥、包装后放置在灭菌烘箱内。注意不要将含水的玻璃器皿进行干热灭菌,否则易导致局部灭菌不彻底而影响实验结果。

2. 注意在灭菌时箱体内物品不要放得过密或拥挤,以免妨碍热空气流通,影响物品的灭菌效果。

3. 所使用的电源电压和功率必须与灭菌器要求相符,以免跳闸或引发燃烧等事故。

4. 为防止纸张和棉纱线焦化起火,灭菌温度切勿超过180℃。

5. 油纸等包装材料因在高温下可产生油滴而引燃,故在干热灭菌中严禁使用。

6. 烘箱开启、关闭和使用期间要由专人负责,灭菌过程中不得离开,切勿因遗忘过夜而导致重大事故。

7. 灭菌结束后,必须待温度下降到60℃以下才能打开烘箱门,否则会因温度骤然下降而引起玻璃器皿爆裂等事故。

【思考题】

1. 试述干热灭菌的类型与其适用范围。

2. 简述利用电热干燥烘箱进行物品灭菌的操作步骤和应注意的安全事项。

(胡宝龙　王英明)

【网上视频资源】

● 抑菌、消毒和灭菌

实验 I-5-6　过滤除菌技术

【目的】

1. 了解过滤除菌的原理及除菌滤器的种类。

2. 掌握玻璃砂芯滤器的操作方法。

3. 掌握用一次性针头滤器过滤除菌的操作方法。

【概述】

在微生物学研究中,对于某些受热易分解的液体样品,如抗生素、血清、维生素或尿素等,可以采用过滤除菌技术除去其中的微生物。过滤除菌是使液体或气体样品通过安装了微孔滤膜(或石棉滤板、烧结玻璃等)的无菌滤器。小于滤膜孔径(如0.22 μm)的颗粒物可以通过,包括衣原体、支原体和病毒;大于滤膜孔径的颗粒物,如细菌、放线菌、酵母、霉菌和孢子等,受到滤膜的机械阻碍而被除去。液体样品过滤除菌的滤器分抽气(减压)过滤滤器和加压过滤滤器两类,这里简单介绍一些常用的微孔滤膜滤器(图I-5-6- ①)。

1. 抽气过滤滤器:抽气过滤滤器采用金属或玻璃材质,由抽滤漏斗和配套的抽滤瓶组成,漏斗的样品杯和抽滤头中间安装微孔滤膜,比较常用的玻璃砂芯滤器结构见图I-5-6- ①和②。微孔滤膜有多种材质,如混合纤维素酯、聚砜醚膜、聚偏氟乙烯等,分为水相(过滤水溶液)和有机相(过滤有机溶剂)两大类,只能使用1次。实验室常用孔径0.22 μm或0.45 μm的微孔滤膜,也有采用孔径0.1 μm的微孔滤膜(能够除去支原体等)。把待过滤的液体样品加在无菌滤器的样品杯中,抽气过滤,通过微孔滤膜除菌后的样品就收集在抽滤瓶中(图I-5-6- ②)。

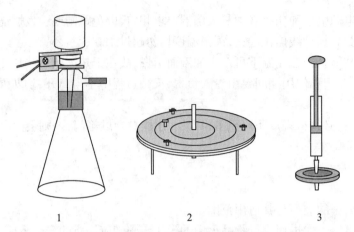

图 I-5-6- ① 常用的微孔滤膜滤器
1. 玻璃砂芯滤器 2. 不锈钢圆盘滤器 3. 针头式滤器（安装在注射器上）

2. **加压过滤滤器**：用抽气过滤滤器过滤样品到一定体积，就需要拆下抽滤瓶，把无菌液体移走，重新安装后才可以继续过滤，既不方便，也容易染菌。同时，抽滤头和抽滤瓶密封不良也会造成污染。不锈钢圆盘滤器是一种加压过滤滤器，只要微孔滤膜不堵塞就可以连续过滤，适合较大体积样品的过滤（见图 I-5-6- ①）。圆盘滤器是在两个不锈钢圆盘中间安装微孔滤膜，然后拧紧螺旋密封。圆盘的进液口和出液口分别连接胶管，整体灭菌，上侧进液口连接的胶管插入待除菌液体中，并通过蠕动泵加压，使液体通过微孔滤膜，经出液口连接胶管收集到无菌容器中。更简单、常用的加压过滤滤器是针头式滤器，是在两个较小的塑料圆盘中间密封微孔滤膜，适合几 mL 到几十 mL 液体样品的过滤除菌。把吸有液体样品的注射器乳头安装在无菌针头式滤器的进液口，用力推注射器的活塞，使液体通过针头式滤器，样品经出液口流出，收集于无菌容器中。

过滤除菌也可以用来处理气体，如无菌操作台和无菌间通风系统的过滤除菌。

本实验用玻璃砂芯过滤装置对不耐热的尿素溶液过滤除菌，用针头式滤器对抗生素溶液过滤除菌。

【材料和器皿】

1. 仪器
玻璃砂芯滤器（配 500 mL 或 1 000 mL 抽滤瓶）和配套滤膜（水相，孔径 0.22 μm），真空泵。

2. 试剂
氨苄青霉素钠溶液（50 mg/mL），尿素溶液（20 mg/mL）。

3. 器皿和其他材料
安全瓶，玻璃管，胶管，橡胶塞，一次性针头式滤器（水相，孔径 0.22 μm），一次性注射器（20 mL），样品收集瓶，1.5 mL 离心管。

【方法和步骤】

1. 用玻璃砂芯滤器对尿素溶液过滤除菌

(1) 滤器的清洗和灭菌
① 清洗：拆开玻璃砂芯滤器（图 I-5-6- ②），仔细洗涤各个部件，并用蒸馏水冲洗干净，晾干。

② 包扎和灭菌:先在抽滤头的砂芯支架上放置合适的微孔滤膜,光滑面向上,然后放好样品杯,夹好弹簧夹,并在侧方抽气口处塞好棉花,最后连接适当长度的胶管(见图 I-5-6- ②)。用棉布把组装好的抽滤漏斗整个包扎,用牛皮纸包扎抽滤瓶和样品收集瓶,125℃灭菌 30 min,60℃烘干备用。

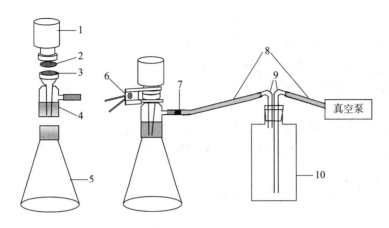

图 I-5-6- ②　用玻璃砂芯滤器进行抽气过滤的装置

1. 样品杯　2. 滤膜　3. 砂芯支架　4. 抽滤头　5. 抽滤瓶　6. 弹簧夹　7. 棉花　8. 胶管　9. 玻璃管　10. 安全瓶

(2) 抽气过滤装置的组装:在无菌操作台内,按照无菌操作,打开无菌抽滤瓶,装上抽滤漏斗,抽滤头侧面的胶管连接真空泵,最好在真空泵和玻璃砂芯滤器之间安装一个安全瓶(图 I-5-6- ②)。注意各个连接处应牢靠。

(3) 尿素溶液的过滤除菌

① 过滤:在样品杯中加入 300 mL 尿素溶液,然后打开真空泵,开始减压过滤。

② 关闭真空泵:样品过滤结束后,把胶管从真空泵抽气口上取下,再关闭真空泵。

③ 收集滤液:取下抽滤漏斗,将抽滤瓶中的液体收集于样品收集瓶中。装有无菌尿素溶液的样品收集瓶做好标记,室温保存。

(4) 滤器的清洗和晾干:拆开抽滤漏斗,检查滤膜的完整性,并注意是否有明显的侧漏,弃去滤膜。清洗滤器的各个部件,晾干备用。

2. 用针头式滤器对氨苄青霉素钠溶液过滤除菌

(1) 吸氨苄青霉素钠溶液:用 20 mL 一次性注射器吸氨苄青霉素钠溶液到针管中。拔去针头,丢弃于锐器盒中。

(2) 安装针头式滤器:打开一次性针头式滤器的外包装,把针管的乳头插入针头式滤器的进液口,注意保持出液口的无菌状态,不可触碰到手或其他物体表面。

(3) 过滤除菌:用力推注射器的活塞,使氨苄青霉素钠溶液通过针头式滤器,收集在 1.5 mL 无菌离心管中,盖上盖子。

(4) 溶液的保存:待全部液体过滤结束后,在离心管表面做好标记,置于 -20℃保存。

(5) 实验后处理:注射器的针管和一次性滤器弃于医疗废弃物垃圾袋中。

【结果记录】

1. 用玻璃砂芯滤器过滤除菌过程中,是否出现异常情况?
2. 记录过滤除菌的样品名称和滤膜孔径。

【注意事项】

1. 过滤除菌的滤膜分水相和有机相两类,请参照说明书选用。同时,强酸、强碱和一些强极性有机溶剂因滤膜的耐受性限制,不能过滤除菌。

2. 过滤样品的含菌量或颗粒物的多寡,直接影响过滤效果和过滤速度,最好采用无菌的洁净器皿和双蒸水配制样品。

3. 过滤除菌必须在无菌操作台内进行,整个过程要严格按照无菌操作的要求进行。

4. 组装的抽气过滤装置各个连接部位应安装牢固,密封良好。抽滤结束后应确认滤膜完好,并且未出现明显侧漏。

5. 过滤除菌的样品经无菌检验后,才能用于实验。

【思考题】

1. 过滤除菌的原理是什么?有哪些优缺点?
2. 抽气过滤中应注意哪些问题?
3. 常见的过滤除菌装置有哪些种类,选用时应该注意哪些问题?
4. 抽气过滤结束后,应先断开滤器和真空泵间连接胶管,再关闭真空泵。如果先关闭真空泵,会发生什么问题?

(王英明 胡宝龙)

【网上视频资源】

● 过滤除菌

第六周　微生物生长量的测定和生长曲线的绘制

生长繁殖是微生物的重要生命活动之一。一个单细胞微生物在适宜的条件下,可不断地吸取周围环境中的营养物质,并按其固有的代谢方式进行新陈代谢。当同化代谢速率超过异化代谢速率时,细胞中原生质的总量就不断增加,于是出现了个体的生长。当细胞内的各种成分和结构协调增长到某种程度时,母细胞就开始分裂,不久形成了两个子细胞。这种个体数目增多的现象,就称为个体繁殖。因此,生长与繁殖是两个紧密联系、不断交替地进行着的生命现象与过程。由微生物的个体生长导致个体的繁殖,最终引起容器内微生物群体的生长现象。在微生物培养研究中的"生长"一般均指其群体生长,即在单位体积的群体中细胞浓度或菌体密度、重量或体积的增加。

生长与繁殖的含义不同,因此测定的原理和方法也各异。由于生长意味着原生质总量的增加,故测定微生物生长量的方法常有直接或间接法两种。直接法如测定细胞群体的体积、称其干重等,间接法则采用比浊法或各种生理指标法等来测定其生长量,生长量的测定在微生物学研究中有较广泛的应用。

本周实验包括液体接种培养技术和细菌生长量测定法两个实验,细菌生长曲线则利用带有侧臂试管的三角瓶与光电比色法,可很方便地测绘出大肠埃希氏菌的生长曲线。

实验 I -6-1　细菌的液体接种法和培养特征的观察

【目的】

1. 掌握利用各种接种工具进行液体接种的步骤和方法。
2. 观察细菌在液体培养时的群体特征并镜检其个体形态。

【概述】

液体接种是指在无菌操作条件下,用无菌的接种环、滴管、移液管或可调移液器等接种工具将斜面菌种或菌种悬液等移接到液体培养基中的一种接种方法。在定量接种时可用移液管进行,若接种量较大时也可将培养于试管或三角瓶中一定容积的菌种悬液全部倒入更大型的液体培养基容器中,这种倾倒接种法既可定量又能快速完成,是生产实践中常用的液体接种法。

在细菌的分类鉴定中,常将其接种到合适的液体培养基中培养,观察液体培养特征。多数细菌的液体培养物均匀浑浊,少数形成沉淀(如絮状或颗粒状)或在表面生长(形成菌膜、菌环或菌岛等),有的还可产生色素,见图 I -6-1- ①。由于这些群体特征具有一定的稳定性,对鉴定菌种和判断菌种纯度具有一定的参考价值。

供接种用的菌种可以是斜面菌种、液体菌种或是将固体培养基表面的菌苔用生理盐水(或缓冲液)洗下而制成的悬浮菌液。当制备霉菌孢子的悬液时,由于孢子不易与水相混合,可通过加入少量的 Tween 80(约 0.1％)等乳化剂制成均匀的孢子悬液。

在稀释菌液、平板菌落计数以及菌种分离纯化等实验中,经常要用移液管定量地吸取菌液于培养皿、试管或三角瓶等各种容器中,此操作过程既要吸量准确还要采用严格的无菌操作,因而要求操作者能做到两手动作协调与熟练,它也是微生物工作者必须掌握的常用接种技术之一。

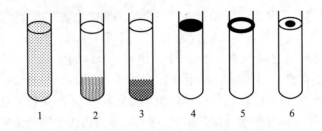

图 Ⅰ-6-1- ①　细菌液体培养特征示意图
1. 浑浊　2. 絮状沉淀　3. 颗粒状沉淀　4. 菌膜　5. 菌环　6. 菌岛

【材料和器皿】

1. 菌种

大肠埃希氏菌(*Escherichia coli*),枯草芽孢杆菌(*Bacillus subtilis*)。

2. 培养基

牛肉膏蛋白胨液体培养基。

3. 其他

接种环,滴管,移液管,可调移液器,培养皿,试管,三角瓶等。

【方法和步骤】

1. 接种环接种

用接种环移接菌种于液体培养基中并观察其生长特征。

(1) **接种前准备**:与斜面接种法同。

(2) **接种操作要点**:左手持试管的方式与斜面接种法相同。右手拿接种环,在火焰上灭菌后,伸入菌种管斜面顶部培养基上冷却,然后用环刮取少量菌苔(或菌液)转移至试管的液体培养基中,让接种环在液面和管壁的交界处反复摩擦或振荡,以洗下环上的菌体,使其均匀分散入液体培养基中,然后移出接种环,塞上棉塞,并立即烧去环上的残留菌体。以大肠埃希氏菌和枯草芽孢杆菌各接 1 支试管液体培养基。

(3) **混匀培养液**:用拇指和中指捏住试管的上部,食指揿住棉塞,将试管底部在左手掌心上轻拍振荡,使成团的细菌细胞与液体培养基充分混匀(注意:宜缓缓振荡,切勿使菌液沾到棉塞上)。

(4) **适温培养**:将试管插在试管架上,置 37℃恒温培养箱中培养 24 h,观察细菌在液体培养基中的生长特征,并记录结果(观察前切勿摇动试管培养物)。

2. 用移液管或滴管接种

(1) **取移液管**:左手拿移液管筒,以右手的无名指、小指和掌边夹住筒盖,在火焰旁无菌操作区内打开,同时用盖子顶住筒口,稍倾斜移液管筒,让少数几支移液管滑落到筒口,然后用拇指和食指抽出 1 支移液管,并立即盖上筒盖(见图 Ⅰ-6-1- ②)。若用纸包的移液管,临用前应先拧断手握端的纸管结,然后在火焰旁抽出移液管。如用滴管接种,在拧断大口端的包扎纸卷后,应立即套上橡皮滴头,再将其抽出。抽出的移液管或滴管尖端,尽量维持其在火焰旁的无菌操作区内,严防触及其他物体而污染。

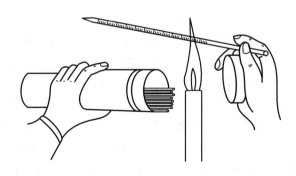

图Ⅰ-6-1-②　从移液管筒中用无菌操作取移液管的示意图

(2) **吸取菌液:**左手拿菌种管,右手的拇指和食指夹住移液管的上端,用小指和掌边拔出试管棉塞,将移液管伸入菌种管中,吸取一定量的菌液后立即用食指揿住移液管口,并调节菌液到所需的量(见图Ⅰ-6-1-③1)。在火焰旁转移含液移液管,同时塞上菌种管的棉塞,并将它放回试管架。

(3) **移液接种:**根据实验的需要可将移液管中的菌悬液接种至盛有液体培养基的三角瓶或试管中(见图Ⅰ-6-1-③2)。在无菌操作移菌种液时,左手拿待接种的试管或三角瓶,用拿移液管手的小指和掌边将棉塞轻轻拔出,再将含菌液的移液管伸入待接容器内并放出(或吹入)菌液,然后塞紧棉塞,并振荡几下容器,使菌液与液体培养基混匀。也可将菌液定量移入培养皿等无菌容器或平板培养基表面进行菌种的分离或涂布等。

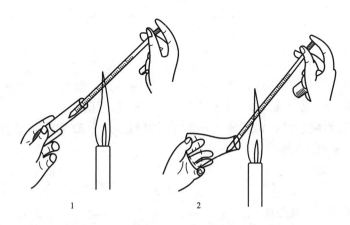

图Ⅰ-6-1-③　以无菌操作法作液体接种操作示意图
1. 用移液管吸取试管中菌液　2. 把菌液移入三角瓶中的操作

(4) **移液管杀菌:**将移过菌种的带菌移液管浸入5%石炭酸缸中(或沸水锅中)杀菌,处理30 min后取出清洗。

（5）**培养**：接种后将试管或三角瓶置37℃下培养24 h后取出观察。

3. 倾倒接种法

（1）**取容器**：右手拿菌种悬液管，左手取待接种的盛有液体培养基的三角瓶。

（2）**拔棉塞**：在火焰旁的无菌区域内，用右手的小指和掌边夹住三角瓶棉塞并拔出。再用左手的小指和掌边夹住试管棉塞并拔出，同时两容器口先后过火一周，然后移至火焰旁无菌操作区内倾倒接种。

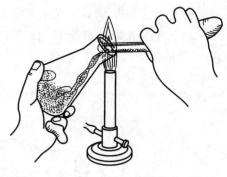

图Ⅰ-6-1-④　倾倒法液体接种示意图

（3）**倒菌液**：将试管中的菌液全部倾倒入三角瓶中（见图Ⅰ-6-1-④），然后将棉塞与三角瓶口过火并塞上，振荡数次，使菌液和培养基充分混合。

（4）**培养**：放37℃下静置培养或恒温摇床上振荡培养（220 r/min），根据实验的要求，培养一段时间后取样，观察其生长情况或进行其他的实验。

【结果记录】

将大肠埃希氏菌和枯草芽孢杆菌的液体培养特征记录于下表中。

菌　　名		大肠埃希氏菌	枯草芽孢杆菌
液体培养特征（图示）			
描　　述	有否菌膜、菌环和菌岛		
	有无混浊和沉淀		
	有无产生色素		

【注意事项】

1. 从移液管筒中取用移液管时，切忌将手伸入筒内寻找移液管，而应使移液管滑落至筒口后再抽取，取出后应随手盖上盖子，不要让筒口一直敞开着，以防污染。

2. 用倾倒法作液体接种时，试管伸入三角烧瓶中的部分不能太深，以免管壁上可能沾有的杂菌（未过火部分）带到三角瓶中，导致污染。

【思考题】

1. 何谓液体接种法？有何优点？
2. 在哪些实验中须用移液管等液体法接种？

（胡宝龙　王英明）

【**网上视频资源**】

- 液体接种法
- 培养基的制备

实验Ⅰ-6-2　细菌生长曲线的测定

【**目的**】

1. 了解细菌生长的特点及其测定法原理。
2. 学会用带侧臂试管的三角瓶连续测定细菌生长曲线的操作方法。

【**概述**】

　　细菌的生长曲线就是把一定量的菌体细胞接种到恒容积的液体培养基中,在适宜的条件下进行培养,在此过程中,其细胞数目将随培养时间的延续而发生规律性的变化,如以细胞数目的对数值(或 OD 值)为纵坐标,以培养时间为横坐标作一条曲线,即为细菌的生长曲线,它反映了细菌的群体生长规律。依据其生长速率的不同,可把细菌的生长曲线划分为延滞期、对数期、稳定期和衰亡期 4 个时期。这 4 个时期的长短因菌种的遗传性、接种量和培养条件的不同而有所改变。因此,通过测定细菌的生长曲线,可了解不同细菌的生长规律,它对科研和生产都具有重要的指导意义。

　　本实验测定细菌生长曲线的方法是,将待测菌种接入一个具有侧臂试管的三角瓶(见图Ⅰ-6-2- ①)内的液体培养基中,在适宜的培养温度和良好的通气状态下,定时取出此三角瓶,在稍经改装的 721 型分光光度计上测定菌液浓度(OD 值),在一定的范围内,菌液浓度与光密度值呈线性关系。因此,根据菌液的 OD 值可以推知细菌生长繁殖的进程。将所测得的一组 OD 值与其相应的培养时间作图,即可绘制出该菌的生长曲线。

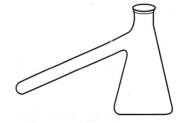

图Ⅰ-6-2- ①　带侧臂试管的
三角瓶示意图

　　此测定法是一种不必取样的原位无污染性细菌生长曲线的测定,其优点是在不改变细菌培养中的菌液体积等条件下,可随时测得三角瓶内菌液浓度的变化,及时掌握细菌培养的进程与生长规律。

【**材料和器皿**】

1. 菌种

大肠埃希氏菌(*Escherichia coli*)。

2. 培养基

牛肉膏蛋白胨液体培养基,葡萄糖铵盐合成培养基。

3. 器皿

721 型分光光度计(自制附件或另设计加工的附件见图Ⅰ-6-2- ②),恒温摇床,具有侧臂试管的三角瓶,移液管(5 mL,10 mL)等。

【方法和步骤】

1. 测定器材的制作方法

(1) 具有侧臂试管的三角瓶:其外形如图 I –6-2– ①所示。制作时,可分别选取规格一致的试管(测量管的外径与内径,或以装液后测 OD 值一致的试管)和三角瓶,由玻璃技工熔接煺火而成。

(2) 自制比色管架:可选取一定规格的有机玻璃(或塑料板),裁成与 721 型分光光度计的暗盒门相同的尺寸,另选择一段恰好能纳入侧臂试管的有机玻璃管(或金属管),将其垂直安置在有机玻璃板的恰当位置,使管子的所在位置恰好同 721 型分光光度计的暗箱内的光路在同一直线上(见图 I –6-2– ②)。

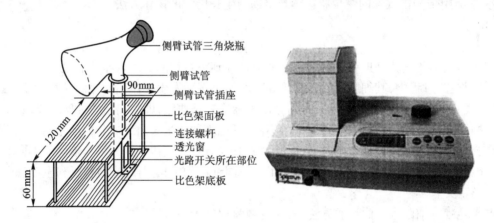

图 I –6-2– ②　自制 721 型比色管架示意图及 SP-1105 附件与分光光度计整体结构

(3) 暗罩的制作:为确保在测定中不漏光,要制备一个能将在测定时外露的三角烧瓶完全遮盖的暗罩,材料可任选。

(4) 市场选购:我们与上海光谱仪器有限公司已联合研制了 SP-1105 型分光光度计上的附件比色架与暗盒的整体结构(见图 I –6-2– ②),具有使用便捷与稳定性好等优点。

2. 大肠埃希氏菌生长曲线的测定

(1) 菌种的培养:取大肠埃希氏菌斜面菌种 1 支,以无菌操作移取 1 环菌苔,接入牛肉膏蛋白胨液体培养基中,静置培养 12 h 左右。此菌液用作测定时的“种子”培养液。

(2) 分装液体培养基:用无菌移液管分别移取 25 mL 牛肉膏蛋白胨液体培养基或葡萄糖铵盐合成液体培养基于 4 个有侧臂试管的三角瓶中(每种培养液各 2 瓶),塞上通气塞。

(3) 校正零点:将未接入菌种液的培养基倾倒入三角瓶的侧臂试管中,选用 600 nm 波长测定,在分光光度计上调节零点,以作测定时的对照。

(4) 接种:用 5 mL 移液管吸取 2.5 mL 大肠埃希氏菌种子培养液接入各三角瓶。

(5) 测零时的 OD 值:将刚接入 2.5 mL 种子液的培养液倾倒入三角瓶的侧臂试管中,在校正好零点的分光光度计上测定 OD 值。此时的 OD 值即为接种后大肠埃希氏菌生长曲线中的零时读数值(即接种量)。

(6) **振荡培养:**将零时测定后的三角瓶放入自控恒温摇床上作振荡培养,温度为 37℃,振荡频率为 250 r/min 左右(温度和频率可按需调节)。

(7) **生长量测定:**在培养过程中,每隔 0.5～1 h 从摇床上取下摇瓶试样,将培养液倾入三角瓶的侧臂试管中,并在分光光度计上读取 OD 值。测定后迅速将测定菌液返回至三角瓶中继续 37℃通气培养。将每次所得数据记录在下面表中。在分光光度计测定中需用空白对照试管液体培养基来校正分光光度计的零点,以消除仪器所引入的误差。

3. 清洗

将实验材料煮沸杀菌后洗刷干净。

【结果记录】

1. 将各瓶测定的数据记录在下面表格中。

			培养时间（h）													
			0.5	1.0	1.5	2.0	2.5	3.0	3.5	4.0	4.5	5.0	5.5	6.0	6.5	7.0 …
光密度值	牛肉膏蛋白胨液体培养基	1														
		2														
	葡萄糖铵盐合成培养基	1														
		2														

2. 绘制生长曲线:以上述表格中的时间为横坐标,大肠埃希氏菌的 OD 值为纵坐标,在坐标纸上作图。所绘成的曲线即为大肠埃希氏菌在本实验条件下的生长曲线。

【注意事项】

1. 选择侧臂试管时,力求选取质地相同、内外直径一致、管壁厚薄均匀的试管。在比色管架上以分光光度计的计值法选取则更精确。

2. 所试制的分光光度计附件可否使用,须用一套标准比浊管预测检验,待测定性能稳定后才能正式用于测定。

3. 在生长曲线测定中,一定要用空白对照管的培养液随时校正仪器的零点。

【思考题】

1. 用本实验方法测定微生物生长曲线,有何优点?

2. 大肠埃希氏菌在天然培养基与合成培养基中各自的生长曲线有何不同? 为什么?

(胡宝龙)

【网上视频资源】

● 光吸收法测定细菌生长曲线

第七周　微生物的显微镜直接计数法

与测定细菌等的生长量不同,对于计微生物的繁殖数来说,最重要的是要计算其群体中微生物的个体数目。计繁殖数通常只适宜于呈单细胞状态存在的微生物(如细菌、酵母菌),或计呈丝状生长的真菌或放线菌所产生的孢子时较易进行。常见的有总菌计数法和平板菌落计数法(或称为活菌计数法)等。

上述微生物生长繁殖的计数又可分为直接法与间接法两种。前者是指利用显微镜直接对样品中的细胞或孢子逐一进行计数,其所得的结果通常是包括微生物的一些死细胞数的总菌数;而间接(活菌)计数常用的有液体稀释法或平板菌落(因为样品中的每个活细胞能在平板培养基表面形成一个菌落)计数法两种,它们是以最大稀释率或平板菌落数法间接获得样品中的活细胞(或孢子)数的一种计数法,应用十分广泛。

直接计数法使用血细胞计数板和显微镜。此法若与美蓝等特殊染料的染色相结合,也能分别计算活菌数和总菌数,但所计得的活菌数与平板菌落计数法测定值间仍有一定的偏差。

实验Ⅰ-7-1　酵母菌和霉菌孢子的直接计数法

【目的】

1. 学习使用血细胞计数板计酵母菌细胞数或霉菌孢子数的原理和方法。
2. 了解微生物细胞活体染色的原理和计数的方法。

【概述】

利用血细胞计数板直接在显微镜下计数微生物的细胞(或孢子)的数目,是一种常用的微生物总菌计数法。与其他计数法相比,它具有直观、简便和快速等优点,因为可以和生产实践或科学研究同步进行,故对实践工作具有一定的指导价值。

利用血细胞计数板计数的原理是:将经过适当稀释的微生物细胞或孢子悬液,加至血细胞计数板的计数室中,在显微镜下逐格计数。由于计数室的容积是固定的(0.1 mm³),故可将在显微镜下计得的菌体细胞数(或孢子数)换算成单位体积样品中的含菌数。此法所计得数值为样品中的死菌数和活菌数的总和,故称其为总菌计数法。

血细胞计数板是一块特制的精密载玻片(见图Ⅰ-7-1- ①,1),在载玻片上有 4 条长槽,将载玻片中间区域分隔成 3 个平台,中间平台比两边的平台低 0.1 mm,此平台中间又有一条短槽将其分隔成 2 个短平台,在 2 个平台上各有 1 个相同的方格网。它被划分为 9 大格,其中央大格即为计数室(见图Ⅰ-7-1- ①,2)。该计数室又被精密地划分为 400 个小格,但计数室还有 25 个中格(为 16 小格 / 每中格)或 16 个中格(为 25 小格 / 每中格)两种,每中格的四周均有双线界限标志,以便在显微镜下区分。

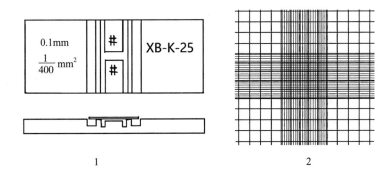

图Ⅰ-7-1-①　血细胞计数板正面与侧面及计数室的网格线示意图
1. 计数板的正面与侧面图　2. 中央方格网的大格为计数室

因此,两种中格类型计数室的总体积是一样的。即计数室大方格的边长为 1 mm,故面积为 1 mm²,计数室与盖玻片间的深度为 0.1 mm,所以计数室的体积为 0.1 mm³。计数时,先计得若干(一般为 5 个)中格内的含菌数,再求得每中格菌数的平均值,然后乘上中格数(16 或 25),就可得出 1 大方格(0.1 mm³)计数室中的总菌数,若再乘上 10^4(换算成每 mL 的含菌数)及菌液的稀释倍数,即可算出每 mL 原菌液中的总菌数值。

若要区分计数样品中的死菌和活菌值,则可采用微生物的活体染色法。活体染色法就是用对微生物无毒性的染料(如美蓝、刚果红、中性红等染料)配成一定的浓度,再与一定量的菌液混合,经一段时间后,死菌和活菌会呈现出不同的颜色,这样便可在显微镜下区分活菌数与死菌数。

美蓝是常用的活体染色染料,当它处于氧化态时呈蓝色,还原态时为无色。用它进行活体染色时,由于活细胞代谢过程中的脱氢作用,美蓝接受氢后就由氧化态转变成还原态,因此活细胞呈现为无色,而衰老或死亡的细胞由于代谢缓慢或停止,不能使美蓝还原,故细胞呈淡蓝色或蓝色。

【材料和器皿】

1. 菌种
酿酒酵母(*Saccharomyces cerevisiae*)。

2. 试剂
95% 乙醇棉球,生理盐水,内装玻璃珠的三角瓶,pH 7.0 磷酸盐缓冲液,美蓝染色液(配方:美蓝 0.025 g,NaCl 0.9 g,KCl 0.042 g,$CaCl_2·6H_2O$ 0.048 g,$NaHCO_3$ 0.02 g,葡萄糖 1 g,蒸馏水 100 mL)。

3. 仪器
显微镜,血细胞计数板,配套的计数板厚盖玻片等。

4. 器皿
试管,移液管,滴管。

5. 其他
擦镜纸,吸水纸等。

【方法和步骤】

1. 计总菌数

(1) 制备酵母菌斜面的稀释液：取在麦芽汁斜面上(在 30℃)培养 48 h 的酿酒酵母菌 1 支，用 10 mL 生理盐水分两次将斜面菌苔完全洗下，倒入含有玻璃珠的三角瓶中，充分振荡，使细胞分散。该菌悬液经适当稀释后作为计数菌液的样品。为提高计数精确度，菌液应稀释到每一计数板的中格平均有 15~20 个细胞数为宜。

(2) 清洗血细胞计数板：先用自来水冲洗(切勿用硬刷子洗刷)，再用 95% 乙醇棉球轻轻擦洗后用水冲洗，最后用吸水纸吸干(切忌在煤气灯上烘烤而导致计数板爆裂)。经镜检确证计数室上无污物或黏附的微生物细胞后才可使用。盖玻片也作同样的清洁处理。

(3) 加菌液：将计数板的盖玻片放在计数室上面的两边平台架上，用细口滴管将菌液来回吹吸数次，使菌液充分混匀并使滴管内壁吸附完全后，立即吸取少量酵母菌悬液滴加在盖玻片与计数板的边缘缝隙处，让菌液沿盖玻片与计数板间的缝隙渗入计数室(避免计数室内产生气泡)。再用镊子轻碰一下盖玻片，以免因菌液过多将盖玻片浮起而改变计数室的实际容积。静置片刻，待菌体自然沉降与稳定后，可在显微镜下选择中格区并逐格计数。

(4) 计数：先在低倍镜下(视野宜暗些)寻找计数板大方格网，再在大方格网中央寻找计数室并将其移至视野的中央，转用高倍镜观察和计数。为了减少计数中的误差，所选的中格位置及样品含菌数均应具有代表性，通常选取 25 中格计数室内的 5 格(4 个角与中央)计取其含菌数(见图 Ⅰ–7–1– ②)。为提高精确度，每个样品必须重复计数 2~4 个计数室内的含菌数，若误差在统计的允许范围内，则可求其平均值。

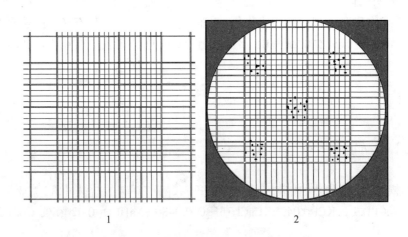

图 Ⅰ –7–1– ② 显微镜下的计数室与计数中格的选择示意图

1. 计数室为 25 中格(16 小格)型 2. 计数时选取 4 角与中央中格

(5) 清洗：计数完毕，计数板先用蒸馏水冲洗，吸水纸吸干，再用乙醇棉球轻轻擦拭后水冲，最后用擦镜纸擦干。计数室上的盖玻片亦作同样的清洗与擦干处理，最后放入计数板的盒中。

2. 计死、活菌体数

(1) 制备酵母菌菌液：取在麦芽汁斜面上培养 48 h 的酿酒酵母一支，用 10 mL pH 7.0 磷酸盐缓冲液将菌苔洗下,倒入含有玻璃珠的三角瓶中,充分振荡以分散细胞。将上述菌液再进行适当稀释。

(2) **活体染色**:取上述配制的美蓝染色液 0.9 mL 于试管中,再取上述菌液 0.1 mL 相混合,染色 10 min 后进行计数。

(3) **洗净计数板**:清洁血细胞计数板与盖玻片的方法同前。

(4) **加染色菌液**:方法同前。

(5) **分别计数与计算**:分别计各中格中的死细胞(蓝色)和活细胞(无色)数目,再计算出活细胞百分比。

(6) **清洗**:实验完毕后处理血细胞计数板,方法同前。

【结果记录】

1. 将计总菌数的结果记录于下表中。

位置	中格菌数					中格菌数 /（平均值）	大格总菌数	稀释倍数	菌数 /（个 /mL）
	x_1	x_2	x_3	x_4	x_5				
第一室									
第二室									

2. 将计死、活菌数的结果记录于下表中。

位置	类型	中格菌数					中格菌数 /（平均值）	大格总菌数	稀释倍数	菌数 /（个 /mL）	成活率 /%
		x_1	x_2	x_3	x_4	x_5					
第一室	活菌										
	死菌										
第二室	活菌										
	死菌										

3. 计算方法

(1) 算术计算法

$$菌数（个 /mL）= \frac{x_1+x_2+x_3+x_4+x_5}{5} \times 25（或 16）\times 10^4 \times 稀释倍数$$

(2) 统计计算法

① 统计计算公式

$$菌数（个 /mL）=(\bar{x} \pm t_{0.05}S_{\bar{x}}) \times 稀释倍数 \times 4 \times 10^6$$

4×10^6 的由来:

计数室总体积为 0.1 mm^3,划分成 400 个小方格,

$$每小方格的体积 = \frac{0.1 \text{ mm}^3}{400} = \frac{1}{4} \times 10^{-6} \text{ cm}^3$$

故换算为每毫升菌数就要乘上 4×10^6。

② 计算步骤

a. 求出平均数 $(\bar{x})$

$$\bar{x} = \frac{x_1 + x_2 + x_3 + \cdots + x_n}{n}$$

公式中的 n 都是代表小方格的数目,对于 25 个中格的计数板来说,数 5 个中格,则 $n=80$ 个小格,对于 16 中格的计数板来说,$n=125$ 个小格。

b. 求出标准差 (S)

$$S = \sqrt{\frac{\sum (x-\bar{x})^2}{n-1}}$$

c. 求出标准误差 $(S_{\bar{x}})$

$$S_{\bar{x}} = \frac{S}{\sqrt{n}}$$

d. 查 t 值表:当 $n > 30$,$P = 0.05$ 时,$t_{0.05} = 1.96$。

e. 将有关数字代入计算公式,计算实验结果。

【注意事项】

1. 计数室内不可有气泡,否则将影响菌悬液随机分布而使计数产生误差。

2. 为了减少误差,应避免计数时的重计或遗漏,故凡压在中格双线上的菌体,通常只计压在底线及右侧线上的菌体数,切勿四边均计而使数值偏高。

3. 遇有出芽的酵母菌,只有当芽体与母细胞一样大时才计为两个。

4. 活菌染色法计数的效果常受细胞数与染料比例、染色时间和染色时的 pH 等因素的影响,酵母菌悬液的 pH 控制在 pH 6.0 ~ 6.8 时效果较好。

【思考题】

1. 为何用血细胞计数板可计得样品的总菌数? 叙述其适用的范围。

2. 为什么计数室内不能有气泡? 试分析产生气泡的可能原因。

3. 试分析影响本实验结果的误差来源,请提出改进措施。

(胡宝龙　王英明)

【网上视频资源】

● 显微镜直接计数法

实验Ⅰ-7-2　细菌细胞的直接计数法

【目的】

1. 了解细菌计数板的结构与其计数的原理。
2. 掌握细菌计数板的使用方法与注意事项。

【概述】

使用血细胞计数板直接在显微镜下计数酵母菌细胞或霉菌孢子的数目,是一种常用的微生物总菌计数法。它具有直观、简便和快速等优点,对实践研究具有指导价值。但是用血细胞计数板不能对形态微小的细菌等样品进行计数,而用 Helber 型细菌计数板则可有效地对细菌样品进行准确的计数。

它与血细胞计数板的结构和计数的原理基本相同,计数过程也类似。Helber 型细菌计数板也是一块 3～4 mm 厚的特制的精密载玻片,其计数室中央大格的边长也是 1 mm,故其面积为 1 mm^2,同样划分为 400 个小格(25 个中格)。由于血细胞计数板的计数室较深(0.1 mm),故不能用油镜对位于计数室内的细菌样品进行彻底计数,即计数室内许多层次的细菌已不在油镜聚焦之内故无法计数。Helber 细菌计数板的计数室与盖玻片间的深度仅为 0.02 mm,它在油镜视野的工作距离范围以内,故能较精确计数细菌细胞。因此,这种计数室的体积仅为 0.02 mm^3。同时,在细菌细胞计数时,常需计取计数室内 10～20 个小格内的总菌数,再求得每小格内细菌数的平均值后,最后换算成每 mL 样品中的细菌总细胞数。

在细菌的活细胞计数中,也以一定浓度的美蓝染色液对细菌细胞液进行适当染色,然后在计数室中分别计取活细胞和死细胞的数量。

【材料和器皿】

1. 菌种

金黄色葡萄球菌(*Staphylococcus aureus*)。

2. 试剂

95% 乙醇棉球,生理盐水,内装玻璃珠的三角烧瓶,pH 7.0 磷酸盐缓冲液,美蓝染色液(同前)。

3. 仪器

显微镜,Helber 型细菌计数板,配套的超薄型细菌计数板盖玻片等。

4. 器皿

试管,移液管,细口加样滴管等。

5. 其他

擦镜纸,香柏油,镜头清洁液,吸水纸等。

【方法和步骤】

1. 计总菌数

(1) 制备细菌悬液:取在牛肉膏蛋白胨斜面(在 37℃)上培养 48 h 的金黄色葡萄球菌 1 支,

用 10 mL 生理盐水分两次将斜面菌苔基本洗下,倒入含有玻璃珠的三角瓶中,充分振荡,使细胞充分分散。该菌悬液经适当稀释后作为计数的菌液样品。为提高计数精确度,菌液应稀释到每一计数板的小格内平均有 5~10 个细胞数为宜。

(2) 清洗计数板:先用蒸馏水冲洗(切勿用刷子洗刷),再用 95% 乙醇棉球轻轻擦洗细菌计数板,水冲,最后用擦镜纸擦净吸干(切忌在煤气灯上烘烤计数板而导致爆裂)。经镜检确证计数室上无污物或黏附的细菌细胞后才可使用。盖玻片也作同样的清洁处理。

(3) 加菌液:将计数板盖玻片放在计数室两边的平台上,用细口毛细滴管将菌液来回吹吸数次,使菌液充分混匀并让滴管内壁吸附平衡后立即吸取少量细菌悬液,滴加在盖玻片与计数板的边缘缝隙处,让菌液顺盖玻片与计数板间的毛细缝隙渗入计数室(计数室内避免产生气泡)。再用镊子轻碰盖玻片,以免因菌液过多将盖玻片浮起而改变了计数室的容积。稍静置片刻,待菌体自然沉降与分布稳定后,再在显微镜下选区并逐格计数。

(4) 计数:先在低倍镜下寻找计数板大方格网,再找到计数室将其移至视野的中央,转换高倍油镜(在计数板的盖玻片上滴加较稀香柏油)仔细调节观察和逐格计数。选择计算出具有代表性的 10~20 个小格内的含菌数,通常以 20 个小格内的细胞总数的平均值换算出样品的含菌数。为提高精确度,每个样品必须重复计数 2~4 个计数室的含菌数,即可求得该菌液样品的可靠含菌数。

(5) 清洗:计数完毕,细菌计数板用 75% 乙醇浸泡消毒,然后用蒸馏水冲洗,用吸水纸吸干,然后再用乙醇棉球仔细轻轻擦拭,再用蒸馏水冲洗干净后晾干(也可用擦镜纸吸干)。计数室上的盖玻片亦做同样的消毒、清洗与晾干,并妥善放入细菌计数板的盒中。

2. 计死、活菌体数

(1) 制备细菌悬液:取培养适时的金黄色葡萄球菌斜面一支,用生理盐水洗下斜面菌苔,倒入含玻璃珠的三角瓶中充分振荡以分散细胞,并将菌液适当稀释。

(2) 活体染色:取上述配制的美蓝染色液 0.9 mL 于试管中,再取上述制备的菌液 0.1 mL 相混合,染色 10 min 后进行计数。

(3) 洗净计数板:方法同前。

(4) 加染色菌悬液:方法同前。

(5) 计数:分别计 20 小格中的死细胞(蓝色)数和活细胞(无色)数,再计算出细菌活细胞的百分比。

(6) 清洗:实验完毕后处理细菌计数板的方法同前。

【结果记录】

1. 将计得的总菌数结果记录于下表中。

位置	小格菌数					小格菌数 /（平均值）	大格总菌数	稀释倍数	菌数 /（个 /mL）
	x_1	x_2	x_3	...	x_{20}				
第一室									
第二室									

2. 将计得的死、活菌数结果记录于下表中。

位置	状态	小格菌数					小格菌数/（平均值）	大格总菌数	稀释倍数	菌数/（个/mL）	成活率/%
		x_1	x_2	x_3	...	x_{20}					
第一室	活菌										
	死菌										
第二室	活菌										
	死菌										

【注意事项】

1. 加细菌样品液时要避免计数室内产生气泡，以免影响计数结果。

2. 活菌体染色法计数的效果常受细胞数与染料比例、染色时间和染色时的 pH（细菌样品液 pH 控制在 pH 7.0～7.2 为宜）等因素的影响。

3. 计数板和盖玻片需要用 75% 乙醇, 5% 苯酚或 2% 戊二醛消毒后再清洗。

【思考题】

1. 为何用 Helber 型计数板可计数细菌样品中的细胞数？叙述其主要依据。

2. 滴加样品时计数室内易产生气泡的原因是什么？如何避免？

3. 实验中各计数室中计得的值间常有一定的偏差，试分析其可能的来源与避免的措施。

（胡宝龙）

第八周　微生物的间接计数法

与在计数板上直接检测微生物样品中总菌数的显微镜计数法不同,用平板菌落计数法等测定微生物的活细胞数,称为微生物的间接计数法,或称活菌计数法。它能测出待测微生物样品中的活细胞(或孢子)数。平板菌落计数法是在适宜条件下,将被检样品细胞分散并适度稀释,再与融化的固体培养基充分混合,经培养,样品中的活细胞便能在平板培养基内层与表面形成一个个菌落,通过计菌落数就能换算出待测样品中的活细胞数,或菌落形成单位(CFU/mL)。

微生物间接计数法的种类繁多,应用极广,其中最常见的有平板菌落计数法和液体逐级稀释法两类。为便于实际应用,近年来平板菌落计数技术还在不断向简便、快速、微型和商品化方向发展。

实验 I-8-1　平板菌落计数法

【目的】

1. 了解利用平板菌落计数法测定微生物样品中活细胞数的原理。
2. 熟练掌握平板菌落计数的操作步骤与方法。

【概述】

平板菌落计数法是一种应用广泛的测定微生物生长繁殖的方法,其特点是能测出微生物样品中的活细胞数。

本法的原理和操作要点是:先将待测定的微生物样品按比例地作一系列稀释(通常为10倍系列稀释法),再吸取一定量某几个稀释度的菌悬液于无菌培养皿中,再及时倒入融化且冷却至45℃~50℃的培养基,立即充分摇匀,水平静置待凝。经培养后,将各平板中计得的菌落数的平均值换算成单位体积的含菌数,再乘以样品的稀释倍数,即可测知原始菌样的单位体积中所含的活细胞数。由于希望平板上的每一个单菌落都是从原始样品液中的各个单细胞(或孢子)生长繁殖形成的,因此,在菌样的测定中必须使样品中的细胞(或孢子)充分均匀地分散,且经适当地稀释,使平板上所形成的菌落数控制在适当的范围,一般细菌的平板菌落计数以30~300个为宜,这样可以减少计数与统计中的误差。

平板菌落计数法的最大优点是能测出样品中的活菌数。此法还常用于微生物的选种与育种、分离纯化及其他方面的测定。缺点是操作手续较繁,时间较长,测定值常受各种因素的影响。涂布法也可用于菌落计数,对好氧菌和放线菌(孢子)的计数尤为适宜,但数值偏小。

【材料和器皿】

1. 菌种

大肠埃希氏菌(*Escherichia coli*)。

2. 培养基

牛肉膏蛋白胨固体培养基。

3. 器皿

无菌试管,无菌培养皿,无菌移液管(1、5、10 mL)。

4. 其他

无菌生理盐水,试管架,记号笔,恒温水浴锅,助吸器等。

【方法和步骤】

1. 融化培养基

先将牛肉膏蛋白胨固体培养基加热融化,并置50℃恒温水浴锅中保温备用。

2. 编号

取 6～8 支无菌试管,依次编号为 10^{-1}、10^{-2}、10^{-3}…10^{-6}(或至 10^{-8},视菌液浓度而定);再取 10 套无菌培养皿,依次编号为 10^{-4}、10^{-5} 和 10^{-6}(或 10^{-6}、10^{-7} 和 10^{-8}),各稀释浓度做 3 个重复测定,留下 1 个培养皿作空白对照。

3. 分装稀释液

以无菌操作法用 5 mL 移液管分别精确吸取 4.5 mL 无菌的生理盐水于上述各编号的试管中。

4. 稀释菌液

每次吸取待测的原始样品时,先将其充分摇匀。然后用 1 mL 无菌移液管在待稀释的原始样品中用助吸器来回吹吸数次(注意:吹出菌液时,移液管尖端必须离开菌液的液面),再精确移取 0.5 mL 菌液至 10^{-1} 的试管中(注意:这支已接触过原始菌液样品的移液管的尖端不能再接触 10^{-1} 试管的菌液液面)。然后另取 1 mL 无菌移液管,以同样的方式,先在 10^{-1} 试管中来回吹吸样品数次,并精确移取 0.5 mL 菌液至 10^{-2} 的试管中,如此稀释至 10^{-6}(或 10^{-8})为止。整个稀释流程如图 I–8–1–① 所示。

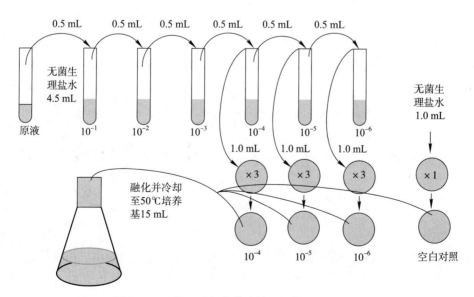

图 I–8–1–①　平板菌落计数法操作过程示意图

5. 转移菌液

分别用 1 mL 无菌移液管精确吸取 10^{-4}、10^{-5}、10^{-6} 稀释菌液各 1.0 mL，加至相应编号的无菌培养皿中。空白对照培养皿中加入 1.0 mL 无菌的生理盐水。

6. 倒培养基

菌液移入培养皿后应立即倒上融化并冷却至 45～50℃ 的牛肉膏蛋白胨固体培养基（倒入量 12～15 mL）。

7. 摇匀平板

摇匀平板菌液与培养基方式如图Ⅰ–8–1–②所示，即将含菌悬液与融化琼脂培养基的培养皿快速地前后、左右轻轻地倾斜晃动或以顺时针和逆时针方向使培养基旋转摇匀，使待测定的细胞能均匀地分布在培养基内，培养后的菌落能均匀地分布，便于计数与提高测定的精确度。混匀后水平放置培养皿待凝。

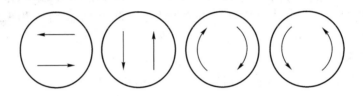

图Ⅰ–8–1–② 混菌摇匀方式和步骤示意图

8. 倒置培养

待平板完全凝固后，倒置于 37℃ 恒温培养箱中培养。

9. 计菌落数

培养 48 h 后取出平板，计数、记录各皿的菌落数。计数时，用记号笔在皿底点涂菌落进行计数，以免漏记或重复。平均菌落数低于 300 CFU 的平板要严格计数，大于 300 CFU 的平板选择有代表性的 1/4～1/8 区域粗略计数（如Ⅰ–8–1–③所示），以判断稀释的影响；无明显界线的链状菌落记作一个菌落，有界限按照界限计数；当部分菌落连成一片时，而可计数的菌落所占面积多于半个平板，计数半个平板后乘以2作为该平板菌落数，如果可计数的菌落所占面积少于半个平板，该平板不可以用来计数。

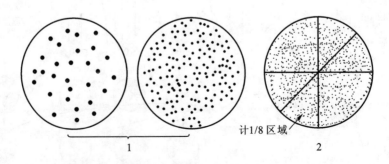

计1/8区域

图Ⅰ–8–1–③ 平板菌落的全皿与分区计数法示意图

1. 30～300 个 / 皿，全皿计数 2. 大于 1 000/ 皿，分区计数

10. 消毒和清洗器皿

将计数后的平板在沸水中煮 10 min 后清洗晾干。

【结果记录】

1. 将各皿计数结果记录在下表中。

稀释度	每皿菌落数			平均值
	x_1	x_2	x_3	
10^{-4}				
10^{-5}				
10^{-6}				

2. 按照国标 GB 4789.2—2016,根据各个梯度的每平板菌落数进行计算。

(1) 当只有一个梯度的平均菌落数在 30～300 之间,按照该梯度的每平板菌落数计算待测样品的活菌数。

$$活菌数(CFU/mL)=[(x_1+x_2+x_3)/3]×稀释倍数$$

如 10^6 倍稀释样品的三个平板菌落数分别为 152、147 和 160,其余稀释度每平板菌落数不在 30～300 之间。

$$活菌数(CFU/mL)=[(152+147+160)/3]×10^6=1.53×10^8\ CFU/mL$$

(2) 当相邻两个梯度的平均菌落数都在 30～300 之间,根据两个梯度的每平板菌落数计数:

$$活菌数(CFU/mL)=(\sum x+\sum y)/(Nx+0.1×Ny)×较低的稀释倍数$$

x—较低稀释倍数的各个平板菌落数

y—较高稀释倍数的各个平板菌落数

Nx—较低稀释倍数的平板个数

Ny—较高稀释倍数的平板个数

如 10^6 倍稀释样品的 3 块培养皿菌落数分别为 258、249 和 264,10^7 倍稀释样品的 2 块平板菌落数分别为 38 和 42,另一块平板的菌落连成一片,不能计数。

$$活菌数(CFU/mL)=[(258+249+264+38+42)/(3+0.1×2)]×10^6=2.66×10^8\ CFU/mL$$

(3) 当所有梯度的每皿平均菌落数都不在 30～300 之间时,按照接近 30～300 的梯度计算待测样品的活菌数。

【注意事项】

1. 各稀释度菌液移入无菌培养皿内时,要"对号入座",切勿混淆。

2. 不要直接取用来自冰箱的稀释液,以防因冷冻刺激影响活细胞生长繁殖而使菌落形成率受影响。

3. 每支移液管只能接触一个稀释度的菌液试管,每支移液管在移取菌液前,都必须在待移菌液中来回吹吸几次,使菌液充分混匀并让移液管内壁达到吸附平衡。

4. 菌液加入培养皿后要尽快倒入融化并冷却至 50℃左右的琼脂培养基,立即摇匀,否则菌体细胞常会吸附在皿底上,不易形成均匀分布的单菌落,从而影响计数的准确性。

【思考题】

1. 平板菌落计数的原理是什么?它适用于哪些微生物的计数?
2. 菌液样品移入培养皿后,若不尽快地倒入培养基并充分摇匀,将会出现什么结果?为什么?
3. 要获得本实验的成功,哪几步最为关键?为什么?
4. 平板菌落计数法与显微镜直接计数法相比,各有何优缺点?
5. 仔细观察你的计数平板,试比较长在平板表面和内层的菌落各有何不同?为什么?

(王英明 胡宝龙)

【网上视频资源】

● 平板菌落计数法

实验Ⅰ-8-2 乳酸菌和双歧杆菌的简便快速计数法

【目的】

1. 了解简便、快速厌氧菌菌落计数法的基本原理。
2. 学习用简便、快速厌氧菌菌落计数法对生活中若干含乳酸菌和双歧杆菌的试样进行活菌计数。

【概述】

厌氧菌的种类很多,它们与医药、工业、农业、环境保护和基础理论研究有着密切的关系。厌氧菌的培养和活菌计数方法很多,通常都需要提供较复杂的装备和采取繁琐的操作,例如常用的厌氧罐技术、亨盖特滚管技术或厌氧手套箱技术等,故令一般实验室的工作人员难以下手。

根据高层半固体培养基具有良好厌氧性能的原理,我们设计了一种适用于乳酸菌和双歧杆菌等不产气的厌氧菌进行简便快速菌落计数的方法。此法把稀释(在半固体培养基凝固前)和计数(在半固体培养基凝固后)集中在同一支试管内,以不易透氧、装有高层半固体培养基的试管代替常规的培养皿平板进行菌落计数,从而使活菌计数操作简化成"试样分散→逐级稀释 + 常规培养→菌落计数"3 步,而传统的方法则需"试样分散→逐级稀释→涂布或浇注平板→厌氧培养→菌落计数"5 步。因此,本法不仅有简化操作步骤的优点,还有省略专用厌氧培养装置、缩短培养时间以及节约试剂和材料等优点。

【材料和器皿】

1. 菌种

两歧双歧杆菌(*Bifidobacterium bifidum*),嗜酸乳杆菌(*Lactobacillus acidophilus*)。

2. 待测菌样

可在以下各类样品中任选:市售益生菌商品(如"培菲康""双金爱生""乳酶生"等活菌胶囊或片剂);酸奶;活菌口服液;泡菜汁。

3. 培养基

LAB 或 MRS 半固体琼脂培养基(可按附录三中的成分配制,但琼脂含量降为 0.3% ～ 0.4%,一般取 100 mL 装在 250 mL 三角瓶中灭菌后备用)。

4. 器皿

血浆瓶(250 mL,内装有玻璃珠,灭菌后备用),试管,吸管等。

5. 其他

无菌生理盐水。

【方法和步骤】

1. 准备试样

(1) **纯种**:取斜面菌苔数环于 5 mL 生理盐水中,充分摇匀后备用。

(2) **试样**:①胶囊粉剂,约 4 个胶囊,倒出其中的活菌粉剂,称 1 g 倒入 99 mL 生理盐水和玻璃珠的血浆瓶中,仔细振荡,待充分分散均匀后进行梯度稀释。②酸奶(同胶囊粉剂)。③"活菌口服液"或泡菜汁,可不经玻璃珠振荡而直接作梯度稀释。

2. 制高层试管

将半固体培养基加热、融化,冷却至 50℃左右,用 10 mL 吸管在每支无菌试管中灌 9 mL,然后放在 45℃水浴中保温待用。

3. 梯度稀释

按常规方法用无菌吸管(1 mL)吸取 1 mL 含菌试样至 9 mL 半固体培养基试管中,再用另一支吸管上下轻搅 3 ～ 5 次使充分混匀(不可产生气泡),然后吸 1 mL 至下一支试管中,如此逐级稀释直至 10^{-5} ～ 10^{-7} 为止(根据样品含菌数而定)。一般每个试样选做 3 个稀释度,每一稀释度做 3 份重复。

4. 恒温培养

待稀释均匀后,各稀释度的试管垂直放在试管架上,置 37℃恒温培养(此时半固体培养基已呈凝固状态)24 h 左右。

5. 观察与计数

经培养后,在高层半固体培养基试管内形成许多透镜状或近球状的菌落,数出各试管中形成的菌落数目。凡每管菌落数在 30 ～ 300 个的试管,均作统计对象。

【结果记录】

1. 把你的计数结果记录在下表中。

样品种类	重复样品	稀　释　度				
		10^{-3}	10^{-4}	10^{-5}	10^{-6}	10^{-7}
1	①					
	②					
	③					
	平均					
2	①					
	②					
	③					
	平均					
3	①					
	②					
	③					
	平均					

2. 按以下公式计算你所测各样品中的含菌数。

$$活菌数（个/mL）=\frac{(\sum_{i=1}^{n} N_i) \times 10/9}{n} \times 稀释倍数$$

式中：n——用于计数的试管数

N_i——不同试管中所长出的菌落数

（1）样品 1 含菌数：

（2）样品 2 含菌数：

（3）样品 3 含菌数：

【注意事项】

1. 因为本法所适用的菌种都是厌氧菌，尤其是严格厌氧菌，所以在各操作步骤中，应尽量减少与空气接触。

2. 本法中所用的稀释试管与菌落计数试管是同一支试管，所以计数时应切记两点：①因每管在混匀后都要吸出 1 mL，最后仅有 9 mL 培养基，所以长出的菌落数均应乘以 10/9 才能表示其实际菌落数。②后一稀释度试管中长出的菌落数，实为前一稀释度每毫升中所含的活菌数，所以在乘稀释倍数时切忌出错。

【思考题】

1. 本法的原理是什么？最大特点在何处？有何优点？

2. 在梯度稀释过程中，稀释度为何不能采用常规的吹吸方法进行搅拌，而只能用缓缓地上下来回式搅拌？

3. 计算菌落数时,为何还要将每管数得的平均数乘以 10/9 ？

4. 除双歧杆菌和乳酸菌外,本法是否适用于产气性厌氧菌的菌落计数？

（周德庆）

实验Ⅰ–8–3　用 MPN 法测定活性污泥中的亚硝化细菌数

【目的】

1. 了解 MPN 法测定亚硝化细菌数量的原理。
2. 学会采用 MPN 法测定污水处理厂活性污泥中的亚硝化细菌数量的方法。

【概述】

　　硝化细菌是一群形态各异、生理特性相似的革兰氏阴性细菌,长期以来被认为主要包括 2 个生理亚群,即能将氨氧化为亚硝酸的亚硝化细菌和将亚硝酸氧化为硝酸的硝酸化细菌。由于该群菌具有上述生理特点,因而在污水中氮的有效处理中起着重要作用(即污水在好氧下通过硝化作用使氨氮转化为硝态氮,再在缺氧(厌氧)条件下,通过某些微生物反硝化或厌氧氨氧化作用使硝态氮转化为氮气释放,使氮从污水中去除)。以往研究表明,污水处理系统活性污泥中的硝化细菌数量也是判断污水处理中脱氮效果好坏的重要依据之一。本实验介绍采用 MPN 法测定活性污泥中的亚硝化细菌数量。

　　MPN(most probable number)法的中译名为最可能数法或最近似值法,它是将不同稀释度的待测样品接种至液体培养基中培养,然后根据受检菌的特性选择适宜的方法以判断其生长,并经统计学处理而进行计数。此法也称为稀释液体培养计数法或稀释频度法。

【材料和器皿】

1. 活性污泥样品

采自污水处理厂,共 2 份。

2. 培养基(修改的 Buhospagckud 培养基)

$(NH_4)_2SO_4$ 2 g,$FeSO_4$ 0.2 g,K_2HPO_4 1 g,$MgSO_4$ 0.5 g,NaCl 2 g,$CaCO_3$ 5 g,蒸馏水 1 000 mL,pH 7.2,121℃,20 min 灭菌。

3. 试剂：

(1) pH 7.2 磷酸盐缓冲液:0.2 mol/L $Na_2HPO_4 \cdot 2H_2O$ 180 mL,0.2 mol/L $NaH_2PO_4 \cdot 2H_2O$ 70 mL,蒸馏水 250 mL。

(2) Griess 试剂

Ⅰ液:对氨基苯磺酸 0.5 g,稀乙酸(10%左右)150 mL。

Ⅱ液:α- 萘胺 0.1 g,蒸馏水 20 mL,稀乙酸(10%左右)150 mL。

(3) 二苯胺试剂:二苯胺 0.5 g,浓硫酸 100 mL,蒸馏水 20 mL。

先将二苯胺溶于浓硫酸中,再将此溶液倒入 20 mL 蒸馏水中。

4. 器皿

CSP-2 型超声波发生器(频率为 200 Hz),无菌试管,无菌移液管(10 mL,1 mL),无菌烧杯(100 mL),比色用白瓷板,记号笔,试管架等。

【方法和步骤】

1. 活性污泥样品预处理

将采集的活性污泥样品 1 mL 加入到装有 99 mL、pH 7.2 的磷酸盐缓冲液的 100 mL 烧杯中,用 CSP-2 型超声波发生器(频率为 200 Hz)超声振荡 1 min,以分散包埋在菌胶团中的细菌。

2. 样品液稀释

将上述处理过的活性污泥,用 pH 7.2 的磷酸盐缓冲液作逐级稀释,从 10^{-3} 稀释至 10^{-7}。

3. 样品稀释液的接种和培养

将上述不同稀释度的样品液各 1 mL,分别接种于含 10 mL 经修改的 Buhospagckud 培养基的试管中,每一稀释度重复接种 5 管,28℃ 培养 20 d(不接种的对照管同时培养)。

4. 结果观察

用无菌移液管分别吸取少许上述不同稀释度的试管培养液并加入到白瓷板凹窝中,然后在其中分别加入 Griess 试剂(Ⅰ液和Ⅱ液各 2 滴),出现红色、橙色和棕色者为亚硝化细菌阳性管〔若培养液中有亚硝酸盐,则它与Ⅰ液(对氨基苯磺酸)发生重氮化作用,生成对重氮苯磺酸;后者可与Ⅱ液(α-萘胺)反应,生成 N-α-萘胺偶氮苯磺酸(红色化合物)〕。如加入 Griess 试剂后不变色,再加入 2 滴二苯胺试剂,出现蓝色者为硝酸化细菌阳性管(硝酸盐氧化二苯胺的反应),同时也是亚硝化细菌阳性管(亚硝化细菌将培养液中铵盐氧化成亚硝酸盐,从而使活性污泥样品中硝酸化细菌将亚硝酸盐进一步氧化成硝酸盐)。此外,在结果观察时,须先测定空白对照管液体中是否含亚硝酸盐和硝酸盐。

【结果记录】

本实验测定中,培养液不论出现红色或蓝色,都记作亚硝化细菌阳性管,并将上述各测定结果记录在下表中。

样品	样品稀释度					
	10^{-3}	10^{-4}	10^{-5}	10^{-6}	10^{-7}	亚硝化细菌/(MPN/mL)

最后根据不同稀释度出现的阳性管数,查 MPN 检数表(表Ⅱ-3-2-③),并根据样品的稀释度换算成 1 mL 活性污泥样品中所含的亚硝化细菌数量。

如实验取得表Ⅰ-8-3-①的结果,则可根据不同稀释度培养液阳性管数确定数量指标。不论稀释度及重复次数如何,数量指标均为 3 位数字。其第一位数字必须是在不同稀释度中所有重复次数都为阳性的最高稀释度,如下表中 10^{-4}。在此样品中,其数量指标为 542。如果其后的稀释度还有阳性管数，10^{-7} 不是 0 而是 2，则应将此数加入数量指标的最末位数字上，即为 544。则查 MPN 表后，结果为 3.5×10^5 MPN/mL。

表 I-8-3- ①　活性污泥样品中亚硝化细菌测定结果

稀释度	10^{-3}	10^{-4}	10^{-5}	10^{-6}	10^{-7}
阳性管数	5	5	4	2	0

【注意事项】

1. 除概述中提及的亚硝化和硝酸化细菌外，自然界还有一些异养细菌（如节杆菌），真菌（如曲霉）和某些放线菌也能将氨（或含氮有机物，如胺和酰胺）氧化成亚硝酸和硝酸，但它们的硝化作用是很低的。此外，科学家又先后发现了自养的氨氧化古生菌（2005 年）和全程硝化菌（2015 年末，即能独自完成氨氧化和硝酸化两过程的硝化细菌）。

2. 自 20 世纪 80 年代以来，科学家已先后发现脱氮副球菌、脱氮硫杆菌、假单胞菌属和芽孢杆菌属某些种等都具有好氧反硝化作用，在土壤、水产养殖和污（废）水处理系统中进行好氧反硝化作用。

3. 亚硝化细菌生长极其缓慢，故培养时间不宜太短，否则可能会取得假阴性结果。

4. 亚硝化细菌培养温度，一般因菌源而异。从中温环境中取得的样品，最适生长温度为 26～28℃，而从高温环境下取得的样品，则在 40℃下生长较好。

【思考题】

1. 试述亚硝化细菌生长中的碳、氮、无机盐及能量来源。

2. 采用 Griess 试剂和二苯胺试剂检测 NO_2^- 及 NO_3^- 的机制是什么？

（徐德强）

第九周　微生物的纯种分离法

在自然状态下,各种微生物一般都是杂居混生在一起的。为从混杂的试样中获得所需的微生物纯种,或是在实验室中把受污染的菌种重新纯化,都离不开菌种分离纯化的方法。所以,掌握纯种分离技术是每一个微生物学工作者的基本功之一。

纯化分离方法可分两大类,一是在细胞水平上的纯化,另一是菌落水平上的纯化,可表解为:

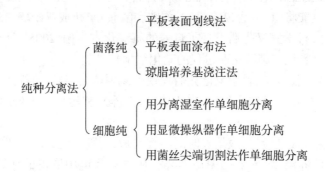

用于纯化菌落的平板表面划线法、平板表面涂布法和琼脂培养基浇注法因方法简便、设备简单、分离效果良好,所以被一般实验室普遍选用;分离单细胞以达到菌株纯化的方法在微生物遗传等研究中虽十分重要,但通常设备要求较高,技术不易掌握。本组实验中将介绍 5 种有代表性的简易、方便和效果良好的菌种分离纯化方法。

实验Ⅰ-9-1　用平板划线法分离菌种

【目的】

了解平板划线法分离菌种的基本原理,并熟练掌握其操作方法。

【概述】

平板划线法是指把杂菌样品通过在平板表面划线稀释而获得单菌落的方法。一般是将混杂在一起的不同种微生物或同种微生物群体中的不同细胞,通过在分区的平板表面上作多次划线稀释,形成较多的独立分布的单个细胞,经培养而繁殖成相互独立的多个单菌落。通常认为这种单菌落就是某微生物的"纯种"。实际上同种微生物数个细胞在一起通过繁殖也可形成一个单菌落,故在科学研究中,特别在遗传学实验或菌种鉴定工作中,必须对实验菌种的单菌落进行多次划线分离,才可获得可靠的纯种。

具体的划线形式有多种,这里介绍一种经过我们长期实践并证明可获得良好实验效果的方法:将一个平板分成 A、B、C、D 4 个面积不同的小区进行划线,A 区面积最小,作为待分离菌的菌源区,B 和 C 区为经初步划线稀释的过渡区,D 区则是关键的单菌落收获区,它的面积最大,出现单菌落的概率也最高。由此可知,这 4 个区的面积安排应做到 D>C>B>A。

【材料和器皿】

1. 菌种
酿酒酵母(*Saccharomyces cerevisiae*)和黏红酵母(*Rhodotorula glutinis*)的混合培养斜面菌种。

2. 培养基
马铃薯葡萄糖琼脂培养基。

3. 器皿
无菌培养皿,水浴锅,接种环,恒温培养箱等。

【方法和步骤】

1. 融化培养基
将装有马铃薯葡萄糖琼脂培养基的三角瓶放入热水浴中加热至沸,直至充分融化。

2. 倒平板
待培养基冷却至 50℃左右后,按无菌操作法倒 4 只平板(每皿约倒 15 mL),平置,待凝。

3. 作分区标记
在皿底用记号笔划分成 4 个不同面积的区域,使 A<B<C<D,且各区的夹角应为 120° 左右,以便使 D 区与 A 区所划出的线条相平行、美观(见图 I -9-1- ①)。

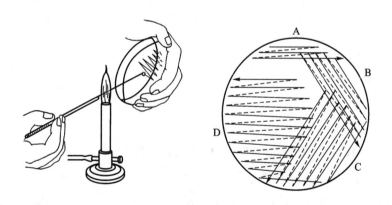

图 I -9-1- ①　平板分区、线条和划线操作示范示意图

4. 划线操作

(1) **挑取菌样**:选用平整、圆滑的接种环,按无菌操作法挑取少量含菌试样。

(2) **先划 A 区**:将平板倒置于煤气灯火焰旁,用左手取出平板的皿底,使平板表面大致垂直于桌面,并让平板面向火焰。右手持含菌的接种环,先在 A 区轻巧地划 3 ~ 4 条连续的平行线当作初步稀释的菌源。烧去接种环上的残余菌样。

(3) **划其余区**:将烧去残菌后的接种环在平板培养基边缘冷却一下,并使 B 区转至划线位置,把接种环通过 A 区(菌源区)而移至 B 区,随即在 B 区轻巧地划上 6 ~ 7 条致密的平行线,接着再以同样的操作在 C 区和 D 区划上更多的平行线,并使 D 区的线条与 A 区平行(但不能与 A

区或 B 区的线条接触),最后,将左手所持皿底放回皿盖中。烧去接种环上的残菌。

5. 恒温培养

将划线后的平板至 28℃倒置培养 2 ~ 3 d。

6. 挑单菌落

良好的结果应在 C 区出现部分单菌落,而在 D 区出现较多独立分布的单菌落。然后从典型的单菌落中挑取少量菌体至试管斜面,经培养后即为初步分离的纯种。

7. 清洗培养皿

将废弃的带菌平板作煮沸杀菌后进行清洗、晾干。

【结果记录】

1. 将你划线分离效果最好和最差的两个培养皿上的菌落分布绘在以下两圆圈中,并分析其中的原因。

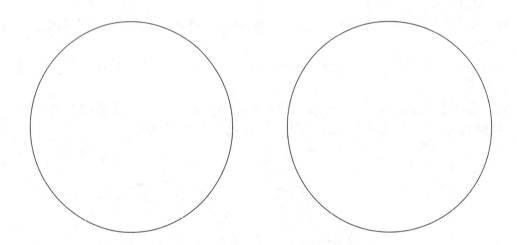

2. 请将分离到的酿酒酵母和黏红酵母菌落形态特征描述一下。

3. 试总结一下自己在平板划线分离操作中的收获与教训。

【注意事项】

1. 为了取得良好的划线效果,可事先用圆纸垫在空培养皿内画上 4 区,并用接种环练习划线动作,待通过模拟试验熟练操作和掌握划线要领后,再正式进行平板划线。

2. 用于划线的接种环,环柄宜长些(约 10 cm),环口应十分圆滑,划线时环口与平板间的夹角宜小些,动作要轻巧,以防划破平板。

3. 用于平板划线的培养基,琼脂含量宜高些(2%左右),否则会因平板太软而被划破。

4. 平板不能倒得太薄,最好在使用前一天倒好。为防平板表面产生冷凝水,倒平板前培养基温度不能太高。

【思考题】

1. 用平板划线法进行纯种分离的原理是什么? 有何优点?

2. 要防止平板被划破应采取哪些措施?

3. 为什么在划完 A 区后要将环上的残菌烧死? 划后面几区时是否也要经过同样的处理? 为什么?

(周德庆)

【网上视频资源】

- 无菌操作倒平板
- 平板划线分离法

实验 I-9-2　用浇注平板法和涂布平板法分离菌种

【目的】

了解用浇注平板法和涂布平板法分离微生物纯种的原理,并掌握有关的具体操作方法。

【概述】

浇注平板法(或称倾皿法)和涂布平板法是两种最常用的菌种分离纯化方法,它们不仅可用于分离纯化,还可用于计数等。浇注平板法是将待分离的试样用生理盐水等稀释液作梯度系列稀释后,取其中一合适稀释度的少量菌悬液加至无菌培养皿中,立即倒入融化的固体培养基,经充分混匀后,置适温下培养。最后可从其表面和内层出现的许多单菌落中,选取典型代表,将其转移至斜面上培养后保存,此即为初步分离的纯种。

涂布平板法是指取少量梯度稀释菌悬液,置于已凝固的无菌平板培养基表面,然后用无菌的涂布玻棒把菌液均匀地涂布在整个平板表面,经培养后,在平板培养基表面会形成多个独立分布的单菌落,然后挑取典型的代表移接至斜面,经培养后保存。

在分离某一新菌种时,为保证所获纯种的可靠性,一般可用上述方法反复分离多次来实现。

在上述两种方法中,浇注平板法较适合兼性厌氧的细菌和酵母菌的分离,而涂布平板法则更适用于好氧性或有气生菌丝的放线菌和细菌的分离。

【材料和器皿】

1. 菌种

大肠埃希氏菌(*Escherichia coli*)和金黄色葡萄球菌(*Staphylococcus aureus*)的混合菌液。

2. 培养基

牛肉膏蛋白胨固体培养基。

3. 器皿

无菌的培养皿,试管,移液管,涂布玻棒。

4. 其他

生理盐水,标签纸,记号笔等。

【方法和步骤】

1. 浇注平板法

(1) **培养皿编号：** 取 6 只无菌培养皿，分别编上 10^{-4}、10^{-5} 和 10^{-6} 3 种稀释度（各 2 皿）。

(2) **稀释菌样：** 取 6 支无菌试管，依次编号为 10^{-1} ~ 10^{-6}，在各管中分别加入生理盐水 4.5 mL，然后按实验 I-8-1 的方法进行逐级稀释。

(3) **吸取菌液：** 从 10^{-4}、10^{-5} 和 10^{-6} 各管中，分别吸出 0.2 mL 菌液加至相应编号的无菌培养皿中。

(4) **浇培养基：** 向各培养皿中分别倒入充分融化并冷却至 45℃ 左右的固体培养基，并立即按实验 I-8-1 图中的方法，将菌液和培养基充分混匀，并立即放平，待凝。

(5) **恒温培养：** 将含菌平板倒置在各组的培养皿筒内，在 37℃ 恒温培养箱中培养 24 h 左右。

(6) **挑单菌落：** 用灭菌后的接种环分别挑取大肠埃希氏菌和金黄色葡萄球菌的单菌落至试管斜面，经培养后保存。

2. 涂布平板法

(1) **浇制平板：** 先将融化并冷却至 50℃ 左右的牛肉膏蛋白胨固体培养基倒入无菌培养皿中，每皿约 15 mL，共 6 皿。待均匀铺开后，放平，待凝。分别编上 10^{-4}、10^{-5} 和 10^{-6}，各 2 皿。

(2) **菌样稀释：** 取 6 支无菌试管，依次编号为 10^{-6} ~ 10^{-1}，在各管中分别加入生理盐水 4.5 mL，然后按实验 I-8-1 的方法进行逐级稀释。

(3) **滴加菌液：** 从 10^{-4}、10^{-5} 和 10^{-6} 各管中分别吸出 0.2 mL 菌液到相应编号的平板表面上（见图 I-9-2-①）。

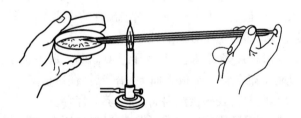

图 I-9-2-①　移菌液于平板表面的操作示意图

(4) **涂布平板：** 左手执培养皿，并将皿盖开启一缝，右手拿涂布玻棒把平板上的一滴菌液轻轻涂开、均匀铺满整个平板，并防止平板培养基破损（见图 I-9-2-②）。

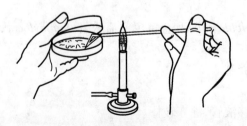

图 I-9-2-②　涂布平板操作示意图

(5) **平板培养**：将平板倒置放在各组的培养皿筒内，置 37℃ 恒温培养箱中培养 24 h 左右。

(6) **挑单菌落**：同上述浇注平板法。

【结果记录】

请将浇注平板法和涂布平板法的结果记录在下表中。

菌落结果描述		浇注平板法			涂布平板法		
		10^{-4}	10^{-5}	10^{-6}	10^{-4}	10^{-5}	10^{-6}
数／皿	大肠埃希氏菌						
	金黄色葡萄球菌						
分布描述	大肠埃希氏菌						
	金黄色葡萄球菌						
形态特征	大肠埃希氏菌						
	金黄色葡萄球菌						

【注意事项】

1. 在浇注平板法中，注入培养基不能太热，否则会烫死微生物；在混匀时，动作要轻巧，应多次上下、左右、顺或逆时针方向旋动。

2. 作涂布用的平板，琼脂含量可适当高些，倒平板时培养基不宜太烫，否则易在平板表面形成冷凝水，导致菌落扩展或蔓延。若将凝固平板先倒置、搁在皿盖上并留一开口，事先放在 37℃ 恒温培养箱中一段时间，则可保证平板表面无冷凝水形成。

3. 挑取单菌落时，应注意选取分散、孤立并具有典型特征的菌落，以尽快获得纯种。

【思考题】

1. 在浇注平板法中，仔细观察在固体培养基内的菌落是如何分布的？不同层次上的菌落形态、大小上有何区别？为什么？

2. 同一稀释度的菌液，在两种不同方法的分离计数中所出现的菌落是否相同？为什么？

3. 试比较浇注平板法和涂布平板法的优缺点和应用范围。

（周德庆）

【网上视频资源】

- 无菌操作倒平板
- 平板涂布法
- 平板菌落计数法

实验Ⅰ-9-3 真菌的单孢子分离法

【目的】

了解真菌单孢子分离法的原理及其应用范围,掌握一种简易有效的单孢子分离方法。

【概述】

单孢子分离在真菌和其他真核微生物遗传规律的研究、分类鉴定、育种和菌种保藏等工作中十分重要,它是获得纯种微生物的有效方法。具体的方法很多,但不少由于操作复杂、影响因素较多或需要贵重仪器等的限制,在一般实验室中难以做到。本实验介绍一种我们自行设计的简便有效的单孢子分离法,它不需特殊的仪器设备,除用于真菌单孢子的分离外,还可用于酵母菌等单细胞的分离。

本法的原理:采用自制的厚壁磨口毛细吸管,吸取预先已适当萌发的孢子悬液,多点地点种在作为分离湿室的培养皿盖的内壁上,然后在低倍镜下逐个检查,当发现某一液滴内仅有一个萌发的孢子时,即作一记号,然后在其上盖一小块营养琼脂片,让其发育成微小菌落,最后把它移植至斜面培养基上,经培养后即获得了由单孢子发育而成的纯种。

【材料和器皿】

1. 菌种

米曲霉(*Aspergillus oryzae*)。

2. 培养基

查氏液体培养基。

3. 仪器

显微镜,血细胞计数板等。

4. 其他

厚壁磨口毛细滴管(自制),移液管,三角瓶(内装有玻璃珠),培养皿,记号笔,4%水琼脂,玻璃管,乳胶管,脱脂棉等。

【方法和步骤】

1. 自制毛细滴管

截取一段细玻璃管或破废移液管,一端在火焰上烧红、软化,使管壁增厚,然后用镊子将滴管的尖端拉成很细的厚壁毛细管状。再在合适的部位用金刚砂片割断。毛细滴管口必须是厚壁状并用细砂轮片或金刚砂仔细磨平(见图Ⅰ-9-3-①)。

2. 毛细滴管的标定

磨制好的滴管应标一下体积。精确的标定是在毛细管的一定体积内灌装满水银,然后称水银重量,再查出此时温度下水银的密度而求出体积(体积=质量/密度);另一不很精确的方法是在0.1 mL(100 μL)吸管中吸满水,然后用待测毛细滴管吸取其中的水,再用吸水纸吸去毛细管中的水,如此反复吸10次,若共吸去的水为0.05 mL(50 μL),则可求得该毛细滴管的体积约为5 μL。

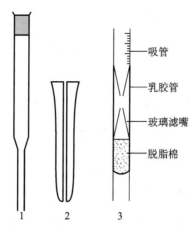

图Ⅰ-9-3-①　厚壁磨口毛细滴管和简易孢子过滤装置示意图

1. 毛细滴管全貌　2. 管口部分（放大）　3. 简易孢子过滤装置

3. 毛细滴管的检验和灭菌

凡符合要求的毛细滴管,在载玻片上滴样时,其中的液体要流得均匀、快速,点形圆整,每点的面积应略小于低倍镜视野。一般要求每微升的孢子悬液可点上50小滴。经检验合格后在其尾端塞上少许棉花,外面用干净的纸张包扎后,灭菌备用。

4. 准备分离湿室

在直径9 cm的无菌培养皿中,倒入8～10 mL 4%水琼脂,作保湿剂。在皿盖外壁上用黑墨水笔整齐地画49或56个直径约3 mm小圈作点样记号。

5. 制备萌发孢子悬液

用无菌接种环在试管斜面上挑取生长良好的米曲霉孢子若干环,接入盛有10 mL查氏液体培养基(无琼脂)和玻璃珠的无菌三角瓶中,振荡5 min左右,使孢子充分散开。然后在10 mL吸管口上套上一灭菌后的简易过滤装置。以此从三角瓶中吸取数毫升孢子悬液于无菌试管中,经血细胞计数板准确计数后,用查氏液体培养基调节孢子悬液浓度,使其每毫升含5万～15万个孢子。然后将它放入28℃恒温培养箱中培养8 h左右,促使孢子适度发芽。

6. 点样

点样前若皿盖内表面有冷凝水,则可先用微火在背面加热去除,然后用厚壁磨口毛细滴管吸取数微升已初步萌发的孢子悬液,立即快速轻巧地把它一一点在皿盖内壁的相应黑圈记号内。

7. 检出单孢子液滴

把点样后的分离小室放在显微镜的镜台上(见图Ⅰ-9-3-②),用低倍镜依次检查每一液滴内有无孢子,若某液滴内只有一个孢子且是发芽的,则可在皿盖上另作一记号(见图Ⅰ-9-3-②)。

8. 盖上薄片状培养基

将少量查氏琼脂培养基倒入无菌并保持45～50℃的培养皿内,让其迅速铺开,形成均匀的薄层,待其凝固后,用无菌小刀将它切成若干小片(每片约25 mm²),然后一一挑起并盖在有记号的单孢子液滴上。最后盖上皿盖。

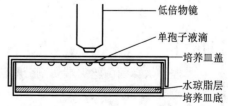

图Ⅰ-9-3-②　单孢子分离用的湿室与显微镜检查示意图

9. 恒温培养

将上述分离小室放 28℃恒温培养箱中培养 24 h 左右,使每一单孢子长成一个微小菌落。以便于移种操作。

10. 移入斜面

微型小刀经火焰灭菌并冷却后,用它把长有单菌落的琼脂薄片移种到新鲜的查氏培养基斜面上,在 28℃下培养 4~7 d 后,即可获得由单孢子发育成的生长良好的纯种(菌株)斜面。

【结果记录】

将单孢子分离的结果记录于下表中。

孢子悬液 / (个 /mL)	每皿点样数 / 点	每皿萌发单孢子数 / 个	每皿形成微菌落数 / 个	成功率 /%

【注意事项】

1. 毛细滴管必须选用厚壁且管口平整的;液滴要小而圆,面积应小于低倍镜的视野。

2. 用作分离小室中保湿剂的琼脂,不必倒得太厚,以免影响透光度和造成浪费。

【思考题】

1. 简易单孢子分离法有何优点?

2. 是否可用 20% 甘油或营养琼脂代替水琼脂做保湿剂? 为什么?

3. 在分离单孢子前,为何最好让孢子发一下芽?

(周德庆)

实验 I -9-4　真菌的菌丝尖端切割分离法

【目的】

掌握丝状真菌菌丝尖端切割分离法,达到获得纯种的目的。

【概述】

丝状真菌的分离纯化除用单孢子分离法外,还可采用菌丝尖端切割分离法,此法对不形成孢子的丝状真菌更有效,而且还可淘汰被污染的细菌。由于真菌菌丝具有穿透琼脂培养基的能力,因而只要将菌丝接种到适合真菌生长的培养基平板表面上,然后在上面覆盖一片无菌的盖玻片,并稍向下压,使盖玻片与培养基间不留空隙,以抑制气生菌丝的生长,营养菌丝就可穿过琼脂培养基而在盖玻片四周延伸。当气生菌丝尚未长出前,将平板置低倍镜下观察,寻找菌丝生长稀少的区域,做好标记,然后用接种针或无菌小刀将菌丝尖端连同琼脂块一起切下,移至适合该真菌生长的斜面培养基上,即可获得纯种。如用水琼脂代替固体培养基制平板则更好,原因是其中营养少,菌丝生长稀疏,在显微镜下观察更清晰,切取单根菌丝尖端也方便,故分离效果更佳。

如丝状真菌被细菌污染时,可使用酸性培养基,即在浇平板前加入一定数量的酸(盐酸、磷酸或乳酸)与培养基混合,使培养基的 pH 达 4.0 ~ 5.0,从而抑制了细菌的生长。也可在适合真菌生长的培养基中添加适量抗生素如青霉素、链霉素或氯霉素等抑制细菌生长,以达到排除细菌的目的。

【材料和器皿】

1. 菌种
不产孢子的赤霉素产生菌——藤仓赤霉(*Gibberella fujikuroi*)或其他待分离的菌种。

2. 培养基
1.5%水琼脂或查氏培养基,马铃薯葡萄糖琼脂斜面。

3. 仪器
显微镜。

4. 器皿
无菌培养皿,无菌盖玻片,无菌薄壁玻璃管,镊子,小刀等。

【方法和步骤】

1. 倒平板
融化无菌的水琼脂(或查氏培养基),待冷却至 50℃ 左右即倒入无菌培养皿中(平板不宜太厚,否则影响透明度)平置,待凝固。

2. 接菌
将待分离的真菌菌丝接种于平板中央。

3. 覆盖盖玻片
取一无菌盖玻片盖在接菌的部位,用镊子轻轻向下压平。

4. 培养
将培养皿倒置于 28℃ 恒温培养箱中培养 48 h。

5. 观察
将整个平板倒置于显微镜镜台上,用低倍镜,在盖玻片周围寻找菌丝生长较稀疏的区域,并在待分离菌丝尖端处的皿底外壁上画一圆圈,使欲分离的菌丝尖端正好处在圆圈内。

6. 移种
用一无菌薄壁玻璃管在记号处打洞,再将平板置显微镜下观察,检查欲分离的菌丝是否处于玻璃管打下的琼脂块内,确证后再用较硬的接种针将琼脂块移至马铃薯葡萄糖琼脂斜面上,经培养后即成为由单一菌丝发育成的纯菌种。

【结果记录】

1. 将分离纯化结果记录于下表中。

培养条件			图示切割菌丝尖端的部位	斜面菌苔有无污染杂菌	备注
培养基	培养温度 /℃	培养时间 /h			

2. 描述被分离真菌在斜面培养基上生长的形态特征。

【注意事项】

1. 挑菌丝时要小心,要保证挑取的是单菌丝。

2. 要及时观察,掌握好挑单菌丝的时间,否则随着培养时间的延长,盖玻片周围会长出大量的气生菌丝,从而影响分离操作和效果。

【思考题】

1. 菌丝尖端切割分离的原理是什么? 此法最适合于分离哪些丝状菌?

2. 如果某丝状菌已污染了细菌,应如何分离纯化它?

(祖若夫)

第十周　检测噬菌体的基本实验技术

噬菌体是一类只能在电子显微镜下观察到的超显微非细胞类生物,是一类寄生于原核生物如细菌和放线菌等细胞内的病毒。与动植物病毒一样,噬菌体可依据其宿主不同而细分,如大肠埃希氏菌 T 系噬菌体、枯草芽孢杆菌的 PBS1 和鼠伤寒沙门氏菌 P22 噬菌体等。噬菌体广泛存在于自然界中,凡有细菌等微生物栖居的地方,一般都能找到相应的噬菌体。

噬菌体的分离纯化和效价测定常用双层琼脂平板法。若想分离某一细菌菌株相应的噬菌体,只要将此菌培养至适龄期,并向其内加入可能含有待分离的该菌噬菌体的样品,经不断地培养、增殖或富集,然后收集该菌噬菌体的增殖液,以双层平板法检测是否含有该菌株的噬菌斑,然后再进一步纯化和用双层琼脂平板法进行效价测定。

用双层琼脂平板法测定噬菌体的效价,就是在含底层培养基的测定平板上,再倒上一层含有大量宿主菌(敏感菌)细胞与少量对应噬菌体粒子的半固体琼脂培养基作上层,水平静置待凝后培养,则分布在其中的噬菌体粒子能连续不断地吸附和侵入周围的敏感细胞,噬菌体不断增殖与释放,最终导致此区域大量宿主细胞的裂解,从而在平板菌苔上形成一个个肉眼可见的无菌空斑,称为噬菌斑。数出平板上的噬菌斑数,就可换算出样品液中所含有的噬菌斑形成单位(PFU/mL),此即噬菌体的效价。

自然界中的噬菌体有两大类,即烈性噬菌体和温和噬菌体。烈性噬菌体即噬菌体粒子与对应宿主细胞能在短期内完成吸附、侵入、胞内增殖与装配后,裂解细胞和释放噬菌体;温和噬菌体即噬菌体粒子与对应宿主细胞间能形成共存状态,即在完成吸附、侵入后在宿主细胞内噬菌体的基因组整合在宿主基因组中,且随宿主增殖而复制。温和噬菌体在宿主细胞内的共存态称为前噬菌体(或称为原噬菌体),而基因组整合了前噬菌体的宿主细胞则称为溶原性细菌(或称为溶原菌)。溶原菌有自发或诱发裂解的特性,故只要寻找到该温和噬菌体的相应敏感指示菌,仍可用双层琼脂平板法鉴别溶原菌与测得其效价值。

噬菌体的性质及其检测方法,在真核生物病毒学的创建与发展中也具有一定的指导意义。本周实验主要了解噬菌体的分离纯化原理,掌握用双层琼脂平板法测定噬菌体效价的方法及溶原菌的鉴定。

实验 I-10-1　大肠埃希氏菌噬菌体的分离和纯化

【目的】

1. 了解从污水中分离纯化大肠埃希氏菌噬菌体的一般原理。
2. 掌握噬菌体的分离纯化与效价测定的方法。

【概述】

噬菌体广泛地存在于自然界。凡有宿主细胞存在的地方,一般都能找到其相应的噬菌体。粪便和阴沟污水等往往是各种肠道细菌尤其是大肠埃希氏菌的栖居地,常能从中分离到各大肠埃希氏菌菌株的相应噬菌体。

从自然界分离某一噬菌体的基本方法是:①培养宿主(或称敏感菌)细胞。②采集含相应宿主细胞的噬菌体样品。③将样品内的噬菌体进行富集培养。④制备噬菌体裂解液。⑤检测相应的噬菌体。⑥噬菌体的纯化。⑦噬菌体的增殖。⑧效价测定和噬菌体的保存。不同类型的噬菌体的噬菌斑形态和大小等各不一样,可用作初步鉴定和纯化不同噬菌体的依据。对已纯化而效价较低的噬菌体样品,可通过不断加入相应适龄期敏感菌的方法来逐步提高其效价值。

【材料和器皿】

1. 菌种
大肠埃希氏菌(*Escherichia coli*)。

2. 噬菌体样品
阴沟或化粪池污水。

3. 培养基
$3\times$ 牛肉膏蛋白胨液体培养基,牛肉膏蛋白胨液体培养基,牛肉膏蛋白胨半固体培养基(倒上层用),牛肉膏蛋白胨固体培养基(倒底层用)。

4. 仪器用品
离心机,分光光度计,细菌滤器,抽滤装置,恒温水浴锅,无菌涂布棒,无菌吸管,培养皿,三角瓶等。

【方法和步骤】

1. 噬菌体的分离

(1) 培养敏感菌: 取经活化的大肠埃希氏菌斜面 1 支,从中挑取 1 环菌体接种至牛肉膏蛋白胨液体培养基,培养至对数期,使菌悬液在 650 nm 处的 OD 值为 0.8 左右,备用。

(2) 增殖噬菌体样品: 取上述敏感菌菌悬液 6 mL 接种于盛有 50 mL $3\times$ 牛肉膏蛋白胨液体培养基的三角瓶内,于 37℃ 培养 4～6 h,再加入污水样 100 mL,继续置 37℃ 培养 12～14 h 以增殖噬菌体。

(3) 制备裂解液: 将以上增殖的混合菌悬液用 2 000～3 000 r/min 离心 30 min。取上清液用细菌滤器过滤,抽滤装置如图Ⅰ-10-1-①所示,在抽滤瓶的试管中收集滤液。取少量滤液作无菌试验,即将它接入牛肉膏蛋白胨液体培养基中,在 37℃ 培养过夜,若无细菌生长则表明菌已除净。

(4) 验证噬菌体的存在: 先在牛肉膏蛋白胨固体培养基平板表面滴加培养至对数期的大肠埃希氏菌菌液数滴,用无菌涂布棒涂匀。待菌液被平板培养基吸干后,在其上滴加上述滤液 5～7 小滴于含菌平板表面。每滴滤液量不宜过多,以防流淌而影响结果的观察和判断。验证时应在同一平板的某一区域上滴加一小滴生理盐水为对照,然后将平板倒置于 37℃ 下培养 18～20 h。若平板上出现噬菌斑,而在对照滴中无噬菌斑,则表明该滤液中含有大肠埃希氏菌噬菌体。

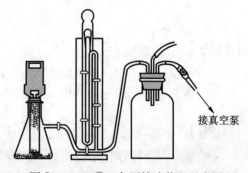

接真空泵

图Ⅰ-10-1-① 负压抽滤装置示意图

2. 噬菌体的纯化

(1) **噬菌体样品的稀释**:将已证明有噬菌体的滤液用牛肉膏蛋白胨液体培养基依次稀释为 10^{-1}、10^{-2}、10^{-3}、10^{-4} 和 10^{-5} 共 5 个稀释度。

(2) **倒底层琼脂平板**:取直径 9 cm 无菌培养皿 6 只,每皿倒入约 10 mL 牛肉膏蛋白胨固体培养基作底层,并依次标明 10^{-1}、10^{-2}、10^{-3}、10^{-4} 和 10^{-5} 稀释度。

(3) **制备上层混合液**:制备噬菌体和敏感菌的混合液,即在标明 10^{-1}、10^{-2}、10^{-3}、10^{-4} 和 10^{-5} 共 5 支无菌试管内各加入 0.2 mL 培养至对数期的大肠埃希氏菌悬液,然后在上述各对应试管中分别加入相应稀释度的噬菌体液 0.1 mL 后混匀,37℃保温 5 min 待噬菌体吸附与侵入寄主细胞。

(4) **倒上层半固体琼脂平板**:在上述各噬菌体和敏感菌的混合管中各加入 3.0～3.5 mL 约 50℃的上层牛肉膏蛋白胨半固体培养基,立即搓试管使培养基与菌悬液充分混匀,并对号倒在含有底层琼脂平板的表面,迅速铺平与待凝。

(5) **培养**:待上层琼脂凝固后,将平板倒置于 37℃恒温培养箱中培养 18～24 h,即可观察到形成的大肠埃希氏菌噬菌斑。

(6) **噬菌斑的纯化**:在噬菌斑分布较分散的平板上,用接种针(或环)挑取典型的噬菌斑,接种至含有大肠埃希氏菌的培养液中,放 37℃下培养 18～24 h,以增殖噬菌体。然后重复上述分离纯化步骤,直至在平板表面的菌苔中出现的噬菌斑形态和大小完全一致时,才可认为获得了较纯的大肠埃希氏菌噬菌体。

(7) **噬菌体效价增殖**:刚分离纯化的噬菌体的效价往往不高,为获得效价较高的噬菌体液,常可用液体法或固体平板法加以增殖。液体增殖法是在原来含有噬菌体的样品液中,通过不断定时地加入对数期敏感菌液,经培养以增殖与提高悬液中噬菌体的效价;固体平板增殖法与上述纯化噬菌体的双层琼脂平板法相似,只是在制备噬菌体和敏感菌的混合管时,两者同时加大浓度,以期获得高效价的噬菌体液。

(8) **去除菌体**:在上述增殖的噬菌体液中常含有较多的敏感菌,它会影响噬菌体的长期保存,必须及时去除干净。常用的方法有细菌滤器法除去菌体细胞;也可用离心法去除菌体细胞,再在噬菌体的增殖液中加数滴氯仿杀死残留菌体,以获得便于保存的高效价噬菌体液。

【结果记录】

1. 描述各种分离平板上所得到的噬菌斑的大小、形态等特征。
2. 将各平板上所出现的噬菌斑数记录在下表中。

噬菌体样稀释度	10^{-1}	10^{-2}	10^{-3}	10^{-4}	10^{-5}
平板上噬菌斑数					

3. 计算噬菌体的初测效价。

$$噬菌体效价(PFU/mL)= 噬菌斑数目 \times 噬菌体稀释度 \times 10$$

【注意事项】

1. 用于制备噬菌体裂解液的除菌滤器和收液管均须严格灭菌。

2. 噬菌体分离和纯化过程中所制备的底层和上层琼脂培养基均须在水平位置待凝。

3. 在用双层琼脂平板法进行噬菌体的分离、纯化或效价测定时,上层敏感菌液与噬菌体样品的混匀与吸附时间不宜太长,一旦加入上层半固体琼脂后,要立即搓匀浇注平板上层并迅速铺平。

【思考题】

1. 试比较噬菌体与其他微生物分离纯化中的基本原理和具体操作方法上的异同点。

2. 在噬菌体的分离中,试样为何需经增殖这一步? 这种增殖与其他微生物的富集培养有何区别?

3. 为什么在同一敏感菌的平板上会出现形态和大小不同的噬菌斑?

(胡宝龙)

【网上视频资源】

● 噬菌体效价的测定

实验 Ⅰ-10-2　噬菌体效价的测定

【目的】

1. 了解噬菌体效价的含义及其测定的原理。

2. 掌握用双层琼脂平板法测定噬菌体效价的操作方法与技能。

【概述】

噬菌体是一类寄生于原核细胞内的病毒,其个体极其微小,专营细胞内寄生生活,用常规的微生物计数法无法测得其数量。噬菌体感染宿主细胞具有专一性,当烈性噬菌体侵入其宿主细胞后便不断增殖,结果使宿主细胞裂解并释放出大量的子代噬菌体,然后它们再扩散和侵染周围细胞,如此多次地重复上述生活史,最终使含有敏感菌的悬液由混浊逐渐变清,或在双层琼脂平板上形成肉眼可见的噬菌斑。根据这一特性就可测得某试样中噬菌体粒子的含量。

噬菌体的效价(PFU/mL)是指每 mL 样品中所含噬菌斑形成单位数或每 mL 样品中所含具有感染性噬菌体的粒子数。其表示方法有两种:一种是以在液体试管中能引起溶菌现象(即菌悬液由混浊变为澄清)的最高稀释度来表示;另一种则以在平板菌苔表面形成的噬菌斑数再换算成每 mL 原样品液中的噬菌体数来表示。

测定噬菌体效价的方法很多,常用的有液体试管法和琼脂平板法两类。琼脂平板法又可分为单层法和双层法,用双层法所形成的噬菌斑因其形态、大小较一致,而且其清晰度高,计数也比较准确,因而被广泛应用。其操作要点如下:先在无菌培养皿中浇上一层 LB 固体培养基作底层,再将适当稀释的噬菌体液与培养至对数期的相应敏感菌混匀,使噬菌体粒子充分吸附于寄主细胞并侵入胞内,随即加入融化状态并冷却至 50℃的 LB 半固体培养基,迅速搓匀并倒在底层培养基的表面瞬即铺平,待凝固后进行培养。凡具有感染力的噬菌体粒子,即可在平板菌苔表面形成一个个透明的噬菌斑(见图Ⅰ-10-2-①)。

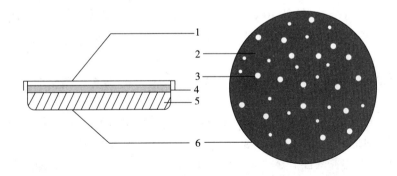

图Ⅰ-10-2-① 上下层琼脂与平板上噬菌斑分布示意图

1. 培养皿盖 2. 敏感菌菌苔 3. 噬菌斑 4. 上层半固体培养基 5. 底层固体培养基 6. 培养皿底

本实验选用双层琼脂平板法测定大肠埃希氏菌噬菌体的效价。

【材料和器皿】

1. 菌种

大肠埃希氏菌(DSM 18455),大肠埃希氏菌噬菌体 ΦX 174。

2. 培养基

LB 液体培养基,LB 半固体培养基,LB 固体培养基。

3. 器皿

无菌空试管,无菌培养皿,无菌移液管(1、5 mL 等),恒温水浴锅,记号笔等。

4. 试剂

无菌 1 mol/L $CaCl_2$ 溶液(按照 0.6 mL/100 mL 加入到彻底融化的 LB 半固体培养基中)。

【方法和步骤】

1. 敏感菌的培养

(1) 活化菌种:将大肠埃希氏菌(DSM 18455)菌种移接到 LB 固体培养基斜面上传 1～2 代。

(2) 培养菌液:将活化后的菌种移接到 LB 液体培养基中,在 37℃下 110 r/min 振荡培养 10～12 h,取 50 μL 上述培养液,加入到 5 mL LB 液体培养基中,在 37℃下 110 r/min 振荡培养 1.5 h,即为对数生长期的敏感大肠埃希氏菌菌悬液。

2. 融化培养基

分别融化底层 LB 固体培养基和上层半固体培养基,并将其保温在 50℃水浴锅中备用。

3. 倒底层平板

将融化并冷却至 50℃左右的底层固体培养基倒平板,每皿倒入量约为 10 mL,共 10 皿,置水平位置待凝后即成底层平板(见图Ⅰ-10-2-② A)。

4. 平板编号

将 10 只底层平板分别编号为 10^{-5}、10^{-6}、10^{-7} 各 3 皿,留下 1 皿作对照平板用。

5. 稀释噬菌体

(1) 试管编号: 取 7 支无菌试管编号为 $10^{-1} \sim 10^{-7}$。

(2) 稀释噬菌体: 分别吸取 4.5 mL LB 液体培养基于上述编号的各试管中,另用 1 mL 移液管吸取 0.5 mL 大肠埃希氏菌噬菌体 ΦX 174 样品液于 10^{-1} 管中混匀,然后依次往下连续稀释至 10^{-7} 管。在稀释过程中每一稀释度要更换一支移液管(见图 Ⅰ-10-2-② B)。

6. 噬菌体吸附与侵入

(1) 试管编号: 取 10 支无菌试管,分别编号为 10^{-5}、10^{-6}、10^{-7},每一稀释度做 3 个重复和 1 支不加噬菌体的仅含菌液的对照管。

(2) 加噬菌体稀释液: 分别从 10^{-5}、10^{-6} 和 10^{-7} 稀释液中吸取 0.1 mL 噬菌体液于上述编号的无菌试管底部中,对照管中不加噬菌体液(或以 0.1 mL 无菌生理盐水代之)。

(3) 加菌液: 在上述各试管中分别加入 0.2 mL 大肠埃希氏菌菌液,加菌液顺序从对照管开始,再依次加 10^{-7}、10^{-6} 和 10^{-5} 各试管。然后振荡试管,使菌液与噬菌体液混匀(见图 Ⅰ-10-2-② C)。

7. 加半固体培养基

取 50℃ 保温的 LB 半固体培养基(已加入 $CaCl_2$ 溶液)3 ~ 3.5 mL 分别加入到含有噬菌体和敏感菌菌液的试管中,迅速搓匀(见图 Ⅰ-10-2-② D),立即倒入相对应编号的底层培养基平板表面,边倒入边摇动平板使其迅速地铺满整个底层平板的表面(见图 Ⅰ-10-2-② E)。水平静置待凝。

8. 培养

将平板倒置于培养皿筒内,放 37℃ 恒温培养箱中培养,3 h 后观察并计噬菌斑数目(见图 Ⅰ-10-2-② F)。

9. 计数

用记号笔点涂培养皿底上的噬菌斑位点,并将计数结果记录在结果表中。

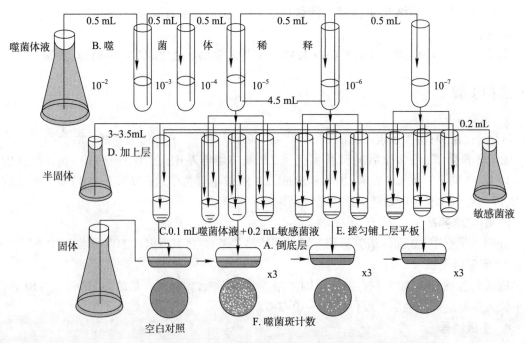

图 Ⅰ-10-2-② 噬菌体效价测定的操作流程示意图

10. 清洗

计数完毕,将含菌平板放在水浴中煮沸 10 min 后清洗、晾干。

测定噬菌体效价的操作流程简解如图Ⅰ-10-2-②所示。A、B……F 为操作的先后顺序。

【结果记录】

1. 将各测定平板上的噬菌斑数记录于下表。

噬菌体稀释度	10^{-5}			10^{-6}			10^{-7}			对照皿
	1	2	3	1	2	3	1	2	3	
噬菌斑形成单位数（个／皿）										
平均值										

2. 从上表中选取一组噬菌斑在 30~300 间的数值来计算噬菌体样品中的效价值。

计算公式如下:

$$N = Y/(V \cdot X)$$

$$[N:效价值;Y:噬菌斑形成单位数(个／皿);V:取样量;X:稀释度]$$

例如:当稀释度为 10^{-6} 时,取样量为 0.1 mL/皿,同一稀释度中 3 个平板上的噬菌斑的平均值为 84 个,则该样品的效价为:

$$N = 84/(0.1 \times 10^{-6}) = 8.4 \times 10^8$$

【注意事项】

1. 本实验操作步骤较多,操作时一定要条理清楚,先后有序,并注意管、皿间应"对号入座",切勿混淆。

2. 在含有噬菌体和敏感菌的试管中加入 50℃保温的 LB 半固体培养基时,应快速沿壁吹入半固体培养基,然后立即搓试管,使培养基与测定样品充分混匀,并迅速倒在底层培养基上铺满平板,水平待凝。严防上层半固体培养基中产生琼脂凝胶团片而干扰效价测定与计数。

3. 一定要待上层半固体培养基完全凝固后才可将平板倒置培养。

【思考题】

1. 何谓噬菌体效价? 有几种测定方法? 用哪一种方法测得效价更准确? 为什么?

2. 双层琼脂平板法测定噬菌体效价的原理是什么? 要提高测定的准确性应注意哪些操作环节?

（肖义平　胡宝龙）

【网上视频资源】

● 噬菌体效价的测定

实验Ⅰ–10–3 溶原性细菌的检测和鉴定

【目的】

1. 了解温和噬菌体与溶原菌的各自特性。
2. 学会溶原性细菌的检测、鉴定步骤与方法。

【概述】

噬菌体有两类:一类为烈性噬菌体,它在感染宿主细胞后会很快完成其全部生活史(吸附、侵入、增殖与合成、装配和裂解),引起细菌细胞的裂解;另一类是温和噬菌体,当它侵入到相应宿主细胞后,常能将自身基因组整合在宿主染色体上的某一特定位点(如 λ 、P2 和 P22 噬菌体)或任何位点(如 Mu-1 噬菌体)。这种整合态的温和噬菌体基因组称为前噬菌体(或原噬菌体)。这种包含有前噬菌体并能正常生长繁殖而不被裂解的细菌,称为溶原性细菌,简称溶原菌。通常,前噬菌体不呈现对宿主细胞有害的影响,故溶原菌是一类"收养"温和噬菌体并能与其长期共存的细菌,在细菌的遗传与进化过程中有着重要的生物学意义。

但是,溶原菌常以较低频率($10^{-3} \sim 10^{-5}$)进行自发裂解,这是因为位于宿主基因组上的整合态前噬菌体从染色体上解离出来,由整合态转变为细胞内的营养态。这时,它就能充分利用宿主细胞的代谢系统,合成与装配出大量的温和噬菌体粒子,然后破壁释放,成为游离态的温和噬菌体(它对宿主细胞呈现裂解性,同样也能用敏感的对应菌株测定其存在)。许多低频裂解的溶原菌也可用物理(如紫外线和升高温度等)或化学(如丝裂霉素 C 等)方法诱导而提高其裂解的频率。

溶原性细菌对同种或关系密切与相近的噬菌体具有免疫性(免遭其再侵染之特性),溶原菌也会失去前噬菌体而复愈为正常菌株。检测某一菌株是否属于溶原菌,可利用溶原性菌株所携带的前噬菌体的低频裂解性(即自发或诱发裂解性)与其相对应敏感菌株以适当比例混合,然后在双层平板上形成特殊形态的噬菌斑的方法来检测,但要寻找到某一溶原菌株的敏感指示菌株常有一定的难度。故在未筛选到敏感指示菌的菌株之前,常有用分子杂交技术或检测噬菌体DNA 的方法来初步研究细菌的溶原性。

溶原性细菌的裂解和释放噬菌体,常给细菌性发酵工业带来严重的威胁。但是溶原菌对噬菌体的生存提供了一种稳定形式,同时在非选择性条件下,为宿主细胞提供了更多发生遗传变异的机会。例如,使溶原细菌的细胞发生溶原转变,它不仅保护了溶原菌免受同源噬菌体的再度感染,同时常会赋予宿主细胞一些新的特性。因此,温和噬菌体被广泛用于基因工程和分子生物学等研究领域。细菌的溶原现象在医学等领域也具有一定的理论意义与应用价值。

本实验介绍用诱导的方法使溶原细菌裂解,并用敏感菌株的双层平板法检测诱导后噬菌体释放数目的增加,从而确证细菌的溶原性特征。

【材料和器皿】

1. 菌种

大肠埃希氏菌 225(λ)(待检溶原菌菌株,括号内的 λ 表示大肠埃希氏菌 225 菌株的基因组上整合有 λ 前噬菌体基因组),大肠埃希氏菌 226(是 λ 温和噬菌体效价测定的敏感菌菌株)。

2. 培养基

LB 培养基(固体,半固体,2×液体),1%蛋白胨液。

3. 试剂

100 mmol/L Tris-HCl pH 7.6 缓冲液或生理盐水,丝裂霉素 C(0.3 mg/mL),0.2%柠檬酸钠溶液。

4. 其他

恒温水浴,台式离心机,恒温摇床,磁力搅拌器,分光光度计,电炉,试管,培养皿,移液管,离心管等。

【方法和步骤】

本实验列出紫外线、丝裂霉素 C、高温 3 种诱导方法提高溶原菌的裂解率,实验时可任选其中之一。

1. 适龄溶原菌培养

(1) **溶原菌的活化**:取 LB 斜面活化的大肠埃希氏菌 225(λ)1~2 代,37℃培养,第一代为 18~20 h,第二代为 7~8 h。

(2) **溶原菌液体增殖**:取活化斜面菌种接种于三角瓶(20 mL/250 mL LB 液体培养基)中,32℃、220 r/min 振荡培养 16 h。

(3) **溶原菌对数期菌液**:取 2 mL 增殖的液体菌悬液接种另一三角瓶(20 mL/250 mL LB 液体培养基)中,37℃振荡培养 2~3 h 至对数期的中后期。

2. 去除游离噬菌体

为使鉴定中所观察到的噬菌斑并非由溶原菌表面所吸附的游离态噬菌体所致,故需对细菌表面是否吸附噬菌体粒子进行检验和有效去除,其方法如下。

(1) **抗血清或柠檬酸钠液洗涤**:取对数期待检溶原菌,用噬菌体制备的抗血清或 0.2%柠檬酸钠溶液洗涤该菌细胞,以除去其表面可能附着的游离态噬菌体(3 500 r/min 离心 5 min)。

(2) **再次洗涤**:将离心后的溶原菌细胞再用 0.2%无菌柠檬酸钠溶液洗涤,经离心后的沉淀细胞的悬浮液可作诱导处理。

(3) **初次洗涤上清液的检测**:对离心后的上清液,可用双层平板测定游离态噬菌体的效价。

(4) **再次洗涤上清液的检测**:将上述第二次离心后所收集的上清液作同样的噬菌体效价测定。以判断二次洗涤与离心后溶原菌细胞表面游离噬菌体的去除效果。

3. 溶原菌的诱导法

(1) **紫外线处理**:

① **菌悬液制备**:采用上述洗涤与离心后的细菌悬液($10^7 \sim 10^9$ 个/mL),经 3 500 r/min 离心 5 min,收集菌体,再用无菌生理盐水洗涤两次,用生理盐水或 100 mmol/L Tris-HCl 缓冲液(pH 7.0)制备成最终浓度为 10^{11} 个/mL 菌悬液。

② 照射处理:每皿加 5 mL 细菌悬液,置于距离紫外灯(30 W)30 cm 的磁力搅拌器上,均匀照射处理 30 s 后立即加入 2 倍浓度的 LB 液体培养基 5 mL,混匀后在 37℃ 的黑暗条件下培养 2 h 以增殖,经 UV 诱导溶原菌的噬菌体裂解(释放)。

(2) 丝裂霉素 C 处理:

① 细菌悬液制备:采用上述经 2 次活化并经液体培养至对数中期的细菌悬液($10^7 \sim 10^9$ 个 /mL)20 mL。

② 加丝裂霉素:加 0.2 mL 丝裂霉素 C(0.3 g/L),使其终浓度为 3 μg/mL,37℃ 振荡培养(6 ~ 12 h)。

(3) 高温处理:

① 细菌悬液制备:采用上述经 2 次活化的大肠埃希氏菌 225(λ)菌液,培养至对数期的中后期。

② 高温诱导处理:将上述培养液在(43 ± 1)℃ 水浴中保持 20 min 进行热诱导,保温中不断摇动三角瓶菌液,使其保持温度均匀。切忌水浴温度超过 45℃,否则噬菌体易失活。经热诱导的细菌悬液在 37℃ 继续振荡培养 4 ~ 6 h,使在 640 nm 波长下测定的 OD 值达到 1.0 以上。

4. 溶原性菌株检查

(1) 溶原菌的活菌计数:诱导处理后的菌悬液的活菌计数可取 0.5 mL,以 10 倍稀释法适当稀释,按平板菌落计数法进行活菌数测定。

(2) 氯仿破壁释放噬菌体和效价测定:经上述 3 种方法诱导处理后的细菌悬液加入几滴氯仿,再以 10 倍稀释法适当稀释,每个稀释度取 0.3 mL 噬菌体悬液(视溶原菌的活菌计数而调整)和 0.2 ml 对数期敏感大肠埃希氏菌 226 菌株悬液混匀,加入 LB 半固体培养基,用双层琼脂平板法,37℃ 培养 18 ~ 20 h,观察噬菌斑,计算噬菌体悬液的效价。

【结果记录】

1. 将大肠埃希氏菌 225(λ)的诱导结果填于下表(其中活细胞数的单位为 CFU/mL)中。

处理方法	处理条件	活细胞数 /(CFU/mL)	诱导组 /(PFU/mL)	对照组 /(PFU/mL)
紫外线				
丝裂霉素 C				
高温				

2. 将柠檬酸钠洗涤前后噬菌体效价的变化记录于下表中,以检测大肠埃希氏菌 225(λ)菌株所含游离噬菌体数。

项　目	处　理　前	处　理　后
效价 / （PFU·mL^{-1}）		

【注意事项】

1. 注意 3 种诱导法的操作要点及诱导后噬菌体效价增加的倍数。
2. 应注意彻底排除溶原菌株表面吸附的游离噬菌体粒子对实验结果的干扰与影响。

【思考题】

1. 细菌的溶原性对宿主细胞有何影响？为何说它对自然选择有一定的价值？
2. 鉴别细菌溶原性时除用灵敏、简便的敏感指示菌检查噬菌斑外,还有哪些方法？
3. 若待检溶原菌自发出现少量噬菌斑,请说明其原因。如果待检菌虽经诱导而未出现噬菌斑,能否表明该菌是非溶原性细菌？为什么？检测溶原菌的关键是什么？

（胡宝龙　王英明）

第十一周　微生物的遗传变异实验

突变是微生物中普遍存在的现象,突变可自发地发生,也可诱导发生。诱变指用各种物理、化学诱变因素来处理微生物细胞以提高其突变率的方法。在遗传学的研究和利用微生物的生产上,常采用诱变的手段来获得各种实验室突变株或高产突变株。

经诱变处理后,在整个微生物群体中,突变体的数目仍居少数,应采用合理的方法准确而快速地检出突变株。通过本实验可初步了解并掌握诱变、检测和鉴定突变株的一般过程和方法。

实验Ⅰ-11-1　紫外线对枯草芽孢杆菌产生淀粉酶的诱变效应

【目的】

1. 通过实验,观察紫外线对枯草芽孢杆菌 BF7658 菌株产生淀粉酶的诱变效应。
2. 掌握用紫外线进行诱变育种的方法。

【概述】

紫外线是一种最常用的物理诱变因素,它用于微生物菌种的诱变处理有着悠久的历史。据统计,目前生产上经诱变处理后得到的抗生素高产菌株中,约80%是经紫外线处理后获得的。

紫外线波长在 200～380 nm 之间,但对诱变最有效的波长是在 253～265 nm,一般紫外线杀菌灯所发射的紫外线大约80%是254 nm。紫外线诱变主要作用是使 DNA 双链之间或同一条链上两个相邻的胸腺嘧啶形成二聚体,并阻碍双链的分开、复制和碱基的正常配对,从而引起基因突变,最终导致微生物表型变化(如引起酶的活力及抗药性的变化等)或死亡。

紫外线照射后造成的 DNA 损伤,通常可在可见光照射下,由光解酶的作用使胸腺嘧啶二聚体解开,而得以恢复正常。因此,当用紫外线进行微生物诱变处理及处理后的操作时,应在红光下进行,同时需将处理后的微生物置于暗处培养。

【材料和器皿】

1. 菌种

枯草芽孢杆菌(*Bacillus subtilis* BF7658)。

2. 培养基

牛肉膏蛋白胨固体培养基,淀粉琼脂培养基(牛肉膏 5 g,蛋白胨 10 g,NaCl 5 g,可溶性淀粉 2 g,琼脂 15 g,水 1 000 mL,pH 7.2,121 ℃灭菌 20 min)。

配制时,应先把淀粉用少量蒸馏水调成糊状,再加入到融化好的培养基中。

3. 试剂

碘液,无菌生理盐水。

4. 器皿

紫外灯,磁力搅拌器,离心机,Helber 计数板,显微镜,无菌培养皿,无菌试管,无菌移液管(1 mL,5 mL),无菌离心管,无菌三角瓶(150 mL,内装有玻璃珠),无菌涂布棒,量筒,烧杯等。

【方法和步骤】

1. 菌悬液制备

取经 37℃培养 48 h 的枯草芽孢杆菌 BF7658 菌株斜面 4 支,用 12 mL 无菌生理盐水将菌苔洗下,并倒入装有玻璃珠的无菌三角瓶中,充分振荡,以分散细胞。然后将上述菌液离心(3 500 r/min,10 min),弃去上清液,再用无菌生理盐水洗涤两次,制成菌悬液。用显微镜直接计数法计数,调整细胞浓度为 10^8 个 /mL。

2. 平板制作

将淀粉琼脂培养基融化并冷至 45℃倒平板(27 套),凝固后待用。

3. 紫外线诱变处理

(1) 预热紫外灯:紫外灯功率为 20 W,照射距离为 30 cm,照射前开启紫外灯预热 20 min,使紫外线强度稳定。

(2) 加菌液:分别取两套内装有一磁力搅拌棒的无菌培养皿(直径为 6 cm),用记号笔注明"1 min"和"3 min",并在每皿中加入 3 mL 菌液。

(3) 照射:将上述两套培养皿先后置于磁力搅拌器上,开启开关使菌液旋转,待照射 1 min 后打开皿盖,分别照射 1 min 和 3 min。然后盖上皿盖,并关闭紫外灯(操作者应戴上玻璃眼镜,以防紫外线伤眼睛)。

4. 稀释菌液及涂布平板

将照射 1 min、3 min 和未照射的菌悬液用无菌生理盐水稀释成 $10^{-6} \sim 10^{-1}$。而后分别取 10^{-4}、10^{-5} 和 10^{-6} 菌液各 0.1 mL 涂平板,每个稀释度重复 3 个平板(用无菌涂布棒涂匀,每个平板背面需事先注明处理时间和稀释度)。

5. 培养

将上述平板倒置于培养皿筒内,37℃培养 48 h。

6. 菌落计数及计算存活率和致死率

将培养好的平板取出进行细菌菌落计数。根据平板上的菌落数分别计算出经紫外线处理及未处理的对照菌液中活菌数及紫外线处理菌液的致死率。

$$存活率 = \frac{处理后~1~mL~菌液中活菌数}{对照~1~mL~菌液中活菌数} \times 100\%$$

$$致死率 = \frac{对照~1~mL~菌液中活菌数 - 处理后~1~mL~菌液中活菌数}{对照~1~mL~菌液中活菌数} \times 100\%$$

7. 观察诱变效应

选取菌落数在 5 ~ 6 个的平板,并在每个平板中加数滴碘液,菌落周围将出现透明圈。分别测量透明圈与菌落直径并计算其比值(HC 值)。与对照平板相比较,说明紫外线对枯草芽孢杆菌 BF7658 菌株产淀粉酶诱变的效应。选取 HC 比值大的菌落移接到牛肉膏蛋白胨斜面上培养。此斜面菌种可作复筛用。

【结果记录】

将上述的实验结果填入以下两表(表Ⅰ–11–1–①和表Ⅰ–11–1–②)中。

表Ⅰ–11–1–① 紫外线处理后枯草芽孢杆菌 BF7658 菌株的存活率和致死率

处理时间 /min	稀释倍数			存活率 /%	致死率 /%
	10^{-4}	10^{-5}	10^{-6}		
1					
3					
0(对照)					

表Ⅰ–11–1–② 紫外线处理和未处理的枯草芽孢杆菌 BF7658 菌株的透明圈和菌落直径大小及 HC 比值

处理时间 /min	结果 1			结果 2			结果 3			结果 4		
	透明圈 /cm	菌落大小 /cm	HC 比值	透明圈 /cm	菌落大小 /cm	HC 比值	透明圈 /cm	菌落大小 /cm	HC 比值	透明圈 /cm	菌落大小 /cm	HC 比值
1												
3												
0(对照)												

【注意事项】

微生物一般具有光解酶(即具光复活作用),因而在采用紫外线处理及后续操作时需在暗室红灯下进行,并将涂布菌液平板用黑纸包扎后培养。但本实验所用枯草芽孢杆菌,由于其无光解酶,因而上述操作过程可在可见光下进行,培养时也不需要黑纸包扎。

【思考题】

紫外线诱变的机制是什么?

(徐德强)

实验Ⅰ-11-2 用梯度平板法筛选大肠埃希氏菌抗药性突变株

【目的】

了解并熟悉抗药性突变株的筛选原理和方法。

【概述】

经诱变剂处理后的微生物群体中,虽然突变的数目大大增加,但所占的比例仍是整个群体中的极少数。为了快速、准确地得到所需的突变体,必须设计一个合理的筛选方法,以淘汰大量未发生突变的野生型,而保留极少数的突变型。

微生物经诱变剂处理后引起的基因突变,往往必须经过一段时间的培养后才出现表型的改变,这一现象称为表型延迟。所以,通常将诱变处理后的菌液先移到新鲜培养基中培养一段时间,使改变了的性状趋于稳定,同时通过培养还可使突变体数目增多,便于检出。

梯度平板法是筛选抗药性突变型的一种有效的简便方法,其操作要点是:先加入不含药物的培养基,立即把培养皿斜放,待培养基凝固后形成一个斜面,再将培养皿平放,倒入含一定浓度药物的培养基,这样就形成一个药物浓度由浓到稀的梯度培养基,然后再将大量的菌液涂布于平板表面上。经培养后,在高浓度药物处出现的菌落就是抗药性突变型菌株。

【材料和器皿】

1. 菌种

大肠埃希氏菌(*Escherichia coli*)。

2. 培养基

牛肉膏蛋白胨固体培养基,2×(2倍浓度)牛肉膏蛋白胨液体培养基(分装于离心管中,每管装5 mL),生理盐水。

3. 试剂

链霉素(750 μg/mL)。

4. 器皿

培养皿(6 cm、9 cm),涂布棒,移液管,滴管,离心机,磁力搅拌器等。

【方法和步骤】

1. 制备菌液

从已活化的斜面菌种上挑1环大肠埃希氏菌于装有5 mL牛肉膏蛋白胨液体培养基的无菌离心管中(接2支离心管),置37℃条件下培养16 h左右,离心(3 500 r/min,10 min),弃去上清液后再用生理盐水洗涤2次,弃去上清液,重新悬浮于5 mL生理盐水中。并且将2支离心管的菌液一并倒入装有玻璃珠的三角瓶中,充分振动以分散细胞,制成10^8/mL的菌液。然后吸3 mL菌液于装有磁力搅拌棒的培养皿(直径6 cm)中。

2. 紫外线照射

(1) **预热紫外灯**:紫外灯功率为15 W,照射距离30 cm。照射前先开灯预热30 min。

(2) **照射:**将培养皿放在磁力搅拌器上,先照射 1 min 后再打开皿盖并计时,当照射达 2 min 后,立即盖上皿盖,关闭紫外灯。

3. 增殖培养(在暗室红灯下操作)

照射完毕,用无菌滴管将全部菌液吸到含有 3 mL 2× 牛肉膏蛋白胨液体培养基的离心管中,混匀后用黑纸包裹严密,置 37℃培养过夜。

4. 制备梯度培养皿

取融化并冷却至约 50℃的 10 mL 牛肉膏蛋白胨固体培养基于直径 9 cm 的培养皿中,立即将培养皿斜放,使高处的培养基正好位于皿边与皿底的交接处。待凝固后,将培养皿平放,再加入含有链霉素(100 μg/mL)的上述相同培养基 10 mL。凝固后,便得到链霉素从 100 μg/mL 到 0 μg/ml 逐渐递减的浓度梯度培养皿。然后在皿底作一个"↑"符号标记,以示药物浓度由低到高的方向(见图 I -11-2- ①,1 : 16 表示皿底需垫高皿径的 1/16)。

5. 涂布菌液

将增殖后的菌液进行离心(3 500 r/min,10 min),弃去上清液,再加入少量生理盐水(约 0.2 mL),制成浓的菌液后将全部菌液涂布于梯度培养皿上,并将它倒置于 37℃恒温培养箱中培养 24 h,然后将出现于高药物浓度区域内的单菌落分别接种到斜面上,经培养后再做抗药性测定。

6. 抗药性的测定

(1) **制备含药平板:**取链霉素溶液(750 μg/mL)0.2、0.4、0.6 和 0.8 mL,分别加到无菌培养皿中,再加入融化并冷却到 50℃左右的牛肉膏蛋白胨固体培养基 15 mL,立即混匀,平置凝固后即成为含有 10、20、30 和 40 μg/mL 不同浓度的药物平板。另做一个对照平板(不含药物)。

(2) **抗药性的测定:**将上述每个皿底的外面用记号笔画成 8 等分,并注明 1～8 号,然后将若干抗药菌株逐个划在上述 4 种浓度的药物平板上和对照平板上(见图 I -11-2- ②)。每一皿必须留一格接种出发菌株。然后将所有的培养皿倒置于 37℃恒温培养箱中培养过夜。第二天观察各菌株的生长情况,并记录结果。

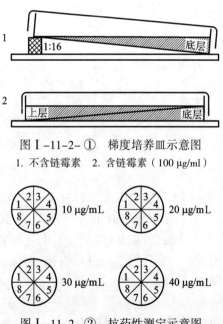

图 I -11-2- ① 梯度培养皿示意图

1. 不含链霉素　　2. 含链霉素（100 μg/ml）

图 I -11-2- ② 抗药性测定示意图

【结果记录】

将各菌株抗药性测定结果记录于下表中。

菌株号	含药平板 /（μg/mL）				对照平板（不含药物）
	10	20	30	40	0
1					
2					
3					
4					
5					
6					
7					
8					
（出发菌株）					

注：以"＋"表示生长，"－"表示不生长。

结果：你选到抗药菌株_____株，最高抗药性达_____μg/mL。

【注意事项】

1. 制备含药平板时，务必使药物与培养基充分混匀。
2. 严格无菌操作，勿将含药平板上的杂菌误认为是抗药性大肠埃希氏菌。

【思考题】

1. 未经诱变的菌株在含药平板上是否有菌落出现？为什么？
2. 你选出的抗药性菌株中，如有一支抗链霉素的菌株在含药平板上能生长，在不含药平板上反而不生长，这说明什么？

（祖若夫）

实验 I-11-3　大肠埃希氏菌营养缺陷型突变株的筛选

【目的】

学习应用固体平板诱变法筛选营养缺陷型的基本技术。

【概述】

营养缺陷型突变株是由于野生型菌株的某一基因发生突变,而使它丧失了合成某种物质能力的突变株。该突变株只有在基本培养基中补充它们所需的营养物质后才能生长。

营养缺陷型菌株无论在生产实践和科学实验中都具有重要意义。在生产实践中,它既可直接用作发酵生产核苷酸、氨基酸等中间代谢产物的生产菌株,也可作为杂交育种的亲本菌株;在科学实验中,它们既可作为氨基酸、维生素或碱基等物质生物测定的试验菌种,也是研究代谢途径和转化、转导、杂交、细胞融合及基因工程等遗传规律所必不可少的遗传标记菌种。

营养缺陷型的筛选包括诱变、淘汰野生型、检出和鉴定 4 个主要步骤。本实验用 NTG(N–甲基 –N'– 硝基 –N– 亚硝基胍)来处理大肠埃希氏菌以提高其突变率。NTG 是一种挥发性的烷化剂,具有很强的诱变作用,它的作用机制主要是引起 DNA 链中 G : C → A : T 的转换,它的杀菌作用虽很低,但在存活菌中突变率却很高,故被称为“超诱变剂”。NTG 也是致癌剂,以往都将 NTG 配成溶液来处理菌株,但步骤繁琐,安全性差。本实验采用固体平板诱变法,即可在含菌平板上放数小粒固体 NTG,经培养后在药物的周围出现一个透明的抑菌圈,然后挑取紧靠抑菌圈周围的菌苔,接入完全培养基中培养过夜,再转到含青霉素的基本培养基中培养以杀死大量的野生型,然后通过影印等方法检出缺陷型,最后用生长谱法鉴定出属于哪一种营养缺陷型。

【材料和器皿】

1. **菌种**

大肠埃希氏菌($Escherichia\ coli$)。

2. **培养基:**

(1) **完全培养基:**葡萄糖 2 g,蛋白胨 10 g,酵母膏 5 g,NaCl 5 g,琼脂 16 g 蒸馏水 1 000 mL,pH 7.2。若不加琼脂,即为完全液体培养基。

(2) **无氮基本培养基:**葡萄糖 2 g,柠檬酸钠($C_6H_5Na_3O_7 \cdot 3H_2O$)0.5 g,$K_2HPO_4$ 0.7 g,KH_2PO_4 0.3 g,$MgSO_4 \cdot 7H_2O$ 0.01 g,琼脂 16 g,蒸馏水 100 mL,pH 7.2,若不加琼脂,即为无氮液体培养基。112℃下加压灭菌 20 min。

(3) **2× 基本液体培养基:**葡萄糖 2 g,柠檬酸钠·$3H_2O$ 0.5 g,K_2HPO_4 0.7 g(或 $K_2HPO_4 \cdot 3H_2O$ 0.92 g),KH_2PO_4 0.3 g,$MgSO_4 \cdot 7H_2O$ 0.01 g,$(NH_4)_2SO_4$ 0.2 g,蒸馏水 50 mL,pH 7.2,112℃加压灭菌 20 min。

(4) **补充培养基:**在基本培养基中加入所需的补充物质即可。补充物质的一般含量是:氨基酸 20 μg/mL,碱基 10 μg/mL,维生素 0.2 μg/mL,生物素 0.002 μg/mL。

(5) **高渗基本液体培养基:**蔗糖 20 g,$MgSO_4 \cdot 7H_2O$ 0.2 g,2× 基本液体培养基 100 mL。

3. **试剂:**

(1) **混合维生素:**将硫胺素、核黄素、吡哆醇、维生素 C、泛酸、对氨基苯甲酸、叶酸和肌醇等维生素各取 50 mg 混合,烘干、磨细并分装小玻管中,避光、保存于干燥器中。

(2) **混合氨基酸:**按表 I –11–3– ①中氨基酸组合,分别称取等量(各 100 mg 左右)的氨基酸于干净的研钵中,在 60 ~ 70℃烘箱中烘数小时,趁干燥立即磨细,装 4 cm×0.6 cm 小玻管中,避光、保存于干燥器中。

(3) **混合碱基:**称取腺嘌呤、鸟嘌呤、次黄嘌呤、胸腺嘧啶和胞嘧啶各 50 mg,混合后烘干,磨细,分装于小试管中,并避光保存于干燥器中。

(4) NTG,青霉素钠盐。

4. 仪器

恒温摇床,离心机。

5. 器皿

无菌培养皿,无菌移液管,无菌涂布玻棒,插有大头针的软木塞,丝绒布,圆柱形木块等。

【方法和步骤】

1. 制备含菌平板

(1) 将活化的斜面菌种挑 1 环至含 5 mL 完全液体培养基的试管中,在 37℃ 条件下培养过夜。

(2) 次日,按 5% 接种量取上述菌液于完全液体培养基中,放 37℃ 培养 6~7 h。

(3) 取 0.2 mL 菌液于完全培养基的平板上,用无菌涂布玻棒将菌液均匀地涂满整个平板表面,倒置于 37℃ 恒温培养箱中培养 2 h。

2. 诱变处理

在上述含菌平板的中央和其他部位放少许 NTG 结晶,然后将培养皿倒置于 37℃ 恒温培养箱中,培养 24 h。

3. 增殖培养

放有 NTG 药物的周围有一透明的抑菌圈,紧靠抑菌圈有一个生长较密集的生长圈,用接种环挑取该处菌苔于装有 20 mL 完全液体培养基的三角瓶中,置 37℃、220 r/min 振荡培养过夜,使诱变后的突变体进行繁殖,以增加菌数。

4. 淘汰野生型(用青霉素法)

(1) **培养菌液**:取增殖后的菌液 5 mL 于无菌离心管中,离心(3 500 r/min,10 min),倒去上清液,再用生理盐水洗涤两次,离心,去上清液,然后约取 1/10 菌块接种到含 5 mL 无氮基本液体培养基中培养 12 h。

(2) **加青霉素**:取上述培养菌液 5 mL 加到含有 5 mL 高渗基本液体培养基的三角瓶中,再加入青霉素,使最终浓度约为 500 U/mL(青霉素钠盐为 1 667 U/mg,在 10 mL 培养液中加入 3 mg 即相当于 500 U/mL),再置 37℃ 继续培养 6 h,离心,弃去上清液,重新悬浮于 5 mL 无氮基本液体培养基中置冰箱保存。

(3) **涂布平板**:取上述培养液的原液和 10^{-1}、10^{-2} 的稀释液各 0.1 mL,分别涂布于完全培养基的平板上,置 37℃ 培养 24 h,然后选取合适的平板(长有 50~200 个菌落)用作营养缺陷型的检查(如无合适平板,可取保存于冰箱中经青霉素处理过的菌液,再行稀释、涂布)。

5. 缺陷型的检出

(1) **用影印法检出缺陷型**:将 15 cm 见方的灭过菌的丝绒布用橡皮筋固定在直径略小于培养皿底的圆柱形木头上,将长有菌落的完全培养基平板倒扣在绒布上,轻压培养皿,使菌落印在绒布上作为印模,然后再分别转印至基本培养基和完全培养基平板上(见图Ⅰ-11-3-①)。

经 37℃ 培养后,比较两皿上生长的菌落,如在完全培养基平板上长出的菌落,而基本培养基平板的相应位置上却无菌落出现,就可初步判断它是营养缺陷型菌株。

(2) **用逐个点种法检出缺陷型**:用大头针(插在软木塞上灭过菌)从完全培养基平板上挑

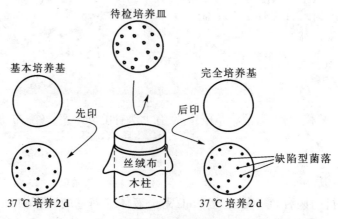

图 I –11–3– ① 用影印法检出营养缺陷型菌株的图解

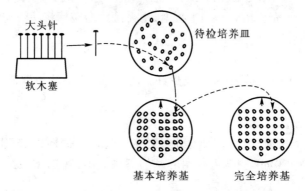

图 I –11–3– ② 用点种法检出营养缺陷型菌株的图解

100 个菌落,分别逐个点在基本培养基平板和完全培养基平板的相应位置上(各皿点 50 菌落),置 37 ℃恒温培养后,凡在完全培养基上生长而基本培养上不能生长的菌落,就可初步确定它是营养缺陷型(见图 I –11–3– ②)。

将初步认为是缺陷型的菌落接至完全培养基斜面上,并编上号码,在 37 ℃下培养 24 h 后取出,供鉴定用。

6. 用生长谱法鉴定营养缺陷型

(1) 营养缺陷型的初测:

① 制备平板:制备 3 只基本培养基平板,在皿底分别注明 A(氨基酸),B(碱基),V(维生素)。另制一个完全培养基平板(CM),作为对照。在 A,B,V 各皿中央分别放少量混合氨基酸、混合碱基和混合维生素(见图 I –11–3– ③)。

图 I –11–3– ③ 营养缺陷型的初测

② 制备菌液:从缺陷型菌株斜面上挑少许菌苔于装有 1 mL 生理盐水的试管中(菌不宜过多),充分混匀,备用。

③ 接菌种:将 A,B,V 及对照皿划分成若干等分,并编上待测菌株号码。用直径为 0.3～0.4 cm 的接种环沾少许菌液在平板的相应菌株号码的位置上划一直线。接种完毕,将所有平板置 37℃恒温培养 24 h 后观察。

④ 鉴定:经培养后观察各编号菌株在哪个培养皿上生长,就可初步鉴定某菌株是属哪一大类的营养缺陷型。

(2) 营养缺陷型的细测(以鉴定氨基酸缺陷型为例):

① 制备不同组合氨基酸:按表 Ⅰ-11-3-① 将 20 种氨基酸分成九组,其中 1～5 组的每个组含 4 种氨基酸,6～9 的每组含 5 种氨基酸,制作法见"材料和器皿"中所述。

② 制备含菌平板:从缺陷型菌株斜面上挑 2～3 环菌苔于装有 5 mL 生理盐水的离心管中;离心 10 min(3 000 r/min),弃去上清液,再用生理盐水洗涤 2 次,洗净菌体外所带的营养物,然后重新悬浮于 5 mL 生理盐水中。吸此菌液 1 mL 于无菌培养皿中,立即倒入融化的基本培养基,摇匀,平置凝固。每个菌株各做 2 个平板。

表 Ⅰ-11-3-① 9 组氨基酸组合表

	第 1 组	第 2 组	第 3 组	第 4 组	第 5 组
第 6 组	丙氨酸	精氨酸	天冬酰胺	天冬氨酸	半胱氨酸
第 7 组	谷氨酸	谷氨酰胺	甘氨酸	组氨酸	异亮氨酸
第 8 组	亮氨酸	赖氨酸	甲硫氨酸	苯丙氨酸	脯氨酸
第 9 组	丝氨酸	苏氨酸	色氨酸	酪氨酸	缬氨酸

③ 加氨基酸:用记号笔将含菌平板底部划分成 5 个小区,并注明 1～5 号,另一皿注明 6～9 号。然后用顶端敲扁的接种针分别挑取少量(约半粒芝麻大小)的各组氨基酸于各小区中央,置 37℃条件下培养 24 h,观察。

④ 鉴定:观察在哪一组氨基酸区域内出现混浊的生长圈,再参照氨基酸组合表,便可确定是哪一种氨基酸缺陷型。例如在第 4 组和第 7 组氨基酸区域内生长,那么就是组氨酸缺陷型。如果细菌生长在两氨基酸扩散的交叉处,其生长圈呈双凸透镜状,则说明该菌是需要两种氨基酸的双缺陷型(见图 Ⅰ-11-3-④)。

图 Ⅰ-11-3-④ 单缺陷型与双缺陷型的生长谱
1. 单缺陷型生长谱 2. 双缺陷型生长谱

若不是邻近的两种氨基酸的"双缺"或"三缺",则需要用另一方法测定。即制备 4 只含菌平板,每皿划分成 5 个小区,然后将 20 种氨基酸依次缺少 1 种,制成仅含有 19 种氨基酸的混合物,再分别加到各小区中央,经 37℃培养后,哪个小区菌不生长,就是那种氨基酸的缺陷型。若待测菌株较多时,可制成 20 个基本培养基的平板,使每只平板各缺少 1 种氨基酸,仅含有 19 种氨基酸的混合物放在平板中央,将待测菌在其四周划直线(放射状划线),经培养后,观察待测菌在哪个培养皿上不长,即是那种氨基酸的营养缺陷型。

【结果记录】

将营养缺陷型的鉴定结果记录于下表中。

缺陷型菌株编号	生长区	缺陷类型	缺陷的标记	备注
1				
2				
3				
4				
5				
6				
7				
8				
9				
10				

【注意事项】

1. NTG 是强诱变剂和致癌剂,使用时应注意安全。实验人员应戴橡胶手套和口罩,在打开 NTG 瓶盖时应谨慎,避免吸入粉尘或直接接触皮肤。

2. 凡带有 NTG 的器皿,必须在 1 mol/L HCl 中浸泡 3~4 h,待 NTG 破坏后才可清洗。

3. 在平板上做放射状接种菌液时,菌液不能挑太多,以防止菌液流到他处,影响正确判断。

【思考题】

1. 青霉素起淘汰野生型菌株的作用原理是什么?

2. 筛选营养缺陷型菌株有何实践意义?

(祖若夫)

实验 I–11–4　Ames 试验法

【目的】

1. 了解 Ames 试验法检测致突变剂和致癌剂的基本原理。

2. 掌握 Ames 试验点试法的操作技术和评价方法。

【概述】

癌症是威胁人类生命最严重的疾病之一。如何迅速确证饮用水、食品添加剂和化妆品等的安全性仍是人类面临的难题之一。由美国加利福尼亚大学 B. N. Ames 教授于 1975 年建立的鼠伤寒沙门氏菌 / 哺乳动物微粒体试验（也称 Ames 试验）是目前公认的检测诱变剂与致癌剂的最灵敏与快速的常规检测法之一，其检测阳性结果和致癌物吻合率高达 83%。

Ames 试验法的基本原理：利用一系列鼠伤寒沙门氏菌（*Salmonella typhimurium*）的组氨酸营养缺陷型（*his⁻*）菌株与被检测物接触后发生的回复突变来检测其致突变性和致癌性。由于这些菌株在不含组氨酸的基本培养基上不能生长，而在遇到致突变剂后常发生 *his⁻* 变为 *his⁺*（原养型）的回复突变，因而在基本培养基上能正常生长，并形成肉眼可见的菌落，所以在短时间内即可根据回复突变率来判断被检物是否具有致突变或致癌性能。Ames 试验法常用的一套测试菌株通常具有的遗传特性见表 Ⅰ-11-4- ①。

表 Ⅰ-11-4- ①　部分测试菌株的遗传特性

菌株	His¹	Rfa²	UVrB³	Bio⁴	R⁵	检测突变型
TA1535	—	—	—	—	—	置换，部分移码
TA100	—	—	—	—	+	置换，部分移码
TA1537	—	—	—	—	—	移码
TA98	—	—	—	—	+	移码
TA102	—	—	+	—	+	置换，部分移码

注：（—）为缺失或缺陷；（+）：为正常或含有。1～5 分别为组氨酸 / 脂多糖屏障 / 紫外修复 / 生物素 / 抗药因子。

目前 Ames 试验的常规方法有点试法和平板掺入试验法两种。其中前者主要是一种定性试验，后者可定量测试样品致突变性的强弱。本实验仅以点试法为例作一简介。

【材料和器皿】

1. 菌种

鼠伤寒沙门氏菌（*Salmonella typhimurium*）TA98 菌株。

2. 培养基

(1) 牛肉膏蛋白胨液体培养基： 牛肉膏 3 g，蛋白胨 10 g，NaCl 5 g，pH 7.2，分装试管，每支 3 mL，121℃ 20 min 灭菌。

(2) 底层培养基： $MgSO_4 \cdot 7H_2O$ 0.2 g，柠檬酸 2 g，K_2HPO_4 10 g，磷酸氢铵钠（$NaNH_4HPO_4 \cdot 4H_2O$）3.5 g，葡萄糖 20 g，琼脂粉 15 g，pH 7.0，蒸馏水 1 000 mL，112℃灭菌 30 min。

(3) 上层半固体培养基： NaCl 0.5 g，琼脂粉 0.6 g，蒸馏水 100 mL，将上述各组分混合加热融化后再加入 10 mL 的 0.5 mmol/L L- 组氨酸 +0.5 mmol/L D- 生物素混合液，加热混匀后速分装试管，每管 3 mL，121℃ 20 min 灭菌。

3. 试剂

(1) 0.5 mmol/L L- 组氨酸 +0.5 mmol/L D- 生物素混合液（1.22 mg D- 生物素、0.77 mg L- 组

氨酸溶于 10 mL 温热的蒸馏水中)。

(2) 无菌水。

4. 待检物

(1) 市售染发剂(稀释 10 倍)。

(2) 某些咸菜液(经细菌滤器过滤)或其他未知的可能致突变物溶液。

(3) 4- 硝基 –O- 苯二胺液(4–NOPD,200 μg/mL)。

5. 器皿等:恒温培养箱,恒温摇床,水浴锅,培养皿,移液管(1 mL,5 mL),试管,无菌圆滤纸片(直径 5 mm),镊子等。

【方法和步骤】

1. 菌悬液的制备

从 TA98 菌株斜面上挑取一环菌苔转接于一含有 3 mL 牛肉膏蛋白胨液体培养基的试管中,后将此试管置于 37℃摇床上振荡培养 220 r/min 10 ~ 12 h,使菌悬液浓度达到约 1×10^9 CFU/mL。

2. 倒底层平板

将试验用的底层培养基彻底融化,冷至约 50℃后倒 8 块平板。

3. 融化上层半固体培养基

将含有上层半固体培养基的试管置于沸水浴中彻底融化,然后将上述试管置于 50℃水浴保温。

4. 加菌液和倒含菌的上层半固体培养基

用一支 1 mL 移液管吸取上述制备的 TA98 菌株菌悬液,后在上述每支上层半固体培养基试管中加入 0.1 mL 菌悬液,并用两个手掌搓匀,迅速倒在底层平板上,使它铺满底层(共重复 8 皿),平放,待凝。

5. 无菌滤纸圆片蘸取各样品液并置于平板表面

将镊子尖端蘸取乙醇并过火灭菌,而后用此镊子取无菌滤纸圆片并浸入含无菌水的小培养皿中,后将此圆片在皿壁轻碰一下(去除多余无菌水),最后将此圆片置于上述制备的平板中央,重复 2 皿作为阴性对照。然后按上述方法将无菌滤纸圆片分别蘸取染发剂液、咸菜液及 4- 硝基 –O- 苯二胺液(阳性对照),并分别置于上述制备的平板中央(每个样品均重复 2 皿)。

6. 培养

将上述制备的 8 块平板置于 37℃恒温培养箱中,培养 48 h。

【结果记录】

1. 肉眼观察上述各试验平板中鼠伤寒沙门氏菌 TA98 菌株生长情况。若在滤纸圆片周围长出一圈密集可见的 his^+ 回变菌落,可初步认为该待检物为致突变物。如没有或只有少数菌落出现,则为阴性。菌落密集圈外生长的散在大菌落是自发回复突变的结果,与待检物无关。此外,有时发现在纸片周围形成一透明圈,表明该待检物在一定浓度范围内具抑菌效应。图 I –11–4– ① 是点试法试验结果。

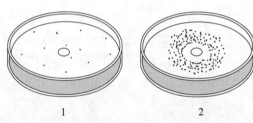

图 I –11–4– ① 点试法试验结果

1. 阴性试验结果　2. 阳性试验结果

2. 将上述观察的各试验结果记录于表

Ⅰ–11–4– ②中。

表Ⅰ–11–4– ②　染发剂等待检物致突变性的检测结果

待检物	试验平板中测试菌生长情况	结论
染发剂		
咸菜液		
其他待检物		
4- 硝基 –O– 苯二胺液		
无菌水		

3. 拍摄上述各试验平板中鼠伤寒沙门氏菌 TA98 菌株生长特征。

【注意事项】

1. 由于某些待检物的致突变性需要哺乳动物肝细胞中的羟化酶系统激活后才能显示,而原核生物的细胞内缺乏该酶系统,故在进行试验时需另做一组试验,加入哺乳动物肝细胞内微粒体的酶作为体外活化系统(S9 混合液),以此提高致突变物的检测率。

2. 试验前,须对鼠伤寒沙门氏菌 TA98 菌株进行性状鉴定,以确保其为可靠的纯培养物。

3. 倒底层平板时,融化好的培养基应冷至 45℃ ~ 50℃,这样可减少平板表面的水膜或微滴,从而可防止上层培养基滑动。若能将倒好的底层平板预先在 37℃过夜,则效果会更好。

4. 倒上层半固体培养基时,动作要快,吸取、混匀和铺满底层需在 20 s 内完成,否则培养基会凝固。

5. 一般来说,一种阳性待检物(某种化合物)对一菌株可表现出致突变性,而对另一菌株可表现出阴性结果。因此,在对待检物检测时,宜采用多个菌株进行试验,任一菌株检出阳性结果,都表明该待检物具致突变性,甚至可能为致癌物。如果多个菌株均未检出阳性结果,则记录为 Ames 实验未检出致突变性。

6. 国标(GB 15193.4—2014)推荐的 5 个菌株(见表Ⅰ–11–4 ①),其中 TA102 菌株可用大肠埃希氏菌回复突变试验替代,所用菌株为 WP2uvrA 或 WP2uvrA(pKM101)。

7. 鼠伤寒沙门氏菌是一种条件致病菌,试验中所用过的器皿应放入 5% 苯酚溶液中或进行煮沸杀菌,培养基也应经煮沸后弃去。同时,操作者也须注意个人安全防护,尽量减少接触污染物的机会。

【思考题】

1. Ames 试验的基本原理是什么?

2. 本试验操作过程中应注意哪些问题?

3. 对测试菌株的遗传性所进行的各项试验在实验前你认为应出现哪些结果? 与试验后所得结果是否一致? 请说明理由。

（徐德强　胡宝龙　肖义平）

【网上视频资源】

● Ames 试验测遗传毒性

实验Ⅰ-11-5 细菌的原生质体融合

【目的】

1. 学习革兰氏阳性菌原生质体的制备和融合的基本操作技术。
2. 了解原生质体融合的基本原理和方法。
3. 筛选抗性标记互补的短杆菌融合子。

【概述】

微生物细胞融合要经历4个环节：①细胞壁消解；②原生质体融合；③细胞核重组；④原生质体细胞壁再生。通常用溶菌酶消除坚固的细菌细胞壁，用聚乙二醇促使原生质体融合，用高渗的加富培养基保障原生质体再生。在细胞融合的过程中，细胞核重组则是随机发生的，无法人为控制，这正是细胞融合育种的不足之处。

本实验的融合材料为革兰氏阳性菌——短杆菌。显微镜下观察其菌体形态为短杆状，两端钝圆，常常"八"字形排列。这类菌种的细胞壁中的肽聚糖较厚，含有阿拉伯半乳聚糖和一层特殊的分支酸外膜，这些稀有的细胞壁组分会阻碍溶菌酶（lysozyme）的消化作用，使溶菌酶消化去壁效果不十分理想，为了提高溶菌效果，常用抑制细胞壁合成的甘氨酸或青霉素进行预处理，再用溶菌酶破壁。一种经济有效的方法是在菌体生长前期加入低浓度（<1 U/mL）的青霉素，使细胞壁合成受损，从而导致细胞壁结构松散。这种先经青霉素预处理再用溶菌酶脱壁的短杆菌原生质体制备，其成功率可达95%以上。

由于缺乏细胞壁的保护，原生质体对外界的渗透压十分敏感，在低渗的物化环境中极易破裂，因此，制备好的原生质体必须始终保存在高渗溶液中，本实验的渗透压稳定剂为高浓度的蔗糖和丁二酸钠。细胞融合的助融剂通常用聚乙二醇（polyethyleneglycol，PEG），它的助融效果与使用浓度、操作条件及PEG分子聚合度有关。关于PEG的作用机制有多种解释，一般认为PEG具有的脱水作用和带负电的特性可使原生质体凝集在一起，PEG能以分子桥的形式沟通相邻的质膜，使膜上蛋白质凝聚而产生无蛋白质的磷脂双层区，从而导致膜融合。除常用的PEG外，带正电的钙离子在碱性条件下与细胞膜表面分子相互作用，也有利于提高原生质体融合率。

细胞融合可以在两个以上的多细胞之间进行。细胞膜融合之后，还需经过细胞核重组、细胞壁再生等一系列过程才能形成具有生活能力的新型细胞株。细胞膜融合后的多个细胞核融合有两种可能：一是发生染色体DNA的交换重组，产生新的遗传特性，这是真正的融合；二是染色体DNA不发生重组，来自多细胞的几套染色体共存于一个细胞内，形成异核体，这是不稳定的融合。通过连续传代、分离、纯化可以区别这两类融合。应该指出：实际上，即使是真正的重组融合子，在传代中也有可能发生自发分离，产生回复或新的遗传重组体。因此，必须经过多次分离纯化才能够获得稳定的融合细胞。

【材料和器皿】

1. 菌种

黄色短杆菌（*Brevibacterium flavum*）诱变筛选抗性互补菌株：①利福平抗性链霉素敏感（Rif^r Str^s）菌株 R102，②链霉素抗性利福平敏感（Rif^s Str^r）菌株 S201。

2. 培养基和试剂

(1) **营养牛肉膏蛋白胨培养基（NB）**：蛋白胨 10 g，牛肉膏 5 g，酵母粉 5 g，NaCl 5 g，葡萄糖 2 g，蒸馏水定容至 1 000 mL，pH 7.2。固体 NB 中添加琼脂粉 1.2%，半固体 NB 中添加琼脂粉 0.6%。配制 NB 液体 100 mL，固体 700 mL，半固体 200 mL。

(2) **高渗培养基（RNB）**：在上述固体 NB 中添加 0.46 mol/L 蔗糖，0.02 mol/L MgCl$_2$，1.5% 聚乙烯吡咯烷酮（polyvinylpyrrolidone，PVP），供平板活菌计数和原生质体再生之用，简称 RNB。配制固体 RNB 400 mL，半固体 RNB 100 ml。

以上培养基用 0.1 MPa（121℃）灭菌 15 min。

(3) **原生质体稀释液（DF）**：蔗糖 0.25 mol/L，丁二酸钠 0.25 mol/L，MgSO$_4$·7H$_2$O 0.01 mol/L，乙二胺四乙酸（EDTA）0.001 mol/L，K$_2$HPO$_4$·3H$_2$O 0.02 mol/L，KH$_2$PO$_4$ 0.11 mol/L，pH 7.0。重蒸水配制 500 mL。0.07 MPa（110℃）灭菌 15 min。

(4) **融合液（FF）**：DF 中再添加 EDTA 5 mmol/L，灭菌后使用。配 100 mL。

(5) **钙离子溶液**：1 mol/L CaCl$_2$，用 DF 配制 100 mL，NaOH 调 pH 至 10.5。灭菌后使用。

(6) **聚乙二醇（PEG）**：用 FF 溶液将分子聚合度为 6 000 的 PEG 配成 40%（*W*/*V*）溶液。灭菌后使用。配 20 mL。

(7) **溶菌酶**：临用时，用无菌 DF 配制 10 mg/mL 浓度。配 1 mL。

(8) **青霉素 G 钾盐**：重蒸水配制成 500 U/mL 浓度，配 5 mL。抽滤除菌。

(9) **利福平（Rif）**：生化试剂。重蒸水配制成 100 μg/mL 浓度。配 5 mL。抽滤除菌。

(10) **链霉素（Str）**：注射用硫酸链霉素无菌水配制成 1 000 μg/mL 浓度。配 5 mL。

(11) **无菌水**：重蒸水加压灭菌后使用。配 500 mL。

(12) **原生质体的细胞壁再生引物**：自制 200 μL，方法见实验步骤 2 的中第 (3) 步操作。

(13) **高渗美蓝染色液**：0.25 g 美蓝溶解于 100 mL 的 15% 蔗糖溶液。

3. 仪器设备

三角瓶（250 mL），培养皿，试管，移液管（10 mL，5 mL，1 mL），大口吸管，微量进样器，移液器，涂布棒，无菌牙签，水浴锅，摇床，显微镜，离心机，分光光度比色计，细菌过滤器，培养箱。

【方法和步骤】

1. 菌体培养

(1) **菌株活化与培养**：从 R102 和 S201 两亲本菌株的甘油保存液中分别取 2 μL，分别接种于 2 mL NB 液体试管中，32℃，220 r/min 振荡培养过夜（16 h）。次日取 1 mL 菌液接于 40 mL NB 液体瓶中，32℃继续振荡培养。

(2) **青霉素预处理**：待上述摇瓶培养的菌体进入对数生长前期（OD$_{600}$ 约 0.3，培养时间约 3 h）加入青霉素。由于每个菌株对青霉素的敏感度不同，需经过预实验确定加入适量青霉素。如果培养液中青霉素浓度过高会抑制菌体生长，过低则无效。本实验的 R102 菌株为 0.2 U/mL，

S201 菌株为 0.6 U/mL。加入适量的青霉素后继续振荡培养 2 h。

2. 原生质体制备

(1) 收集菌体:经青霉素预处理的菌液离心 4 000 r/min,10 min,去上清液,收集菌体,DF 悬浮,洗涤 1 次,搅散菌体,3 mL DF 再悬浮。

(2) 活菌计数:取菌悬液 50 μL,用无菌水逐级稀释至 10^{-8}。取 10^{-8}、10^{-6} 和 10^{-4} 三个稀释度各 100 μL 做 NB 平板活菌计数。此种平板生长菌数为加酶前的总菌数。

(3) 溶菌酶处理:将溶菌酶(10 mg/mL)加入菌悬液中,使酶的最终浓度为 1 mg/mL。摇匀。置于水浴摇床上(30~40 r/min)培养,32℃恒温。2 h 后取 1 mL 菌液于塑料小离心管中,0.1 MPa 加压灭菌 30 min,12 000 r/min 冷冻离心 20 min,适量无菌水洗涤、再离心 1 次。最后用 FF 200 μL 悬浮,作为融合的细胞壁再生引物。剩余的 2 ml 溶菌酶处理液用于制备原生质体。

(4) 溶菌效果检测:取 1 环菌液,用高渗美蓝染色液染色,做成水封片在高倍显微镜下计算杆状与球形细胞之比例。球形的为原生质体,若占总细胞数的 70% 以上,则表明菌体脱壁成功。如果达不到,则继续进行溶菌酶处理。

(5) 原生质体制备率与再生率的计数:取上述溶菌酶处理的菌液 100 μL,用 DF 稀释至 10^{-2},然后分别用无菌水和高渗液(DF)进行一系列稀释,最高稀释度为 10^{-7}。①无菌水稀释样品取 10^{-7}、10^{-5} 和 10^{-3} 三个稀释度各 100 μL 涂布于单层 NB 平板,用于计算原生质体的制备率;②高渗 DF 液稀释样品同样取 10^{-7}、10^{-5} 和 10^{-3} 三个稀释度各 100 μL,与上层半固体 RNB 混匀制成 RNB 双层平板,用于计算原生质体再生率。

(6) 洗净溶菌酶:溶菌酶和青霉素会严重影响原生质体细胞壁的再生,因此在融合之前必须除净。首先 4 000 r/min 离心 10 min 弃上清液,留下的沉淀物用 DF 洗涤 2 次,最后用 FF 悬浮至原体积(约 2 mL)。原生质体极易受机械损伤和破裂,操作过程中应避免激烈搅拌,在洗涤和悬浮时可用接种针缓慢搅动,不可用旋涡振荡器激烈振动。

3. 原生质体融合

(1) 两亲本混合:在混合之前,应根据显微镜镜检结果,调整两亲本的原生质体浓度,使原生质体浓度为 10^{10}/mL 左右。在两亲本原生质体样品混合之前,各取 500 μL,分别置 2 支无菌离心管中,作为不融合的对照试验样品,其操作与融合操作同步进行,剩余的两种原生质体等菌量混合于 1 支离心管中,作为细胞融合样品。

(2) PEG-钙离子处理:40% 的 PEG 首先与 1 mol/L CaCl$_2$ 按 9∶1 混合,然后将此混合液以 9 倍体积与原生质体样品混合均匀,冰浴 5 min。加入 3 倍体积的预冷(冰浴)FF 液进行稀释,4 000 r/min 离心 10 min,去除上清液(PEG),收集沉淀物。最后用 FF 液 2 mL 悬浮。

4. 融合细胞再生

(1) 再生平板底层制作:固体 RNB 加热融化。冷至 60℃左右,加入利福平(终浓度为 15 μg/mL)和链霉素(终浓度为 50 μg/mL)。充分摇匀。倒入无菌培养皿中,每皿 10 mL,共 10 皿。水平放置,凝固后即为融合细胞再生平板的底层。

(2) 融合样品与半固体培养基混匀,制作上层平板:半固体 RNB 加热融化之后,加入与底层培养基浓度相同的利福平和链霉素,充分摇匀,置于 42℃水浴中保温备用。与此同时,将上述 2(3) 步骤中自制的细胞壁再生引物 200 μL 加入细胞融合液中,混合均匀,37℃水浴中放置 10 min。然后,取融合液 50 μL、100 μL、200 μL 和 500 μL 4 种体积,各 2 个样品,共计 4×2=8 个样品,将它们分别与 5 mL 半固体 RNB 混合于无菌试管中,搓匀,迅速倒入铺有底层的平板中,铺匀。完全凝固后,32℃恒温培养箱培养。记住:应做不混合的亲本原生质体各1皿,作为两株亲本的不融合的对照平板。

(3) 细胞壁再生与融合子培养:上述融合之后的 RNB 再生平板置于 32℃恒温培养 2～4 d。第二天后开始观察,记录每皿的单菌落生长数。由于两株融合亲本各自只有一种抗性选择标记,它们只能通过细胞融合才能在 RNB 双抗(Rif^r,Str^r)培养基上生长。没有融合的亲本不能在双抗平板上生长。

5. 融合子鉴定

双抗菌落的点种培养与遗传稳定性分析:用无菌牙签随机挑取 100 个双抗平板上生长的单菌落,同时点种于 NB 平板和双抗(Rif^r,Str^r)NB 平板,32℃恒温培养 2 d 后,观察并记录牙签点种的菌落生长情况,在两种平板上同时生长的为融合子,在 NB 平板生长而双抗平板上不长的为不稳定的融合子或异核体分化的菌落。

黄色短杆菌原生质体融合操作过程如图Ⅰ-11-5-①所示。

【结果记录】

1. 显微镜观察短杆菌菌体和原生质体形态,显微摄影或手工绘制它们的形态图。
2. 记录:(1)溶菌酶处理前的平板活菌计数结果。
   (2) 溶菌酶处理后的平板活菌计数结果。
   (3) 融合子双抗平板菌落计数结果。
   (4) 融合子分离纯化的点种平板菌落生长情况。
3. 根据实验计数结果按照下列公式计算原生质体的制备率、再生率和融合率。

$$原生质体的制备率 = \frac{加酶前总菌落数 - 加酶后低渗平板菌落数}{加酶前总菌落数} \times 100\%$$

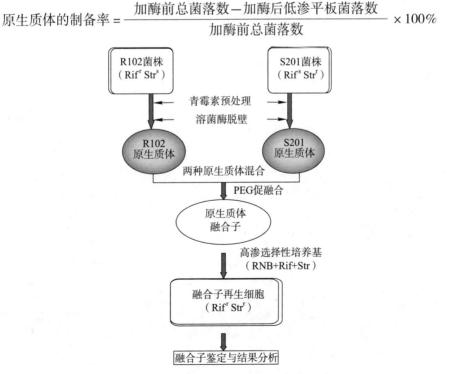

图Ⅰ-11-5-①　短杆菌原生质体融合操作过程

$$原生质体再生率 = \frac{加酶后高渗菌落数 - 加酶后低渗菌落数}{加酶前总菌落数 - 加酶后低渗菌落数} \times 100\%$$

$$原生质体融合率 = \frac{双抗平板菌落数}{加酶后高渗菌落数 - 加酶后低渗菌落数} \times 100\%$$

【注意事项】

原生质体失去了细胞壁的保护,因而极易受损伤。培养基中的渗透压、温度和 pH,以及操作时的激烈搅拌都会影响原生质的存活率和融合效果。因此,实验的操作应尽量温和,尤其要避免过高的温度,避免使用高速漩涡振荡器打散菌体和原生质体。

【思考题】

1. 显微镜镜检观察的原生质体数和平板活菌计数的结果是否一致？试分析原因。
2. 为什么要用高渗溶液来制备原生质体？
3. 哪些因素影响原生质体再生？如何提高再生率？

(范长胜)

第十二周　物理、化学因素对微生物生长的影响

　　除营养条件因素外,影响微生物生长的环境因素(包括物理因素、化学因素和生物因素)很多,如温度、渗透压、紫外线、pH、氧气和各类药品和抗生素等,对微生物的生长繁殖、生理生化过程均能产生很大的影响。总之,一切不良的环境条件均能使微生物的生长受到抑制,甚至导致菌体的死亡。为了对一些常用的消毒剂、杀菌剂进行定量的药效测定,就应做最低抑制浓度(MIC)试验。一些能形成芽孢的微生物能在不良环境下形成抗逆休眠体,它对恶劣的环境有较强的耐受性与抵抗力。我们可以通过控制环境条件,使有害微生物的生长繁殖受到抑制,直至将其彻底杀死;而对有益微生物的利用则可促使其更快地生长或繁殖,为人类提供各类有益的产品,为国民经济的持续发展服务。

实验Ⅰ-12-1　温度、pH、渗透压和氧气对微生物生长的影响

【目的】

　　1. 了解温度、pH、渗透压和氧气对微生物生长影响的原理。
　　2. 学会自己设计实验测试一些环境因子对微生物影响的方法与步骤。

【概述】

　　微生物的生长繁殖除营养因素起主导作用外,常受许多环境因素的影响,其中温度的影响最为明显。在微生物的培养温度中,有最高、最适与最低培养温度之分,而最适培养温度则是其分裂一代所需的最短代时的培养温度,不同的微生物生长繁殖所需的最适温度也是各异的,依据微生物生长的最适温度的高低,可将微生物分为嗜冷菌、中温菌和嗜热菌3类。与高等动物共栖、同居或寄生的绝大部分微生物都属中温菌。本实验主要以大肠埃希氏菌为例测试其生长繁殖的温度范围及其最适生长温度。

　　不同的微生物对高温的抵抗性差异极大,具有芽孢的细菌对高温有较强的抵抗能力,故判别物品是否灭菌彻底常以是否完全杀死芽孢为依据。本实验对普遍存在的枯草芽孢杆菌芽孢的耐热性作一简单的测试。

　　有些产色素的菌常与培养时的温度相关,例如部分黏质沙雷氏菌株在25℃下培养时能产生一种深红色的灵杆菌素而使菌落显色,但在37℃下培养时却形成无色菌落。若取黏质沙雷氏菌在37℃下分离的无色单菌落,再作平板划线分离后置于25℃下培养,形成的菌落全部呈深红色。

　　另外,依据微生物对氧气的需求可把微生物分为好氧菌、厌氧菌和兼性厌氧菌3类。在半固体直立柱培养基管中,若以穿刺接种法接几种对氧需求不同的细菌,经适温培养后,会生长在培养基的不同层次,由此可判断其对氧的需求性。

【材料和器皿】

1. **菌种**

大肠埃希氏菌(*Escherichia coli*)、枯草芽孢杆菌(*Bacillus subtilis*)、黏质沙雷氏菌(*Serratia marcescens*)、酿酒酵母(*Saccharomyces cerevisiae*)与丙酮丁醇梭菌(*Clostridium acetobutylicum*)等。

2. **培养基**

牛肉膏蛋白胨液体和固体培养基,查氏培养基,丙酮丁醇梭菌培养基。

3. **其他**

恒温摇床,培养皿,试管,水浴锅等。

【方法和步骤】

1. **影响微生物生长的温度因素**

(1) **大肠埃希氏菌最适温度的测试:**

① 制备菌悬液:取培养至对数期后期大肠埃希氏菌斜面(37℃,18~20 h),用4 mL无菌生理盐水刮洗下斜面菌苔,并制备成均匀的细菌悬液。

② 取供试管:取8支装有灭过菌牛肉膏蛋白胨液体培养基的试管,每管含5 mL培养基,分别标明15℃、25℃、35℃、45℃ 4种温度,每一温度做2管重复。

③ 加供试菌:向上述各供试管中定量滴加供试菌液,每管接入培养18~20 h的大肠埃希氏菌菌液0.1 mL(或2滴),混匀。

④ 选温培养:将上述接种后的供试管分别按不同温度(15℃、25℃、35℃、45℃)进行振荡培养(220 r/min)24 h,可用目测或试管光电比浊法判断菌悬液的浓度,以确定大肠埃希氏菌在供试验的几档温度内的最适生长温度。

⑤ 结果记录:目测判断生长量的记录可依"-"表示不生长,"+"表示稍有长,"++"表示生长好,"+++"表示高浓度菌液,或用试管菌液浓度的OD值表示。

(2) **枯草芽孢杆菌对高温的耐受力:**

① 制备细菌悬液:取37℃培养48 h的枯草芽孢杆菌斜面,用4 mL无菌生理盐水刮洗下斜面菌苔,并制备成均匀的悬液。

② 准备供试管:取8支装有灭过菌的牛肉膏蛋白胨液体培养基的试管,每管装5 mL培养基,按顺序编1至8号。

③ 滴加供试菌:向各供试液体培养基管中接种枯草芽孢杆菌菌液0.1 mL(或2滴),混匀。

④ 耐温试验:将8支已接过枯草芽孢杆菌菌种的培养管同时放入100℃水浴中,充分振荡,使其受热均匀,10 min后取出4管,立即用自来水冷却至室温。另4支继续沸水浴10 min后用水冷却。

⑤ 选温培养:将两批供试管按不同温度(15℃、25℃、35℃、45℃)进行振荡培养(220 r/min)24 h,然后用目测或用721光电比浊法来测知试管菌液浓度的OD值,并确定枯草芽孢杆菌芽孢的耐热性及其在供试温度范围内的最适培养温度。

⑥ 结果记录:目测判断生长量的记录可依"-"表示不生长,"+"表示稍有长,"++"表示生长好,"+++"表示菌浓度较高,或用试管菌液浓度的OD值表示。

(3) **黏质沙雷氏菌色素分泌的温度影响:**

① 菌悬液制备:用约 4 mL 的无菌生理盐水刮洗下斜面上的黏质沙雷氏杆菌的菌苔,制备成均匀分散的菌悬液。

② 划线分离:用接种环取满环菌悬液,在预先制备的牛肉膏蛋白胨平板培养基表面作 4 区稀释划线分离接种,使划线平板的第四区成为出现较多单菌落的分布处。

③ 培养与观察:将接种后的一皿平板置于 25℃ 恒温培养箱中,另一平板放置 37℃ 恒温培养箱中,各培养 48 h,观察并记录在不同培养温度下,黏质沙雷氏菌的菌落产色素的情况。

④ 复查产色素试验:可在 37℃ 培养的平板上挑取不产生粉红色素或产生色素不明显的单菌落上的少许菌体,再次划线分离接种于新鲜牛肉膏蛋白胨平板,并将其置于 25℃ 下培养。观察能否再现色素分泌的特性。

2. 影响微生物生长的 pH 因素

(1) **配制培养基:**配制牛肉膏蛋白胨液体培养基,分别调 pH 至 3.5、5.5、7.5、9.5 和 11.5 后分装试管;每种 pH 分装 3 管,每管 5 mL 液体培养基,灭菌备用。

(2) **制备细菌悬液:**取 37℃ 培养 18~20 h 的大肠埃希氏菌斜面 1 支,加入 4 mL 无菌水,刮洗下斜面菌苔制备成均匀的大肠埃希氏菌悬液。

(3) **滴加供试菌:**在各档 pH 的每管牛肉膏蛋白胨液体培养基中接入大肠埃希氏菌菌液 2 滴(或 0.1 mL),摇匀后振荡通气培养。

(4) **培养与观察:**将大肠埃希氏菌供试管置 37℃ 培养 24 h 后观察结果。以目测试管或用 721 光电比浊法测知菌液浓度的 OD 值,依此来判定大肠埃希氏菌最适生长的 pH。也可定时多次测试 OD 值,用以绘制不同 pH 起始值下的生长曲线。

(5) **结果记录:**以"−"表示不生长,"+"表示稍有生长,"++"表示生长好,"+++"表示菌浓度较高,或试管菌液浓度的 OD 值表示。

3. 渗透压对微生物的影响

(1) **培养供试菌:**大肠埃希氏菌在 37℃、220 r/min 振荡培养 12~18 h,酵母菌在 28℃ 振荡培养 36~40 h。

(2) **接种含糖培养基:**以查氏培养基为基础,把其含糖量分别配成 2%、10%、20%、40% 浓度的液体培养基。将接种大肠埃希氏菌的培养液的 pH 调节至 7.0~7.4,然后分装试管,每种糖浓度装 2 管、每管装量 5 mL 后灭菌。然后取 pH 7.0~7.4 一套试管培养液中分别接入大肠埃希氏菌菌液各 0.1 mL(或 2 滴);另一套试管培养液的 pH 调节至 6.4~6.5 中分别接入酿酒酵母菌各 0.1 mL(或 2 滴)。

(3) **接种含盐培养基:**以牛肉膏蛋白胨培养基为基础,把其 NaCl 含量分别配成 1%、5%、10%、15%、20% 浓度的液体培养基,每档 NaCl 浓度的供试管各 2 管,每管装 5 mL,灭菌后分两组。其中一组各 NaCl 浓度管分别接入大肠埃希氏菌菌液 0.1 mL(或 2 滴);另一组各管分别接入酿酒酵母菌液 0.1 mL(或 2 滴)(注:接种酿酒酵母菌的各管液体培养基分装前调 pH 至 6.4~6.5)。

(4) **培养与观察:**将接种大肠埃希氏菌的各管置 37℃ 恒温培养箱中培养 24 h 后观察结果,接种酿酒酵母菌的各管置 28℃ 培养 24 h 观察结果。

(5) **结果记录:**以"−"表示不生长,并以"+","++"和"+++"表示不同生长量记录结果,也可测各试管的 OD 值表示之。

4. 氧气对微生物生长的影响

(1) **培养基配制:**丙酮丁醇梭菌培养基(葡萄糖 40 g,胰蛋白胨 6 g,酵母膏 2 g,牛肉膏 2 g,醋酸铵 3 g,KH_2PO_4 0.5 g,$MgSO_4 \cdot 7H_2O$ 0.2 g,$FeSO_4 \cdot 7H_2O$ 0.01 g,琼脂粉 8~10 g,蒸馏水 1 000 mL,pH 6.5,试管半固体培养基的装量不要少于 10 mL,110℃、20 min 灭菌后备用。

(2) **标记半固体试管**:取上述直立柱培养基试管 6 支,注明菌名与接种日期。

(3) **穿刺接种**:用穿刺接种法分别接种枯草芽孢杆菌、大肠埃希氏菌和丙酮丁醇梭菌于对应直立柱试管培养基中,每种菌接种 2 支。

(4) **培养与观察**:37℃恒温培养 48 h 后观察结果,注意各菌在试管直立柱培养基中生长的部位与目测含菌数。

(5) **结果记录**:将上述结果图示于下表,并作扼要叙述。

【结果记录】

根据实验结果,将不同物理因素对微生物生长的影响记录于下表中。

(1) 温度和 pH

不同因素	供试微生物	处理条件与培养结果
最适生长温度	大肠埃希氏菌	15℃（ ）25℃（ ）35℃（ ）45℃（ ）
最适生长 pH	大肠埃希氏菌	3.5（ ）5.5（ ）7.5（ ）9.5（ ）11.5（ ）
芽孢耐热性	枯草芽孢杆菌	100℃/10 min（ ）100℃/20 min（ ）
产色素温度	黏质沙雷氏菌	37℃（ ）25℃（ ）复试验（ ）

(2) 渗透压

不同因素	供试微生物	处理条件与培养结果
查氏糖质量浓度 /%	大肠埃希氏菌 酿酒酵母	2（ ）10（ ）20（ ）40（ ） 2（ ）10（ ）20（ ）40（ ）
牛肉膏蛋白胨盐质量浓度 /%	大肠埃希氏菌 酿酒酵母	1（ ）5（ ）10（ ）15（ ）20（ ） 1（ ）5（ ）10（ ）15（ ）20（ ）

(3) 氧气

不同因素	供试微生物	处理条件与培养结果
含氧直立柱	枯草芽孢杆菌	
	大肠埃希氏菌	
	丙酮丁醇梭菌	

【注意事项】

1. 做温度对微生物生长繁殖影响的试验时,应保持培养温度的稳定。
2. 芽孢耐热性试验中要测定处理前的芽孢含量,故均需设一对照试验。

3. 在不同渗透压培养条件的试验中,可同时用显微镜观察菌体细胞形态的变化。

4. 半固体直立柱穿刺接种时不要搅动培养基,以防因氧气的过多带入而影响结果。

【思考题】

1. 本实验环境因素试验中,选用大肠埃希氏菌和枯草芽孢杆菌作为试验菌的依据是什么?

2. 由实验结果表明芽孢的存在对消毒或灭菌有何影响? 在实践中有何指导意义?

3. 试举生活中的实例,说明利用渗透压作食品保质贮藏的原理与依据。

(胡宝龙)

实验Ⅰ-12-2　消毒剂和杀菌剂最低抑制浓度(MIC)的测定

【目的】

学习应用最低抑制浓度法来测定消毒剂或杀菌剂的制菌效力。

【概述】

最低抑制浓度(MIC)是指药物抑制微生物生长的最低浓度。其测定方法可在液体或固体培养基中进行。固体法是将不同剂量的药物与一定量融化的固体培养基相混合,制成含不同递减浓度的药物平板。将待测的幼龄菌制成适当浓度的菌液,然后用接种环或其他工具把测试菌接种于含药平板上,使每个接种点含有约 100 个细菌。如采用贝氏盘多点接种器则每一平板上可同时接种 25 个菌株。然后将平板置合适温度下培养一定时间,观察测试菌的生长情况。判断该菌的生长情况有几种方法,有的以该菌不生长的平板所含最低药剂浓度为该菌的 MIC,有的则以接种点长出的菌落数少于 5 个者作为 MIC 的标准。固体法的优点是一个平板上可同时测试 20 个菌株,缺点是手续较繁,药物不易分散均匀,而且测试菌的接种量常难以控制。对于一些色泽较深且有些混浊的药物,可用垂直扩散法来测定它的 MIC,其方法是:在一定粗细的小试管中加入含有测试菌和美蓝指示剂的牛肉膏蛋白胨固体培养基,待凝固后再加不同浓度的药物,使形成一组含递减浓度药物的试管,在合适温度下培养后,观察测试菌的生长情况,如有菌生长则美蓝被还原为无色,如生长受到抑制则呈蓝色。

液体稀释法是:在试管中加入一定量适合测试菌生长的液体培养基作为稀释液,将不同剂量的药物加入各管中,使形成一组含不同递减浓度的药物试管,然后逐管加入一定量的测试菌,在合适温度下培养一定时间后,用肉眼观察其浑浊度或用光电比色计作比浊测定,以不长菌管的最低药物剂量为该药的 MIC。药物的浓度以 μg/mL 表示。此法的优点是药物分散较均匀,只要测试菌的接种量一定就较易判断微生物是否生长,其不足之处是测试菌株过多时,工作量大,且较费时。

【材料和器皿】

1. 培养基

牛肉膏蛋白胨液体和固体培养基。

2. 菌种

大肠埃希氏菌（*Escherichia coli*），金黄色葡萄球菌（*Staphylococcus aureus*）。

3. 药物

称取土霉素口服粉末（或片剂）25 mg，加 2.5 mol/L HCl 15 mL，使溶解后，再加无菌水稀释成 1 000 μg/mL，作为测定母液（均须无菌操作）。

4. 器皿

无菌培养皿，无菌移液管（5、1 mL），无菌试管等。

【方法和步骤】

1. 液体稀释法

（1）**配制不同浓度的含药试管**：按表 I-12-2-①中所示量取土霉素（1 000 μg/mL）溶液加入到含不同量的液体培养基试管中，并充分混匀。

表 I-12-2-① 不同含药浓度试管的配制

试管编号	1	2	3	4	5	6	7	8	9	10
加土霉素的量（mL）	0.1	0.2	0.3	0.4	0.5	0.6	0.7	0.8	0.9	1.0
培养液（mL）	9.9	9.8	9.7	9.6	9.5	9.4	9.3	9.2	9.1	9.0
最终药物质量浓度（μg/mL）	10	20	30	40	50	60	70	80	90	100

（2）**制备菌液**：将大肠埃希氏菌预先活化两代后再接种到液体培养基中，在 37℃ 条件下培养 6～8 h，使菌液浓度达 10^6/mL。作为测试菌菌液。

（3）**加菌液**：在含不同浓度的药剂试管中，各加入测试菌 0.2 mL，充分混匀。另做两个对照管（只含菌和只含药）。

（4）**培养**：将上述试管置 37℃ 恒温培养箱中培养 24 h。取出试管，充分振荡，用肉眼逐个观察各试管的混浊度。如某管培养液与只含药对照管同样透明，则表明测试菌的生长被抑制，最低的药物剂量即为该药物的 MIC。

2. 固体稀释法

（1）**制备含不同浓度的药物平板**：分别吸取土霉素溶液（1 000 μg/mL）0.15、0.3、0.45、0.6、0.75、0.9、1.05、1.20、1.35、1.50 mL 加到各无菌培养皿中，立即取融化并冷却至 50℃ 左右的牛肉膏蛋白胨固体培养基 15 mL 于各皿中，充分混匀后平置、凝固，即制成最终为 10、20、30、40、50、60、70、80、90 和 100 μg/mL 的含药平板。

（2）**加菌液**：不同浓度药物平板的皿底外部用记号笔划分成若干小方格（直径 9 cm 的培养皿可测 20～25 个菌株）。挑一环培养 6～8 h 的测试菌液（浓度达 10^6/mL）于平板表面的相应位置上。接种前应预算出每环菌液所含的菌数。使每个接种点的细菌数约为 100。如有条件可采用多点接种器接种，这样既简便又可提高接种速度。

（3）**培养**：将所有平板置培养筒内，放 37℃ 恒温条件下培养 24 h，然后观察测试菌的生长情况。无菌生长的含药浓度最低的平板即为该药的 MIC。或以接种点长出的菌落数不超过 5 个者作为判定 MIC 的标准。

3. 垂直扩散法

该方法由于抑制菌带界限不清晰,只能作为初步的测定法。

(1) 制备含菌琼脂柱:取 19 mL 融化并冷却至 50℃ 的牛肉膏蛋白胨固体培养基于无菌三角瓶中,再加入 0.4 mL 1% 美蓝水溶液和 1 mL 培养 6 h 幼龄菌液(菌液浓度为 10^6/mL)充分混匀,然后将它分装于小试管(7.5 mm × 100 mm)中,将试管直立于试管架上,凝固后即形成 3 ~ 4 cm 高的直立柱。

(2) 加药物:待培养基凝固后,加不同浓度的药物 0.3 mL 于直立柱的表面培养(每一浓度做 3 支试管)。

(3) 培养:将所有试管插在试管架上,置 37℃ 恒温培养箱中培养 24 h,然后观察测试菌的生长情况。有菌生长部分的培养基为无色,无菌生长部分培养基呈蓝色。随着药物浓度递减,其抑菌带呈缩短趋势。

【结果记录】

1. 将用液体稀释法测得结果记录于下表中。

测试菌	药物质量浓度 / (μg/mL)							对照管	
								只含菌	只含药物
大肠埃希氏菌									
金黄色葡萄球菌									

注:生长管以"+"表示,不生长管以"-"表示。

2. 将固体稀释法测得结果记录于下表中。

测试菌	药物质量浓度 / (μg/mL)							对照管	
								只含菌	只含药物
大肠埃希氏菌									
金黄色葡萄球菌									

注:计数接种点上出现的菌落数。

【注意事项】

1. 无论在平板上还是在液体中测定 MIC,药物必须混匀,否则将影响结果的准确性。
2. 应选用对该药物敏感的菌株和合适的菌龄,而且接种量一定要一致。

【思考题】

1. 在固体平板上和液体中测得 MIC 是否一致? 如不一致试分析其可能的原因。
2. 试设计一个以溶血性链球菌(*Streptococcus haemolyticus*)作为测试菌,进行垂直扩散测定时,应如何制备含菌琼脂柱? 如何判断该菌的生长是否受抑制?

(祖若夫)

实验 I-12-3　用杯碟法测定抗生素的效价

【目的】

1. 了解用杯碟法测定抗生素效价的原理。
2. 掌握青霉素效价生物测定的具体操作步骤与方法。

【概述】

抗生素的抗菌特性决定了它的医疗价值,因此,利用它们各自的抗菌活性来测定其效价有着重要的意义。效价的测定法有:液体稀释法、比浊法和扩散法等。本实验采用国际上最常用的杯碟扩散法来定量测定青霉素的效价。测定时,将规格完全一致的不锈钢小管(即牛津小杯)置于含敏感菌的琼脂平板表面,并在牛津小杯中加入已知浓度的标准青霉素溶液和未知浓度的青霉素发酵液。于是,牛津小杯内的抗生素就向四周扩散,在抑菌浓度所达范围内敏感菌的生长被抑制而出现抑菌圈。在一定的范围内,抗生素浓度的对数值与抑菌圈直径呈线性关系。因此,只要将被测样品与标准样品的抑菌圈直径进行比较,就可在标准曲线上查得未知样品的抗生素效价值,为科学实验或临床应用提供参考依据。

【材料和器皿】

1. 菌种

金黄色葡萄球菌(*Staphylococcus aureus*),产黄青霉(*Penicillium chrysogenum*)。

2. 培养基

牛肉膏蛋白胨固体培养基(作生物测定用时,平板应分上下两层,上层须另加 0.5% 葡萄糖)。

3. 试剂

(1) 1% pH 6.0 磷酸缓冲液:K_2HPO_4 0.2 g(或 $K_2HPO_4 \cdot 3H_2O$ 0.253 g),KH_2PO_4 0.8 g,蒸馏水 100 mL。

(2) 0.85% NaCl 生理盐水溶液。

(3) 苄青霉素钠盐:1 667 U/mg(1 U 即 1 国际单位,等于 0.6 μg)。

4. 其他

牛津小杯[不锈钢小管,内径(6±0.1) mm,外径(8±0.1) mm,高(10±0.1) mm],培养皿(直径 90 mm,深 20 mm,大小一致,皿底平坦),试管,滴管,移液管(5 mL,1 mL)及大口 10 mL 移液管,可调移液器(200 μL)等。

【方法和步骤】

1. 敏感菌悬液的制备

(1) **保藏与传代**:将测定用的金黄色葡萄球菌在新鲜斜面培养基上传代并保存。注意测定用敏感菌应每隔 3 周传代一次,菌种可在 37℃ 恒温培养箱培养 18~20 h 后,再在室温下置放 3~4 h,使菌种斜面产生良好的色素,然后将其置于 4℃ 冰箱保存。

(2) **活化**:在使用前先将供试菌株在斜面培养基上连续传代 3~4 次(37℃,每代培养

16~18 h),使菌种充分恢复其生理性状。

(3) **制备悬液**:将活化的敏感菌斜面,用 0.85% 生理盐水洗下,经离心后去除上清液,再用生理盐水洗涤 1~2 次,并将其稀释至一定浓度的悬液(约 10^9/mL,或用 1 cm 光径比色杯测定 650 nm 的 OD 值为 0.7 左右)。

2. 青霉素标准溶液的配制

(1) **青霉素标准母液**:准确称取纯苄青霉素钠盐 15~20 mg,溶解在一定量的 0.2 mol/L pH 6.0 磷酸盐缓冲液中,使成 2 000 U/mL 的青霉素溶液,然后冷藏存放。

(2) **青霉素标准工作液**:使用时以标准母液配成 10 U/mL 青霉素标准测定液,按表Ⅰ-12-3-①加入青霉素标准母液,即配成不同浓度的青霉素标准液。

表Ⅰ-12-3-①　不同浓度标准青霉素液的配法

试管编号	10 U/mL 工作液量（mL）	pH 6.0 磷酸盐缓冲液（mL）	青霉素含量（U/mL）
1	0.4	9.6	0.4
2	0.6	9.4	0.6
3	0.8	9.2	0.8
4	1.0	9.0	1.0
5	1.2	8.8	1.2
6	1.4	8.6	1.4

3. 标准曲线的绘制

(1) **倒底层培养基**:取无菌培养皿 16 套,每皿移入 20 mL 牛肉膏蛋白胨底层固体培养基,置水平待凝备用。

(2) **铺含菌上层培养基**:将装在三角瓶中的牛肉膏蛋白胨固体培养基(100 mL)融化,待冷却到 60℃ 左右时再加入 60% 葡萄糖液 12 mL 和金黄色葡萄球菌菌液 3~5 mL(加入菌液的浓度应控制在使 1 U/mL 青霉素溶液的抑菌圈直径在 20~24 mm),充分混匀后,用大口移液管吸取 4 mL 于底层平板上迅速铺满上层,然后移至水平位置凝固待用。

(3) **放牛津小杯**:待上层充分凝固后,在每个琼脂平板上轻轻放置 4 只牛津小杯,其间距应相等,如图Ⅰ-12-3-①所示。

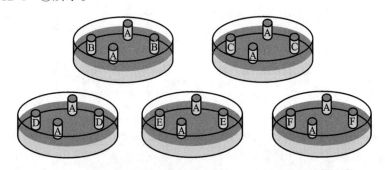

图Ⅰ-12-3-①　用杯碟法测定抗生素效价时，各剂量位置的排列示意图

A. 标准曲线中参考点的青霉素剂量（1 U/mL）

B~F. 标准曲线中其他各剂量点（0.4、0.6、0.8、1.2、1.4 U/mL）

(4) 滴加标准样品液：用可调移液器滴加不同浓度标准样品液，每只牛津小杯中的加量为200 μL。或者用带滴头的滴管加样品液，加液量如图Ⅰ-12-3-②所示，与杯口水平为准。每一稀释度做 3 个重复。

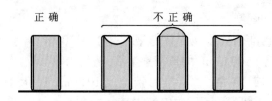

图Ⅰ-12-3-②　牛津小杯中抗生素加液量示意图

(5) 培养：待样品加毕后，最好换上无菌素烧瓷盖(吸湿性好，在盖内不易形成水滴)作培养皿的盖子，并将平板置于 37℃恒温培养箱内培养 18～24 h 后观察测定结果。

(6) 测量与计算：移去测定培养皿的素烧瓷盖，再将牛津小杯移去，精确地测量各稀释度的青霉素的抑菌圈直径(若用圆规两脚的针尖测量则可提高精度)，并记录于表Ⅰ-12-3-②中。

表Ⅰ-12-3-②　青霉素测定标准曲线记录表

皿号	青霉素效价 / （U/mL）	抑菌圈直径 /mm	平均值 /mm	校正值 /mm	1 U/mL 青霉素抑菌圈直径 /mm	平均值 /mm	校正值 /mm
1							
2	0.4						
3							
4							
5	0.6						
6							
7							
8	0.8						
9							
10							
11	1.2						
12							
13							
14	1.4						
15							
1 U/mL 青霉素抑菌圈直径总平均值 =　　　（mm）							

计算步骤：

① 算出各组（即各剂量）抑菌圈的平均值。

② 算出各组 1 U/mL 的抑菌圈平均值。

③ 统计 15 套培养皿中 1 U/mL 的抑菌圈总平均值。

④ 以 1 U/mL 抑菌圈的总平均值来校正各组的 1 U/mL 抑菌圈的平均值，即求得各组的校正值。

⑤ 以各组 1 U/mL 的抑菌圈的校正值校正各剂量单位浓度的抑菌圈的直径，即获得各组抑菌圈的校正值。

举例：若 30 个 1 U/mL 青霉素溶液的抑菌圈直径的总平均值为 22.6 mm。而第一组内 6 个 1 U/mL 青霉素溶液的抑菌圈直径的平均值为 22.4 mm，则：

第一组的校正值＝22.6−22.4＝+0.20（mm）。若第一组皿内 0.4 U/mL 青霉素溶液的抑菌圈平均值为 18.6 mm，那么，第 1 组 0.4 U/mL 青霉素溶液的抑菌圈校正值＝18.6+0.2＝18.8（mm）。

其他各组依次类推以获得各自的校正值。

(7) **绘制标准曲线**：在对数坐标纸上，以青霉素浓度（对数值）为纵坐标，以抑菌圈直径的校正值为横坐标，绘制标准曲线。

4. 青霉素发酵液效价的测定

(1) **青霉素发酵**：用摇瓶或台式发酵罐法接种与培养产黄青霉（青霉素高产分泌菌株）。

(2) **稀释发酵液**：作青霉素测定的发酵液用 1% pH 6.0 磷酸盐缓冲液作适当稀释，每个被检样品用 3 套培养皿测定其效价。

(3) **放牛津小杯**：每套含菌测定平板上均匀地放置 4 只牛津小杯，小杯中心坐落在培养皿两相互垂直直径的各自半径的居中位。

(4) **杯中加样品液**：青霉素标准液（1 U/mL）与发酵液的稀释液间隔地加入牛津小杯中，加液量务求准确，以降低操作误差。

(5) **培养与测定**：加完样品的平板放 37℃ 下培养 18～24 h 后，测量抑菌圈的直径并记录在下表中。

5. 青霉素发酵液效价的计算

(1) **求得校正值**：将青霉素标准测定液（1 U/mL）在 8 套培养皿中抑菌圈的平均值与标准曲线上 1 U/mL 的抑菌圈直径相互比较，以求得其校正值。

(2) **校正发酵液的值**：将此校正值校正被检发酵液抑菌圈直径，以求得它的近似效价值。

(3) **查对标准曲线值**：将此校正值在标准曲线上查得被检青霉素发酵液（稀释液）的效价单位。

(4) **发酵原液的效价**：将上述效价值乘上其稀释倍数，就可求得青霉素发酵液原液的效价值。

【结果记录】

1. 将标准青霉素和青霉素发酵液的实验数据分别填入下表中。

2. 在对数坐标纸上，以青霉素浓度（U/mL）的对数值为纵坐标，以抑菌圈直径的校正值（mm）为横坐标，绘制标准曲线。

3. 计算发酵液中青霉素的效价。

皿号	发酵时间	稀释倍数	样品稀释液抑菌圈直径/mm	平均/mm	校正/mm	效价/(U/mL)	发酵液效价/(U/mL)	1 U/mL青霉素抑菌圈直径/mm	平均值/mm	校正值/mm

【注意事项】

1. 要注意控制金黄色葡萄球菌的菌液浓度,否则会影响抑菌圈的大小。

2. 不同的青霉素制剂每毫克所含的国际单位有差异,做标准曲线测定时应注意区别。

例如:

苄青霉素钠盐 1 mg＝1 667 U

苄青霉素钾盐 1 mg＝1 695 U

苄青霉素钙盐 1 mg＝1 591 U

苄青霉素普鲁卡因盐 1 mg＝1 009 U

3. 选作测定用的培养皿力求规格一致,制备上、下层生物测定用的培养基平板务求加量一致,置水平位置凝固后使用。

4. 选用的牛津小杯,规格力求一致,放置要轻而平稳地坐落在测定平板标定位上,分布均匀,加样务求精确以减少操作引入的误差。

【思考题】

1. 用微生物法测定抗生素效价有何优缺点?

2. 本实验中哪些操作易引入误差,如何避免?

3. 将产黄青霉培养至分泌青霉素时,开始取不同时段的发酵液作效价测定,能否获得其青霉素合成期效价的时程曲线?

4. 为何发酵后期青霉素的效价值会有所下降,它与菌丝体自溶及 pH 上升有何联系?

(胡宝龙　王英明)

第十三周 菌种的保藏原理与方法

在生产实践和科学研究中所获得的优良菌种是国家和社会的重要资源。为了能较长期地保持原种的特性,防止菌种的衰退和死亡,人们创造了许多保藏菌种的方法,建立了系统的管理制度。在国际上一些工业比较发达的国家都设有专门的菌种保藏机构,其任务是将收集的菌种,按其特性选用最佳的保藏方法,使菌种不死、不衰、不乱,以达到有利使用和交换的目的。

菌种的各种变异都是在微生物生长繁殖过程中发生的,因此为了防止菌种的衰退,在保藏菌种时首先要选用它们的休眠体如分生孢子、芽孢等,并要创造一个低温、干燥、缺氧、避光和缺少营养的环境条件,以利于休眠体能较长期地维持其休眠状态。对于不产孢子的微生物来说,也要使其新陈代谢处于最低水平,又不会死亡,从而达到长期保藏的目的。

常用的菌种保藏方法有:斜面或半固体穿刺菌种的冰箱保藏法,液体石蜡封藏法,砂土保藏法,冷冻干燥保藏法和液氮保藏法等。

无论采用哪种菌种保藏法,在进行菌种保藏之前都必须设法保证它是典型的纯培养物,在保藏的过程中则要进行严格的管理和检查,如发现问题应及时处理。

实验Ⅰ-13-1 常用的简易保藏法

【目的】

掌握几种常用的简易菌种保藏法。

【概述】

常用的简易菌种保藏法包括斜面菌种保藏、半固体穿刺菌种保藏及用液体石蜡封藏等方法,这些方法不需要特殊的技术和设备,是一般实验室和工厂普遍采用的菌种保藏法。

这类方法主要是利用低温来抑制微生物的生命活动。通常将在斜面或半固体培养基上生长良好的培养物直接放到 2～10℃ 冰箱中保藏,使微生物在低温下维持很低的新陈代谢,缓慢生长,当培养基中的营养物被逐渐耗尽后再重新移植于新鲜培养基上,如此间隔一段时间就移植一次,故又称定期移植保藏法或传代培养保藏法。定期移植的间隔时间因微生物种类不同而异,一般不产芽孢的细菌间隔时间较短,约 2 周至 1 个月移植 1 次。放线菌、酵母菌和丝状真菌 4～6 个月移植 1 次。液体石蜡封藏法是将灭菌的液体石蜡加至斜面菌种或半固体穿刺培养的菌种上,以减少培养基内水分蒸发,并隔绝空气,减少氧的供应,从而降低微生物的代谢,因此,可延长保藏期。例如,将它放在 4℃ 冰箱中一般可保藏 1 年至数年。

这类保藏法操作简便,而且可随时观察所保存的菌种是否死亡或污染杂菌,其缺点是较费时又费力,而且因经常移植传代,微生物易发生变异。

【材料和器皿】

1. 菌种
待保藏的细菌、酵母菌、放线菌和霉菌。

2. 培养基
牛肉膏蛋白胨斜面和半固体直立柱(培养细菌)培养基,麦芽汁琼脂斜面或半固体直立柱(培养酵母菌)培养基,高氏1号斜面培养基(培养放线菌)培养基,马铃薯蔗糖琼脂斜面培养基(用蔗糖代替葡萄糖有利于孢子形成,用于培养丝状真菌)。

3. 器皿
试管,接种环,接种针,无菌滴管等。

4. 试剂
医用液体石蜡(相对密度0.83~0.89)。

【方法和步骤】

1. 斜面传代保藏法
(1) **贴标签**:将注有菌种和菌株名称以及接种日期的标签贴于试管斜面的正上方。

(2) **接种**:将待保藏的菌种用斜面接种法移接至注有相应菌名的斜面上。用于保藏的菌种应选用健壮的细胞或孢子,例如细菌和酵母应采用对数生长期后期的细胞,不宜用稳定期后期的细胞(因该期细胞已趋向衰老);放线菌和丝状真菌宜采用成熟的孢子等。

(3) **培养**:细菌置37℃恒温培养箱中培养18~24 h,酵母菌置28~30℃恒温培养箱中培养36~60 h,放线菌和丝状真菌置28℃下培养4~7 d。

(4) **收藏**:为防止棉塞受潮长杂菌,管口棉塞应用牛皮纸包扎,或用熔化的固体石蜡封棉塞后置4℃冰箱保存。保存温度不宜太低,否则斜面培养基因结冰脱水而加速菌种的死亡。

2. 半固体穿刺保藏法(适用于细菌和酵母菌)
(1) **贴标签**:将注有菌种和菌株名称以及接种日期的标签贴在半固体直立柱试管上。

(2) **穿刺接种**:用穿刺接种法将菌种直刺入直立柱中央。穿刺接种操作法见图Ⅰ-1-4-②。

(3) **培养**:见斜面传代保藏法。

(4) **收藏**:待菌种生长好后,用浸有石蜡的无菌软木塞或橡皮塞代替棉塞并塞紧,置4℃冰箱中保藏,一般可保藏半年至1年。

3. 液体石蜡封藏法
(1) **液体石蜡灭菌**:将医用液体石蜡装入三角瓶中,装量不超过总体积的1/3,塞上棉塞,外包牛皮纸,加压蒸汽灭菌(121℃灭菌30 min),连续灭菌2次。然后在40℃恒温培养箱中放置2周(或置105~110℃烘箱中烘2 h),以除去液体石蜡中的水分,如水分已除净,液体石蜡即呈均匀透明状液体,备用。

(2) **培养**:用斜面接种法或穿刺接种法把待保藏的菌种接种到合适的培养基中,经培养后,取生长良好的菌株作为保藏菌种。

(3) **加液体石蜡**:用无菌滴管吸取液体石蜡加至菌种管中,加入量以高出斜面顶端或直立柱培养基表面约1 cm为宜。如加量太少,在保藏过程中因培养基露出油面而逐渐变干,不利菌种保藏。

（4）**收藏**：棉塞外包牛皮纸，或换上无菌橡皮塞，然后把菌种管直立放置于4℃冰箱中保藏。放线菌、霉菌及产芽孢的细菌一般可保藏2年。酵母菌及不产芽孢的细菌可保藏1年左右。

（5）**恢复培养**：当要使用时，用接种环从液体石蜡下面挑取少量菌种，并在管壁上轻轻碰几下，尽量使油滴净，再接种到新鲜培养基上。由于菌体外粘有液体石蜡，生长较慢且有黏性，故一般须再移植1次才能得到良好的菌种。

【结果记录】

将菌种保藏方法和结果记录于下表中。

接种日期	菌种名称		培养条件		保藏方法	菌种生长情况
	中文名	学名	培养基	培养温度（℃）		

【注意事项】

1. 用于保藏的菌种应选用健壮的细胞或成熟的孢子，因此掌握培养时间（菌龄）很重要。不宜用幼嫩或衰老的细胞作为保藏菌种。

2. 从液体石蜡封藏的菌种管中挑菌后，接种环上沾有菌体和液体石蜡，因此接种环在火焰上灭菌时要先烤干再灼烧，以防菌液飞溅，污染环境。

【思考题】

1. 为防止菌种管棉塞受潮和长杂菌，可采取哪些措施？
2. 为了防止水分进入液体石蜡中，可否用干热灭菌法代替加压蒸汽灭菌法？为什么？
3. 斜面传代保藏法有何优缺点？

（祖若夫）

【网上视频资源】

● 常用的菌种保藏法

实验Ⅰ-13-2　甘油保藏法

【目的】

1. 了解甘油法保存微生物菌种的原理。
2. 掌握简易甘油保藏菌种的方法。

【概述】

在长期的微生物菌种保藏实践中发现,虽然在相当宽的低温保藏范围内,温度越低越能保持菌种的活性[液氮(-196℃)比干冰(-70℃)好,干冰优于 -20℃, -20℃比4℃好],但由于菌种在冷冻和冻融操作中会造成对细胞的损伤,而利用 40% 左右的甘油或适当浓度的二甲基亚砜等作为保护剂对细胞加以保护,可减少冻、融过程中对细胞原生质及细胞膜的损伤。因为在适当浓度的甘油中,将会有少量甘油分子渗入细胞,使菌种细胞在冷冻过程中缓解了其由于强烈脱水及胞内形成冰晶体而引起的破坏作用。再将甘油保存菌种放在 -20℃左右的冰箱(能维持生命与保持极微的细胞代谢率)或超低温冰箱(-70℃以下)中保藏。

此保藏法具有操作简便,保藏期长等优点。同时,保存期间的取样测试十分方便,故它在基因工程研究中常用于保存一些含有质粒的菌株,一般可保存 3 ~ 5 年。

【材料和器皿】

1. 菌种

大肠埃希氏菌(*Escherichia coli*)若干菌株,酿酒酵母(*Saccharomyces cerevisiae*)等。

2. 培养基

牛肉膏蛋白胨培养基(斜面、液体培养基,及含 100 μg/mL 氨苄青霉素的 LB 培养基等),PDA培养基等。

3. 器皿

螺口盖试管,Eppendorf 管,接种环,无菌滴管,无菌移液管,低温冰箱(-20℃与 -70℃)等。

4. 试剂

无菌生理盐水,80% 无菌甘油。

【方法和步骤】

1. 无菌甘油制备

将 80% 甘油置于三角瓶内,塞上棉塞,外加牛皮纸包扎,加压蒸汽灭菌(121℃,20 min)后备用。

2. 保藏培养物的制备

(1) 菌种活化:将待保藏菌种在斜面上传代活化 1 ~ 2 代。

(2) 菌种纯化:将活化后的斜面菌种在相应的平板培养基上作划线分离、培养并挑选最典型的单菌落移接斜面后进行适温培养,再作菌种性能检测。

(3) 性能检测:对已纯化的菌种作各种典型特征的检测或质粒等鉴定。

(4) 菌种培养物的制备:接种上述待保存菌种(作斜面、平板划线或液体接种),适温下培养。

3. 保藏菌悬液的制备

(1) 液体法:

① 菌液制备:将菌种培养液离心(4 000 r/min),倾去上清液,并用相应的新鲜培养液制备成一定浓度的菌悬液(10^8 ~ 10^9/mL)。然后用无菌移液管吸取 1.5 mL,置于一支带有螺口密封圈盖的无菌试管(或无菌的 Eppendorf 管加 0.5 mL)中。

② 滴加甘油:再加入 1.5 mL 灭菌 80% 甘油,使甘油浓度为 40% 左右为宜,旋紧管盖或塞紧

Eppendorf 管（加 0.5 mL 甘油）的盖子。

③ **振荡混匀**：振荡密封的菌种小试管或 Eppendorf 管，使菌悬液与甘油充分混匀。

(2) 菌苔法：

① **菌悬液制备**：培养适龄斜面或平板菌苔作甘油菌种保存用。用生理盐水洗下菌苔细胞制成一定浓度（$10^8 \sim 10^9$/mL）菌悬液。

② **滴加甘油**：加等量甘油混匀，制备成含 40% 左右甘油的菌悬液。

(3) 低温保存：上述两种甘油菌悬液置于 –20℃ 左右的低温下保藏（在这个温度下 40% 的甘油菌悬液即不会冻结）。

4. 快速冷冻

也可将上述甘油菌悬液管置于乙醇 – 干冰或液氮中速冻，然后作超低温保藏。此法可延长保存期限。

5. 超低温保藏

速冻甘油菌种管置于 –70℃ 以下保藏，保存期的检测中切勿反复冻融，一般细菌或酵母菌种的保存期为 3 ~ 5 年。

6. 菌种保藏期限的检测试验

(1) 取菌样：在保藏期间可用无菌接种环蘸取甘油菌悬液（或刮取超低温保藏的甘油菌的冻结物），迅速盖好菌种管放回冰箱，切忌将菌种管放置在室温下冰融，从而加速其内细胞的死亡。

(2) 接种斜面：将蘸有甘油菌悬液（冻结物）接种到对应的斜面培养基上，适温培养后判断各菌种的保藏情况。

(3) 再保藏制备：用接种环挑取斜面上已长好的细菌培养物，置于装有 2 mL 相应液体培养基的试管中，再加入等量灭菌 80% 甘油，振荡混匀后再分装菌种管。

(4) 分装菌种管：将上述甘油菌悬液分装于灭菌的具螺口密封圈盖的试管或无菌 Eppendorf 管中，按上述方法直接低温保存或速冻后进行超低温长期保藏。

【结果记录】

将甘油法保藏菌种的名称与检测的结果记录于下表中。

保藏日期	菌种名称		保藏温度	保藏年限	菌种生长情况
	中文名	学名			

【注意事项】

1. 甘油法保藏菌种时应特别注意菌体与甘油的充分混匀。

2. 菌体与甘油混匀后的冷冻必须迅速，每次取样时严防出现反复冻融现象，以防止菌种死亡。

【思考题】

1. 甘油保藏法最适合于保存哪些微生物?
2. 甘油法保藏菌种的操作及保藏期间的检测中应特别注意哪些环节? 为什么?
3. 菌种的甘油法保藏有哪些优缺点?

(胡宝龙　徐德强)

【网上视频资源】

- 常用的菌种保藏法

实验 I–13–3　干燥保藏法

【目的】

掌握几种菌种干燥保藏法的原理和方法。

【概述】

干燥保藏法的原理是将微生物赖以生存的水分蒸发掉,使细胞处于休眠和代谢停滞状态,从而达到较长期保藏菌种的目的。为了扩大水分的蒸发面,通常将微生物的细胞或孢子吸附于砂土、明胶、硅胶、滤纸、麸皮或陶瓷等不同的载体上,进行干燥,然后加以保藏。在低温条件下,其保藏期可达数年至十几年之久。

【材料和器皿】

1. **菌种**

待保藏的菌种。

2. **培养基**

牛肉膏蛋白胨液体培养基,麦芽汁培养基。

3. **试剂**

10% HCl,P_2O_5,石蜡,白色硅胶等。

4. **其他**

5% 的无菌脱脂牛奶,麸皮等。

5. **器皿**

干燥器,试管,移液管,无菌培养皿(内放一张圆形的滤纸片),筛子等。

【方法和步骤】

1. **砂土管保藏法**

适用于保藏产生芽孢的细菌及形成孢子的霉菌和放线菌。

(1) **处理砂土**:取河砂经 60 目筛子过筛,除去大的颗粒,再用 10% HCl 浸泡(用量以浸没砂面为度)2~4 h(或煮沸 30 min),以除去砂中的有机物,然后倾去盐酸,用流水冲洗至中性,烘干(或晒干)备用。另取非耕作层瘦黄土(不含有机质)风干,粉碎,用 100~120 目的筛子过筛,备用。

(2) **装砂土管**:将砂与土按 2∶1 或 4∶1(m/m)比例混合均匀,装入试管($\phi 10 \times 100$ mm)中,装量约 1 cm 高。加棉塞,进行加压蒸汽灭菌(121℃灭菌 30 min)。灭菌后必须作无菌试验,即用无菌接种环挑少许砂土于牛肉膏蛋白胨或麦芽汁液体培养基中,在合适温度下培养一段时间,确证无杂菌生长后方可使用。

(3) **制备菌液**:吸 3 mL 无菌水至斜面菌种管内,用接种环轻轻搅动,洗下孢子,制成孢子悬液。

(4) **加孢子液**:吸取上述孢子液 0.1~0.5 mL 于每一砂土管中,加入量以湿润砂土管达 2/3 高度为宜。也可用接种环挑 3~4 环干孢子拌入砂土管中。

(5) **干燥**:把含菌的砂土管放入干燥器中,干燥器内放一培养皿,内盛 P_2O_5 作为干燥剂。然后用真空泵抽气 3~4 h,以加速干燥。

(6) **收藏**:砂土管可选择下述方法之一进行保藏:①保存于干燥器中;②砂土管用火焰熔封后保藏;③将砂土管装入有 $CaCl_2$ 等干燥剂的大试管内,大试管塞上橡皮塞并用蜡封管口。最后置 4℃冰箱中保藏。

(7) **恢复培养**:使用时挑少量含菌的砂土接种于斜面培养基上,置合适温度下培养即可。原砂土管可仍按原法继续保藏。

2. 明胶片保藏法

适用于保藏细菌。

该法是用含有明胶的培养基作为悬浮剂,把待保藏的菌种制成浓悬浮液,滴于载体上使其扩散成一薄片,干燥后保藏。

(1) **制备悬浮液**:

A 液:蛋白胨 1%,牛肉膏 0.4%,NaCl 0.5%,明胶 20%,调 pH 至 7.6,分装 2 mL 于试管中。加压蒸汽灭菌(121℃灭菌 15 min),备用。

B 液:0.5% 维生素 C 水溶液(用时配制,过滤灭菌)。使用前将放入试管中的 A 液熔化,待冷却至 50℃左右,加入 0.2 mL B 液,混匀,置 40℃水浴中保温。

(2) **制备菌液**:选用在斜面培养基上生长良好的菌种,用牛肉膏蛋白胨液体培养基制成浓的菌液,再把菌液加到上述装有 A、B 混合液的试管中,使菌液浓度达到 $5 \times 10^9/mL$ 以上。

(3) **制备蜡纸**:将硬石蜡放搪瓷盘内熔化,用镊子取直径 8 cm 滤纸(预先灭菌)浸入液体石蜡中 2 min,取出置无菌培养皿中冷却,备用。

(4) **加菌液**:用无菌毛细滴管吸上述菌液滴在石蜡滤纸上,让每小点菌液自行扩散,形成小薄片状。每张滤纸上大约可滴 30 个点的菌液(依滴管大小而定)。

(5) **干燥**:将培养皿放入装有 P_2O_5 的干燥器内,用真空泵抽气,令其干燥。

(6) **收藏**:干燥后将含有菌液的明胶片从石蜡滤纸上剥下,装入带有软木塞、并注明菌名和保藏日期的无菌试管中,再用石蜡密封管口,置 4℃冰箱保藏。

(7) **恢复培养**:用无菌镊子取一片保藏有菌种的明胶片投入液体培养基中,置合适温度下培养即可。

3. 硅胶保藏法

适用于保藏丝状真菌。

(1) **制备硅胶:**将白色硅胶(不含指示剂的硅胶),经 6~22 目筛子过筛,取均匀的中等大小颗粒装入 $\phi 10 \times 110$ mm 带螺旋帽的小试管中,装量以 2 cm 高为宜,然后放在 160℃烘箱中干热灭菌 2 h。

(2) **制备菌液:**用 5%的无菌脱脂牛奶把斜面上的孢子洗下,制成浓的孢子悬液。

(3) **加菌液:**在加菌液时硅胶因吸水而发热,将会影响孢子的成活,所以在加菌液前,盛硅胶的试管应放在冰浴中冷却 30 min,同时将试管倾斜,使硅胶在试管内铺开,然后从试管底部开始逐渐往上部缓慢地滴加菌液,加入菌液量以使 3/4 硅胶湿润为度。加完菌液,立即将试管放回冰浴中冷却 15 min 左右。

(4) **干燥:**旋松试管螺帽,放入干燥器内,在室温下干燥,待试管内硅胶颗粒易于分散开时,表明硅胶已达干燥的要求。

(5) **收藏:**取出试管,拧紧螺帽,管口四周用石蜡密封,放 4℃冰箱中保藏。

(6) **恢复培养:**使用时,从硅胶管中取出数粒硅胶放入液体培养基中,在合适温度下培养即可。

4. 麸皮保藏法

适用于产孢子的丝状真菌。

(1) **制备麸皮培养基:**称取一定量的麸皮加水拌匀[麸皮:水 =1:(0.8~1.5)],分装试管,装入量约 1.5 cm 高(不要紧压),加棉塞,管口用牛皮纸包扎,加压蒸汽灭菌(121℃灭菌 30 min)。

(2) **培养菌种:**待保藏菌种接入麸皮试管中,在合适温度下培养,待培养基上长满孢子后,取出干燥。

(3) **干燥:**将麸皮菌种管放入装有 $CaCl_2$ 的干燥器中,在室温下干燥,在干燥过程中应更换几次 $CaCl_2$,以加速干燥。

(4) **收藏:**将装有麸皮菌种管的干燥器放低温保藏,或将麸皮菌种管取出,换上无菌橡皮塞,用蜡封管口,置低温保藏。

(5) **恢复培养:**使用时,用接种环挑少量带孢子的麸皮于合适的培养基上,然后置合适的温度下培养即可。

【结果记录】

将菌种保藏法及结果记录于下表中。

接种日期	菌种名称		培养条件		保藏法	生长情况
	中文名	学名	培养基	培养温度(℃)		

【注意事项】

1. 用硅胶法保藏菌种时,为防止硅胶管内温度升得太高,加菌液的整个过程应尽量在冰浴中进行。

2. 灭过菌的砂土管应按 10% 的比例抽样检查,如果灭菌不彻底应重新灭菌。

【思考题】

1. 干燥法保藏菌种的原理是什么? 有哪些优点?

2. 若菌种管干燥时间拖得过长,会有何影响?

（祖若夫）

【网上视频资源】

● 常用的菌种保藏法

实验 I-13-4　冷冻真空干燥保藏法

【目的】

1. 了解冷冻真空干燥保藏法原理。

2. 学会冷冻真空干燥保藏菌种的方法。

【概述】

冷冻真空干燥保藏法又称冷冻干燥保藏法。该法集中了菌种保藏中低温、缺氧、干燥和添加保护剂等多种有利条件,使微生物的代谢处于相对静止状态。同时该法可用于细菌、放线菌、丝状真菌(除少数不产孢子或只产生丝状体真菌外)、酵母菌及病毒的保藏。因而具有保藏菌种范围广、保藏时间长(一般可达 10～20 年)、存活率高等特点,是目前最有效的菌种保藏方法之一。

该法主要步骤为:①将待保藏菌种的细胞或孢子悬液悬浮于保护剂(如脱脂牛奶)中;②在低温(-45℃左右)下将微生物细胞快速冷冻;③在真空条件下使冰升华,以除去大部分的水分。

冷冻真空干燥装置有多种机型,但一般是由放置安瓿管、收集水分和真空设备 3 个部件组成(见图 I-13-4- ①)。放置安瓿管装置有钟罩式和歧管式两种类型。为避免冻干过程中水蒸气进入真空泵中,通常在放置安瓿管的容器和真空泵之间安装一冷凝器,使水蒸气冻结在冷凝器上或用盛有 P_2O_5、$CaCl_2$ 等干燥剂的容器来取代。本法中使用的真空泵要求性能良好,一般开机后,5～10 min 内能使真空度达 66.7 Pa(0.5 Torr)以下,才能保证样品顺利地冻干。

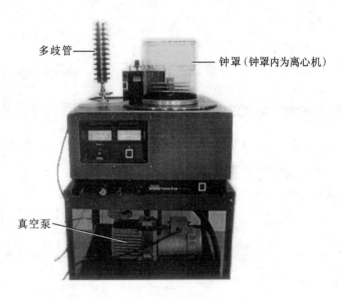

多歧管 —— 钟罩（钟罩内为离心机）

真空泵 ——

图 I-13-4-① 爱德华 EF4 型离心式冷冻真空干燥机

【材料和器皿】

1. 菌种
待保藏的细菌、放线菌、酵母菌或霉菌。

2. 培养基
适于待保藏菌种的各种斜面培养基。

3. 试剂
脱脂牛奶,2% HCl,P_2O_5 等。

4. 器皿
安瓿管,长颈滴管,移液管。

5. 仪器
冷冻真空干燥机。

【方法和步骤】

1. 准备安瓿管
采用中性硬质玻璃,95 # 材料为宜,管中内径约 6 mm,长度 10 cm。安瓿管先用 2% HCl 浸泡过夜,再用自来水冲洗至中性,最后用蒸馏水冲洗 3 次,烘干。将印有菌名和日期的标签置于安瓿管内,有字的一面朝向管壁,管口塞上棉花并用牛皮纸包扎,于 121℃灭菌 30 min。

2. 制备脱脂牛奶
将新鲜牛奶煮沸,而后将装有该牛奶的容器置于冷水中,待脂肪漂浮于液面成层时,除去上层油脂。然后将此牛奶离心 15 min(3 000 r/min,4℃),再除去上层油脂。如选用脱脂奶粉,可直接配成 20%乳液,然后分装,灭菌(112℃灭菌 30 min),并作无菌试验。

3. 制备菌液
(1) 斜面菌种培养:采用各菌种的最适培养基及最适温度培养斜面菌种,以获得生长良好的培养物。一般是在稳定期的细胞,如形成芽孢细菌,可采用其芽孢保藏,放线菌和霉菌则采用其孢子进行保藏。不同微生物其斜面菌种培养时间也有所不同,如细菌可培养 24~28 h,酵母菌培养 3 d 左右,放线菌与霉菌则培养 7~10 d。

(2) 接种:吸取 2~3 mL 无菌脱脂牛奶加入一斜面菌种管中,然后用接种环轻轻刮下培养物,再用手搓动试管,制成均匀的细胞或孢子悬液。一般要求制成的菌液浓度达 $10^8 \sim 10^{10}$ 个 /mL 为宜。

4. 分装菌液

用无菌长颈滴管将上述菌液分装于安瓿管底部,每管 0.2 mL(采用离心式冷冻真空干燥机,每管 0.1 mL),塞上棉花。分装菌液时注意不要将菌液粘在管壁上。同时,如日后要统计保藏细胞的存活数,则必须严格地定量。

5. 菌液预冻

将装有菌液的安瓿管置于低温冰箱中(-45~-35℃)或冷冻真空干燥机的冷凝器室中(如爱德华高真空有限公司生产的 EF4 型离心式冷冻真空干燥机冷凝器室,温度可达 -45℃),冻结 1 h。

6. 冷冻真空干燥

(1) 初步干燥:启动冷冻真空干燥机制冷系统,当温度下降到 -45℃时,将装有已冻结菌液的安瓿管迅速置于冷冻真空干燥机钟罩内,开动真空泵进行真空干燥。若采用简易冷冻真空干燥装置时,应在开动真空泵后 15 min 内使真空度达到 66.7 Pa(0.5 Torr)以下,在此条件下,被冻结的菌液开始升华。继续抽真空,当真空度达到 13.3~26.7 Pa(0.1~0.2 Torr)后,维持 6~8 h。此时样品呈白色酥丸状,并从安瓿管内壁脱落,可认为已初步干燥了。若采用离心式冷冻真空干燥机,则主要步骤为:①将装有菌液且塞有适量棉花的安瓿管置于离心机的安瓿管负载盘上,盖上钟罩;②启动冷冻真空干燥机制冷系统,使冷冻真空干燥机冷凝器室温度降至 -45℃;③开动离心机并打开真空泵抽真空;④离心机转动 5~10 min 后[或当 Pirani 表显示约 670 Pa(5 Torr]时,安瓿管中菌液即已被冻结),关闭离心机。;⑤继续抽真空,当 Pirani 表显示约 13.3 Pa(0.1 Torr)时,初步干燥即完成。

(2) 取出安瓿管:先关闭真空泵,再关制冷机,然后打开进气阀,使钟罩内真空度逐渐下降,直至与室内气压相等后打开钟罩,取出安瓿管。

(3) 第二次干燥:将上述安瓿管近顶部塞有棉花的下端处用火焰烧熔并拉成细颈,再将安瓿管装在该机的多歧管上,启动真空泵,室温抽真空(冷凝器室中置放一含适量 P_2O_5 的塑料盒),或在 -45℃下抽真空(冷凝器室中不需放置干燥剂)。干燥时间应根据安瓿管的数量、保护剂的性质和菌液的装量而定,一般为 2~4 h。

7. 封管

样品干燥后,继续抽真空达 1.33 Pa(0.01 Torr)时,在安瓿管细颈处用火焰灼烧、熔封。

8. 真空度检测

熔封后的安瓿管是否保持真空,可采用高频率电火花发生器测试,即将发生器产生火花触及安瓿管的上端(切勿直射菌种),使管内真空放电。若安瓿管内发出淡蓝色或淡紫色电光,说明管内真空度符合要求。

9. 保藏

将上述真空度符合要求的安瓿管置于 4℃冰箱保藏。

10. 恢复培养

先用 75% 乙醇消毒安瓿管外壁,然后将安瓿管上部在火焰上烧热,在烧热处滴几滴无菌水,使管壁产生裂缝,放置片刻,让空气从裂缝中慢慢进入管内,然后将裂口端敲断,这样可防止空气因突然开口而冲入管内使菌粉飞扬。再将少量合适液体培养基加入安瓿管中,使干菌粉充分溶解,后用无菌的长颈滴管吸取菌液至合适培养基中,也可用无菌接种环挑取少许干菌粉至合适培养基中,置最适温度下培养。

【结果记录】

将菌种保藏结果记录于下表中。

菌种和菌株名称			保藏日期	保护剂	保藏温度 /℃	开管日期	开管存活率 /%
中文	学名	菌株号					

【注意事项】

1. 在进行真空干燥过程中,安瓿管内的样品应保持冻结状态,这样在抽真空时样品不会因产生泡沫而外溢(离心式冷冻真空干燥机在抽真空前期,由于转动故短期内离心机样品可不呈冻结状态)。

2. 熔封安瓿管时,封口处火焰灼烧要均匀,否则易造成漏气。

【思考题】

1. 冷冻真空干燥装置包括哪几个部件? 各部件起何作用?

2. 预冻后,样品真空干燥要求在什么条件下进行?

3. 将保藏菌种的安瓿管打开以恢复培养时,应注意什么问题?

【附录】

冷冻真空干燥中常用保护剂种类

1. 脱脂牛奶(或用 10% ~ 20% 脱脂奶粉)。

2. 脱脂牛奶 10 mL,谷氨酸钠 1 g,加蒸馏水至 100 mL。

3. 脱脂牛奶 3 mL,蔗糖 12 g,谷氨酸钠 1 g,加蒸馏水至 100 mL。

4. 新鲜液体培养基 50 mL,24% 蔗糖 50 mL。

5. 马血清(不稀释)过滤除菌。

6. 葡萄糖 30 g，溶于 400 mL 马血清中，过滤除菌。

7. 马血清 100 mL 加内消旋环己醇 5 g。

8. 谷氨酸钠 3 g，阿东糖醇（adonitol）1.5 g，加 0.1 mol/L 磷酸盐缓冲液（pH 7.0）至 100 mL。

9. 谷氨酸钠 3 g，阿东糖醇 1.5 g，胱氨酸 0.1 g，加 0.1 mol/L 磷酸盐缓冲液（pH 7.0）至 100 mL。

10. 谷氨酸钠 3 g，乳糖 5 g，PVP（即 polyvinylpyrrolidone，聚乙烯吡咯烷酮）6 g，加 0.1 mol/L 磷酸盐缓冲液（pH 7.0）至 100 mL。

上述保护剂可根据保藏菌种情况任选。脱脂牛奶对于细菌、酵母菌和丝状真菌都适用。且具有来源广泛、制作方便等特点，故最为常用。

（徐德强）

实验Ⅰ-13-5　液氮超低温保藏法

【目的】

了解液氮超低温保藏菌种的原理和方法。

【概述】

将菌种保藏在超低温（-196～-150℃）的液氮中，在该温度下，微生物的代谢处于停顿状态，因此可降低变异率和长期保持原种的性状。对于用冷冻干燥保藏法或其他干燥保藏有困难的微生物如支原体、衣原体及难以形成孢子的霉菌、小型藻类或原生动物等都可用本法长期保藏，这是当前保藏菌种最理想的方法。

为了减少超低温冻结菌种时所造成的损伤，必须将菌液悬浮于低温保护剂中（常用的低温保护剂见本次实验附录），然后再分装至安瓿管内进行冻结。冻结方法有两种，一是慢速冻结，一是快速冻结。慢速冻结指在冻结器控制下，以每分钟下降 1～5℃（每分钟下降度数因菌种不同而异）的速度使样品由室温下降到 -40℃后，立即将样品放入液氮贮藏器（又称液氮冰箱）中作超低温冻结保藏。快速冻结指装有菌液的安瓿管直接放入液氮冰箱作超低温冻结保藏。无论选用哪种冻结方法，如处理不当都会引起细胞的损伤或死亡。

由于细胞类型不同，其渗透性也有差异，要使细胞冻结至 -196～-150℃，每种生物所能适应的冷却速度也不同，因此须根据具体的菌种，通过试验来决定冷却的速度。

【材料和器皿】

1. 菌种
待保藏且生长良好的菌种。

2. 培养基
适合于待保藏菌生长的斜面培养基。

3. 设备

液氮生物贮存罐(液氮冰箱),控制冷却速度装置,安瓿管,铝夹,低温冰箱。

4. 试剂

20%甘油,10%二甲基亚砜(简称 DMSO)。

【方法和步骤】

1. 制备安瓿管

用于超低温保藏菌种的安瓿管必须用能经受 121℃高温和 –196℃冻结处理的硬质玻璃制成的。如放在液氮气相中保藏,可使用聚丙烯塑料做成的带螺帽的安瓿管(也要能经受高温灭菌和超低温冻结的处理)。安瓿管大小以容量 2 mL 为宜。

安瓿管先用自来水洗净,再用蒸馏水洗两遍,烘干。将注有菌名及接种日期的标签放入安瓿管上部,塞上棉塞,进行加压蒸汽灭菌(121℃灭菌 30 min)后,备用。

2. 制备保护剂

配制 20%甘油或 10% DMSO 水溶液,然后进行加压蒸汽灭菌(121℃灭菌 30 min)。

3. 制备菌悬液

把单细胞的微生物接种到合适的培养基上,并在合适的温度下培养到稳定期,对于产生孢子的微生物应培养到形成成熟孢子的时期,再吸适量无菌生理盐水于斜面菌种管内,用接种环将菌苔从斜面上轻轻地刮下,制成均匀的菌悬液。

4. 加保护剂

吸取上述菌液 2 mL 于无菌试管中,再加入 2 mL 20%甘油或 10% DMSO,充分混匀。保护剂的最终体积浓度分别为 10%或 5%。

5. 分装菌液

将含有保护剂的菌液分装到安瓿管中,每管装 0.5 mL。对不产孢子的丝状真菌,可作平板培养,待菌长好后,用直径 0.5 mm 的无菌打孔器(或玻管)在平板上打下若干个圆菌块,然后用无菌镊子挑 2~3 块放到含有 1 mL 10%甘油或 5% DMSO 的安瓿管中。如果要将安瓿管放于液氮液相中保藏,则管口必须用火焰密封,以防液氮进入管内。熔封后将安瓿管浸入次甲基蓝溶液中于 4~8℃静置 30 min,观察溶液是否进入管内,只有经密封检验合格后,才可进行冻结。

6. 冻结

适于慢速冻结的菌种在控速冻结器的控制下使样品每分钟下降 1 或 2℃,当下降至 –40℃后,立即将安瓿管放入液氮冰箱中进行超低温冻结。如果没有控速冻结器,可在低温冰箱中进行,将低温冰箱调至 –45℃(因安瓿管内外温度有差异,故须调低 5℃)后,将安瓿管放低温冰箱中 1 h,再放入液氮冰箱中保藏。适于快速冻结的菌种,可直接将安瓿管放入液氮冰箱中进行超低温冻结保藏。

7. 保藏

液氮超低温保藏菌种,可放在气相或液相中保藏。气相保藏,即将安瓿管放在液氮冰箱内液氮液面上方的气相(–150℃)中保藏。液相保藏,即将安瓿管放入提桶内,再放入液氮(–196℃)中保藏。

8. 解冻恢复培养

将安瓿管从液氮冰箱中取出,立即放入 38℃水浴中解冻,由于安瓿管内样品少,约 3 min 即可融化。如果要测定保藏后的存活率即作定量稀释后进行平板计数,再与冻结前计数比较,即可求出存活率。

【结果记录】

将菌种保藏结果记录于下表中。

接种日期	菌种名称		培养条件			保护剂	冻结速度 / （℃/min）	液相或气相保藏	存活率 /%
	中文	学名	培养基	培养温度 /℃	培养时间 /h				

【注意事项】

1. 放在液相中保藏的安瓿管,管口务必熔封严密。否则当安瓿管从液氮中取出时,因进入管中的液氮受外界较高温度的影响而急剧气化、膨胀,致使安瓿管爆炸。

2. 从液氮冰箱取安瓿管时面部必须戴好防护罩,戴好手套,以防冻伤。

【思考题】

1. 液氮超低温保藏法的原理是什么? 如何减少冻结对细胞的损伤?

2. 在液氮液相中保藏菌种时要注意什么问题?

【附录】

低温保护剂

1. 甘油:配成 20% 体积浓度。

2. DMSO:配成 10% 体积浓度。

3. 甲醇:配制成 5% 体积浓度,过滤除菌后,备用。

4. 羟乙基淀粉(HES):使用质量浓度为 5%。

5. 葡聚糖:使用质量浓度为 5%。

（祖若夫）

第十四周　细菌鉴定中的常规和微量快速生理生化反应

细菌鉴定是微生物工作者的基础工作之一。除了观察其形态特征外,还须借助于它们在生理生化上的不同反应作为分类鉴定的依据。用常规的生理生化试验方法既费材料又费时间,为了能在较短的时间内完成大量的生理生化试验和提高菌种的鉴定速度,自20世纪70年代起国外陆续出现了许多快速、准确、微量化和操作简便的生化试验方法。

在微量、快速生化试验基础上,随着微型计算机的发展,国外又推出了许多以计算机编码和微量快速生化反应为特点、商品化的细菌鉴定系统,如 API、Enterotube 等细菌鉴定系统。

最初鉴定系统都是为肠杆菌科的鉴定而设计的。近年来由于不断地推陈出新,国外还推出了一些新的鉴定系统,用于鉴定肠杆菌科以外的一些微生物,如厌氧菌、淋球菌、酵母菌及不发酵的革兰氏阴性细菌等鉴定系统。

实验 I–14–1　若干常规生理生化反应

【目的】

掌握细菌鉴定中主要生理生化反应的常规试验法。

【概述】

由于各种细菌具有不同的酶系统,所以它们能利用的底物(如糖、醇及各种含氮物质等)不同,或虽利用相同的底物但产生的代谢产物却不相同,因此可利用各种生理生化反应来鉴别不同的细菌。在肠杆菌科细菌的鉴定中,生理生化试验占有重要的地位,常用作区分种、属、族的重要依据。本实验着重介绍用于肠杆菌科鉴定中的若干常规生理生化反应试验方法。

【材料和器皿】

1. 菌种

大肠埃希氏菌(*Escherichia coli*),产气肠杆菌(*Enterobacter aerogenes*)[旧称"产气杆菌"(*Aerobacter aerogenes*)],普通变形杆菌(*Proteus vulgaris*)。

2. 培养基

糖发酵培养基(葡萄糖,蔗糖,乳糖),葡萄糖蛋白胨液体培养基,蛋白胨液体培养基,西蒙斯(Simons)氏柠檬酸盐培养基,柠檬酸铁铵培养基,苯丙氨酸培养基。

3. 试剂

甲基红试剂,肌酸,40% KOH,吲哚试剂,乙醚,10% $FeCl_3$ 水溶液。

【方法和步骤】

1. 糖类发酵试验

不同的细菌分解糖、醇的能力不同。有些细菌分解某些糖产酸并产气,有的分解糖仅产酸

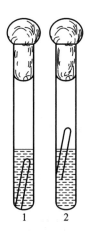

图 I –14–1– ①　糖发酵产气试验

1. 培养前情况　2. 培养后情况

而不产气,因此可根据其分解利用糖能力的差异作为鉴定菌种的依据之一。

在糖发酵培养基中加入溴麝香草酚蓝作为酸碱指示剂。其 pH 指示范围为 6.0 ~ 7.6,它在碱性条件下呈蓝色,在酸性条件下变成黄色。若细菌分解糖产酸,则培养液由蓝色转变为黄色。有无气体产生,可从培养液中杜氏小管的闭口端上有无气泡来判断(见图 I –14–1– ①)。

若用糖发酵半固体培养基,则可观察半固体琼脂柱下层有无气泡,或琼脂有无破裂等现象来证实是否产气。如将含糖的液体培养基装入口径为 3 mm、长 10 cm,一端封口的细玻管中,则可免去使用杜氏管和琼脂,而且观察也方便。细菌发酵糖是否产气,只要观察小玻管内有无小气泡即可证实。所以用细玻管代替一般的试管其优点是既省材料,还免清洗,观察完毕只要将带菌的细玻管经加压蒸汽灭菌后即可丢弃。细玻管糖发酵培养基市场已有销售(如上海医化所)。也可自制玻管和分装糖发酵液体培养基,具体方法见本实验附录。

(1) 编号:取糖发酵液体培养基(葡萄糖、蔗糖、乳糖)试管各 4 支,分别注明:①大肠埃希氏菌,②产气肠杆菌,③普通变形杆菌和④空白对照。

(2) 接种:如用糖发酵液体培养基,则用接种环挑少量菌种(培养 18 ~ 24 h)于相应编号的试管中。如用糖发酵半固体培养基,则用穿刺法(见图 I –1–4– ②)接种,然后在琼脂柱上盖 7 ~ 8 mm 厚的石蜡凡士林或 2% 琼脂(预先灭菌)。如用细玻管糖发酵液体培养基则用接种针接种,然后将细玻管放入直径 9 cm 无菌培养皿中。接菌后的糖发酵培养基置 37℃ 恒温培养箱中培养 24 h 或 72 h 后观察结果。

(3) 观察结果:与空白对照管比较,如培养基保持原有颜色,则表明该菌不能利用某种糖,用 "–" 表示;如培养基变黄色,则表明该菌能分解某种糖产酸,用 "+" 表示;如培养基变黄色而且杜氏小管内有气泡,或半固体琼脂柱内有气泡、琼脂破裂或出现凡士林层或 2% 琼脂层向上顶起等现象,都表明该菌能分解糖产酸并产气,用 "⊕" 表示。

2. 乙酰甲基甲醇试验 (Voges–Prokauer 试验,简称 VP 试验)

某些细菌在糖代谢过程中,能分解葡萄糖产生丙酮酸,丙酮酸在羧化酶的催化下脱羧后形成活性乙醛,后者与丙酮酸缩合、脱羧形成乙酰甲基甲醇,或者与乙醛化合生成乙酰甲基甲醇。乙酰甲基甲醇在碱性条件下被空气中的氧气氧化成二乙酰,二乙酰与培养基中含有胍基的化合物(如精氨酸中的胍基)起作用生成红色化合物,即为 VP 试验阳性。不生成红色化合物者为阴

性反应。如果培养基中胍基太少时,可加少量肌酸或肌酸酐等含胍基化合物,使反应更为明显。其反应式如下:

乙酰甲基甲醇　　　二乙酰　　　　胍基　　　　红色化合物

(1) **编号**:取葡萄糖蛋白胨液体培养基试管 4 支,注明①、②、③和④,分别代表大肠杆菌、产气肠杆菌、普通变形杆菌和空白对照。

(2) **接种**:按编号接种,置 37℃恒温培养箱中培养 24~48 h。

(3) **观察**:取 4 支空试管分别注明①、②、③、④,然后从①、②、③菌液培养管和空白对照管中分别取培养液等约 2 mL 于上述空试管中,并加入等量 NaOH(40%),混匀,再用牙签挑少量肌酸(0.5~1 mg),加到各管中,然后激烈振荡各试管,以保持良好通气。经 15~30 min 后进行观察,若培养液呈红色者为阳性反应(注意:留下的含菌培养液不要丢弃,还可供甲基红试验用)。

3. **甲基红试验**(methyl red 试验,简称 MR 试验)

某些细菌在糖代谢过程中分解葡萄糖产生丙酮酸,后者进而被分解产生甲酸、乙酸和乳酸等多种有机酸,使培养液中的 pH 降至 4.2 以下,因此,在培养液中加入甲基红指示剂(pH 指示范围为 4.4~6.3,由红→黄),就可测出 MR 试验是阳性或阴性。

VP 试验和 MR 试验都要用葡萄糖蛋白胨液体培养基进行。为了节省材料,每种菌只要接种一种液体培养基,经培养后可同时进行两种测定。除了吸取 2 mL 培养液用于测 VP 试验外,在剩余的培养液中各加 2~3 滴甲基红试剂,混匀后进行观察,若培养液变成红色即表明 MR 试验为阳性,用"+"表示。若培养液仍呈黄色,则 MR 试验为阴性,用"-"表示。

4. **吲哚试验**(indol test)

某些细菌具有色氨酸酶,能分解蛋白胨中的色氨酸产生吲哚(靛基质),当吲哚与试剂中的对二甲基氨基苯甲醛作用后可形成红色的玫瑰吲哚。其反应式如下:

$$\text{色氨酸} \xrightarrow{+ H_2O} \text{吲哚} + NH_3 + CH_3COCOOH$$

色氨酸　　　　　　　　　　吲哚　　　　丙酮酸

$$2\,\text{吲哚} + \text{对二甲基氨基苯甲醛} \longrightarrow \text{玫瑰吲哚（红色）} + H_2O$$

吲哚　对二甲基氨基苯甲醛　玫瑰吲哚（红色）

(1) 编号：取蛋白胨液体培养基试管 4 支,分别注明①、②、③和④。

(2) 接种：用接种环挑少量菌苔,分别接种至相应编号的试管中,置 37℃恒温培养箱中培养 24 ~ 48 h。

(3) 观察：于各管中加入乙醚 0.5 ~ 1 mL(约 10 滴),充分振荡,使吲哚萃取至乙醚中,静置分层,然后沿管壁加入数滴吲哚试剂(此时不可振荡试管,以免破坏乙醚层),如有吲哚存在,则乙醚层出现玫瑰红色,此即阳性反应,以"+"表示。若为阴性,则用"-"表示。

5. 柠檬酸盐利用试验（citrate test）

有些细菌能利用柠檬酸盐作为唯一的碳源,而有些细菌则不能利用,因此可作为鉴定细菌的指标之一。由于细菌不断地利用柠檬酸盐并生成碳酸盐,使培养基 pH 由中性变为碱性,培养基中的指示剂由浅绿色变为蓝色(溴麝香草酚蓝为指示剂:pH<6.0 时呈黄色,pH 6.0 ~ 7.6 为绿色,pH>7.6 为蓝色)。

上述的吲哚(indol)试验、MR 试验、VP 试验和柠檬酸盐(citrate)试验常缩写为"IMViC",主要用于鉴别大肠埃希氏菌和产气肠杆菌。

(1) 编号：取西蒙斯(Simons)氏柠檬酸盐培养基试管 4 支,分别注明①、②、③和④。

(2) 接种：按编号接菌种,然后置 37℃恒温培养箱中培养 24 ~ 48 h。

(3) 观察：如培养基变为蓝色,则表明该菌能利用柠檬酸盐作为碳源而生长,即为阳性反应,以"+"表示。如培养基仍为绿色则为阴性反应,以"-"表示。

6. 苯丙氨酸脱氨酶测定

某些细菌具有苯丙氨酸脱氨酶,能使苯丙氨酸氧化脱氨形成苯丙酮酸。苯丙酮酸与 $FeCl_3$ 起反应后呈蓝绿色。

(1) 编号：取苯丙氨酸斜面培养基试管 4 支,分别注明①、②、③和④。

(2) 接种：按编号接菌,置 37℃恒温培养箱中培养 24 ~ 48 h。

(3) 观察：加 10% $FeCl_3$ 试剂 4 ~ 5 滴于斜面菌苔上,若斜面与试剂相接触的界面出现蓝绿色者为阳性反应,以"+"表示。

7. H₂S 产生试验

某些细菌能分解含硫氨基酸(甲硫氨酸、胱氨酸和半胱氨酸)产生 H_2S。H_2S 遇铅盐或铁盐便形成黑色 PbS 或 Fe_2S_3,其反应式如下:

$$CH_2SHCHNH_2COOH + H_2O \longrightarrow CH_3COCOOH + H_2S + NH_3$$

$$H_2S + Pb(CH_3COO)_2 \longrightarrow PbS(黑色) \downarrow + 2CH_3COOH$$

如产生 H_2S 就与培养基中的柠檬酸铁铵起反应产生黑色沉淀物。也可用浸过 10% 醋酸铅的滤纸条(预先晾干、灭菌后使用)夹在菌种管棉塞下,放恒温培养箱培养后,滤纸条上就会出现黑色。

(1) 编号:取柠檬酸铁铵直立柱培养基试管 4 支,分别注明①、②、③和④。

(2) 接种:按编号用穿刺接种法接种,置 37℃恒温培养箱中培养 24 ~ 48 h。

(3) 观察:观察穿刺线上及试管基部有无黑色出现,如有则为阳性反应,以"+"表示。如无黑色出现则表明不产生 H_2S,以"–"表示。

现将上述生理生化反应试验内容总结于表 Ⅰ–14–1– ①中。

表 Ⅰ–14–1– ①　生理生化反应试验项目及测定法

试验项目	糖发酵试验			IMViC 试验				苯丙氨酸脱氨酶	H₂S 产生
	葡萄糖	乳糖	蔗糖	VP	MR	indol	citrate		
试验用培养基名称和标记	葡萄糖液体培养基(管壁、棉塞涂红色)	乳糖液体培养基(管壁、棉塞涂黄色)	蔗糖液体培养基(管壁、棉塞涂黑色)	葡萄糖蛋白胨液体培养基(液体装量多)		蛋白胨液体培养基(液体装量少)	柠檬酸盐斜面培养基(草绿色)	苯丙氨酸斜面培养基	柠檬酸铁铵培养基(直立柱)
接种法	用接种环挑取菌种于液体培养基中							斜面划线接种	穿刺接种
测定法(加试剂)				2 mL 培养液 +2 mL 40% NaOH+ 肌酸少许,充分振荡	加甲基红试剂 2 ~ 3 滴	0.5 mL 乙醚→振荡→静置分层→加吲哚试剂	—	10% FeCl₃ 4 ~ 5 滴	—
反应结果	阳性	黄色(气泡有或无)			红色	红色	红色	蓝至深蓝色	蓝绿色	黑色
	阴性	紫色(无气泡)			培养基原色(黄)	培养基原色(黄)	培养基原色(黄)	草绿色	培养基原色(黄)	培养基原色(黄)

【结果记录】

将生理生化试验测定结果记录于下表中。

测试项目	糖发酵试验			IMViC				苯丙氨酸脱氨酶	H_2S 产生
	葡萄糖	乳糖	蔗糖	VP	MR	indol	citrate		
① 大肠埃希氏菌									
② 产气肠杆菌									
③ 普通变形杆菌									
④ 空白对照									

【注意事项】

1. 在测定 MR 试验的结果时,甲基红指示剂不可加得太多,以免出现假阳性反应。

2. 装有杜氏管的糖发酵培养基在灭菌时要特别注意排净灭菌锅内的冷空气,灭菌后尽量让灭菌锅内的压力自然下降到"0"再打开排气阀,否则杜氏管内会留有气泡,影响试验结果的判断。

3. 接种前必须仔细核对菌名和培养基,以免弄错。

4. 配制柠檬酸盐培养基时要控制好 pH,不要过碱,配出的培养基以浅绿色为准。

5. 配制吲哚试验用的蛋白胨液体培养基时,宜选用色氨酸含量高的蛋白胨(用胰蛋白酶水解酪素得到的蛋白胨,色氨酸含量较高),否则将影响产吲哚的阳性率。

【思考题】

1. VP 试验的测定中为什么要加 NaOH 和肌酸,它们各起什么作用?

2. 哪些生理生化试验可用于区别大肠埃希氏菌和产气肠杆菌,它们各有何反应?

3. 大肠埃希氏菌和产气肠杆菌分解葡萄糖所生成的产物有何不同?

4. 为什么做各项生理生化反应时要有空白对照?

【附录】

微量生化试验管的制备

为了节约材料和免于清洗(观察完毕,经加压蒸汽灭菌后即可丢弃)操作,可将测试用培养液分装于小玻管中。其制法介绍如下:

1. 将口径 3 mm 硬质中性玻管截成 10 cm 长,用塑料丝扎成捆,置洗液中浸泡过夜,取出用自来水冲洗干净(不能残留洗液),烘干后其中一端用煤气灯火焰融封(封口不漏气)。

2. 分装液体培养基:将液体培养基 80 mL 倾入 250 mL 烧杯中,将小玻管开口端插入烧杯中使烧杯装满玻管,然后将烧杯置干燥器中进行抽气,抽 8~10 s 立即切断电源,液体培养基即充入玻管内(约占玻管长度 1/2 弱)。然后取出玻管,离心,使液体培养基下沉至封闭端。装液玻管内应无气泡,且装量应达全管长度 1/2 弱。检查合格后,将玻管外壁的液体培养基擦净。并封闭管口,置灭菌锅内加压灭菌(灭菌温度按培养基耐热性而定)。再将装液体培养基玻管置 37℃培养,做无菌检查,合格者装于盒中,贴上标签,注明培养基名称及制备日期,放置阴凉处保存,备用。

3. 使用时将玻管无液体培养基一端,用砂轮锯一痕,折断后,开口处通过火焰灭菌,用接种针挑少量菌苔接入管内,然后将数根微量玻管放入 15 mm×150 mm 无菌试管中(或放入直径 9 cm 无菌培养皿中),塞上试管塞,置 37℃培养,按常规方法观察生化反应结果。如培养时间较长,可在试管底部或培养皿内放一团无菌吸水棉球,其目的是防玻管内培养液干涸。

(祖若夫)

【网上视频资源】

- 芽孢杆菌的生理生化反应
- 斜面接种法
- 穿刺接种法

实验Ⅰ-14-2 应用 API-20E 细菌鉴定系统鉴定肠杆菌科的菌种

【目的】

1. 了解 API-20E 细菌鉴定系统鉴定菌种的原理。
2. 用此法进行肠杆菌科菌种的鉴定。

【概述】

微生物工作者在科研和生产实践等工作中常需对有关菌种进行鉴定。传统的用一系列单个实验来鉴定细菌的方法由于花费时间长、工作量大,显然不能适合当今科研和生产实践等工作要求。多年来,国内外推出了多种类型的成套鉴定系统及编码鉴定方法,如法国生物－梅里埃集团的 API/ATB,瑞士罗氏公司的 Micro-ID、Enterotube、Minitek,美国的 Biolog 全自动和手动细菌鉴定系统,我国上海市疾病预防控制中心(原卫生防疫站)也建立了发酵性革兰氏阴性杆菌鉴定系统 SWF-A,此外还有中国人民解放军第一八一医院的厌氧菌快速生化鉴定系列 ARB-ID 等。从而使细菌鉴定逐步实现简易化、微量化和快速化。

API-20E 细菌鉴定系统是 API/ATB 中最早和最重要的产品,也是国际上应用最多的系统。该系统的鉴定卡是一块有 20 个分隔室的塑料条,分隔室由相连通的小管和小杯组成。针对各种微生物的生理生化特性差异,各小管中加有不同的脱水培养基、试剂或底物等,每一分隔室可进行一种生化反应,个别的分隔室可进行两种反应,主要用来鉴定肠杆菌科的细菌,如图Ⅰ-14-2-①所示。实验时加入待鉴菌的菌液,在 37℃恒温培养 18~24 h,观察鉴定卡上各项反应。按生化试验项目及反应结果表来判定试验结果(某些反应需加入相应试剂后再观察结果)。然后用此结果编码查编码本(根据数码分类鉴定的原理编制成),判断被鉴细菌的鉴定结果或是用电脑检索(软件也是根据数码分类鉴定的原理编制),打印出被鉴细菌的鉴定结果。

目前,此细菌鉴定系统已被广泛应用于临床检验、食品卫生、环境保护和药品检验等领域。

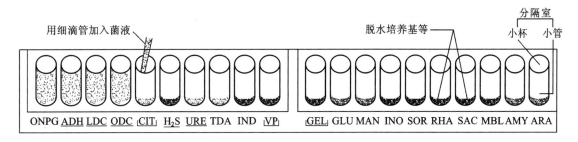

图 I-14-2-① API-20E 细菌鉴定系统的鉴定卡

【材料和器皿】

1. 菌种

待鉴定的肠杆菌科菌株。

2. 培养基

牛肉膏蛋白胨斜面。

3. 试剂

(1) 部分反应需添加的试剂：如 TDA 试剂，JAMES 试剂，VP1、VP2 试剂和氧化酶试剂等。

(2) 无菌液体石蜡。

(3) 无菌水。

4. 其他

API-20E 细菌鉴定系统的鉴定卡，MacFarland 比浊管，可调移液器(20～200 μL或无菌细滴管)，培养盒，生化试验项目及反应结果表(见表 I-14-2-①)，编码本(或 APILABPlus 软件)。

【方法和步骤】

1. 菌悬液制备

将预先活化的待鉴菌株接种到牛肉膏蛋白胨斜面上，37℃恒温培养 18～24 h 后，挑取待鉴菌株的菌苔于 5 mL 无菌水中，使配制成浓度为 ≥ 1.5×10^8 个 /mL 的菌悬液，混合均匀(用 MacFarland 比浊管进行比较)。

2. 鉴定卡作标记

将 API-20E 鉴定卡的密封膜拆开，在该卡上注明菌株号、日期和试鉴者。

表 I-14-2-① API-20E 细菌鉴定系统生化试验项目及反应结果

分隔室号	鉴定卡上的生化试验项目		反应结果	
	代号	名称	阴性	阳性
1	ONPG	β-半乳糖苷酶	无色	黄色[①]
2	ADH	精氨酸双水解酶	黄色	红/橙色[②]
3	LDC	赖氨酸脱羧酶	黄色	橙色
4	ODC	鸟氨酸脱羧酶	黄色	红/橙色[②]

分隔室号	鉴定卡上的生化试验项目		反应结果	
	代号	名称	阴性	阳性
5	CIT	柠檬酸盐利用	淡绿 / 黄	蓝绿 / 蓝
6	H₂S	产 H₂S	无色 / 微灰	黑色沉淀 / 细线
7	URE	脲酶	黄色	红 / 橙色
8	TDA	色氨酸脱氨酶	黄色	红紫色
9	IND	吲哚形成	淡绿 / 黄	红色
10	VP	VP 试验	无色（VP1、VP2/10 min）	红色
11	GEL	明胶酶	黑粒	黑液
12	GLU	葡萄糖产酸	蓝 / 蓝绿	黄色
13	MAN	甘露醇产酸	蓝 / 蓝绿	黄色
14	INO	肌醇产酸	蓝 / 蓝绿	黄色
15	SOR	山梨醇产酸	蓝 / 蓝绿	黄色
16	RHA	鼠李糖产酸	蓝 / 蓝绿	黄色
17	SAC	蔗糖产酸	蓝 / 蓝绿	黄色
18	MEL	蜜二糖产酸	蓝 / 蓝绿	黄色
19	AMY	苦杏仁甙产酸	蓝 / 蓝绿	黄色
20	ARA	阿拉伯糖产酸	蓝 / 蓝绿	黄色
21	OX[3]	细胞色素氧化酶	无色（OX/1～2 min）	紫色

注：① 淡黄可考虑为阳性。

② 培养 24 h 后，橙色应记作阴性。

③ API-20E 鉴定卡上无此项目，可采用"方法和步骤"中介绍的方法进行测试。

3. 接种

用可调移液器(或无菌细滴管)吸上述菌悬液,并沿分隔室的小管内壁稍倾斜、缓缓地加入小管中。若鉴定卡上的试验名称下无任何标记,则加入菌悬液至"半满"(即小管满、小杯空);试验名称加有方框的,则加菌液至"平满"(即小管和小杯皆满);试验名称下有一条横线的,则应加菌液至"半满"后,在小杯中加液体石蜡(加菌液时注意不能产生气泡,如有,则轻轻摇动除去,勿用吸有菌液的细滴管除去气泡)。

4. 培养

在培养盒中先加入约 5 mL 的无菌水,然后将接种的鉴定卡放入培养盒中,盖上盖子,并将该盒置于 37℃培养箱中。

5. 氧化酶测定

在一载玻片上放一块滤纸片,后用一滴水湿润纸片,再用一玻棒挑取菌苔于上述湿的纸片上,最后在其上加一滴氧化酶试剂,若在 1～2 min 内呈现深紫色者为阳性反应(也可按常规的细胞色素氧化酶测定方法检测)。

6. 观察和记录生化反应结果

接种的鉴定卡培养 18～24 h 后,在标有 IND、TDA 和 VP 的小杯中分别加入 1 滴 JAMES、TDA、VP1 和 VP2 试剂。观察鉴定卡上被鉴菌株的各项反应的变色情况,根据 API-20E 细菌鉴定系统生化试验项目及反应结果表(见表 I-14-2-①)或供货商提供的结果阅读及分析表,确定各项反应的结果,并作记录。

7. 编码及检索

(1) **编码**:根据鉴定卡上试验项目的顺序,以 3 个试验项目为一组,共编为 7 组。每组中每个试验项目定为 1 个数值,依次为 1,2,4。各组中阳性反应记作"+",记下其所定的数值。阴性反应者记作"-",记作 0。每组中的数值相加,便是该组的编码数。这样便形成 7 位数字的编码,现以大肠埃希氏菌 FD1009 菌株为例,见表 I-14-2-②。

(2) **检索**:根据上述编码结果,查阅编码本或输入电脑检索,最终将被鉴菌株鉴定到适当的种。

表 I-14-2-② 大肠埃希氏菌 FD1009 菌株的编码

分隔室号	1	2	3	4	5	6	7	8	9	10	11
试验项目	ONPG	ADH	LDC	ODC	CIT	H$_2$S	URE	TDA	IND	VP	GEL
所定数值	1	2	4	1	2	4	1	2	4	1	2
试验结果	+	-	+	-	-	-	-	-	+	-	-
记下数值	1	0	4	0	0	0	0	0	4	0	0
编码	5			0			4				
检索结果											

分隔室号	12	13	14	15	16	17	18	19	20	21
试验项目	GLU	MAN	INO	SOR	RHA	SAC	MEL	AMY	ARA	OX
所定数值	4	1	2	4	1	2	4	1	2	4
试验结果	+	+	-	+	+	-	+	-	+	-
记下数值	4	1	0	4	1	0	4	0	2	0
编码	4		5			5			2	
检索结果	大肠埃希氏菌(*Escherichia coli*)									

【结果记录】

将被鉴菌株生化试验结果、编码和检索结果记录于下表中。

分隔室号	1	2	3	4	5	6	7	8	9	10	11
试验项目	ONPG	ADH	LDC	ODC	CIT	H$_2$S	URE	TDA	IND	VP	GEL
所定数值	1	2	4	1	2	4	1	2	4	1	2

试验结果										
记下数值										
编码										
检索结果										
分隔室号	12	13	14	15	16	17	18	19	20	21
试验项目	GLU	MAN	INO	SOR	RHA	SAC	MEL	AMY	ARA	OX
所定数值	4	1	2	4	1	2	4	1	2	4
试验结果										
记下数值										
编码										
检索结果										

【注意事项】

1. 被鉴菌株必须是纯种,且菌浓度需达到规定要求,否则会影响试验结果。

2. 当采用7位数编码的结果不能将被鉴菌株鉴定到种时(如1个编码下可有几种菌名),这时进行一些补充实验,如硝酸盐还原成亚硝酸盐试验,亚硝酸盐还原成氮试验,运动性试验,葡萄糖氧化发酵及在MacConkey(McC)培养基上的生长等试验,并相应获得1个9位数的编码结果后,可进一步查阅编码本,最终将被鉴菌株鉴定到适当的种。如果还有一些编码有几个菌名时,这需要选择有关菌种的其他特征予以区别,查询索引。

【思考题】

1. 通过本实验,你认为API-20E细菌鉴定系统的优缺点分别是什么?

2. 如果在编码本上查不到被鉴菌株的准确菌名,试分析其原因。

(徐德强)

【网上视频资源】

● API-20E系统鉴定肠杆菌科的细菌

第十五周　微生物分子生物学基础实验

微生物由于具有种类繁多、性状多样、生长快速、培养方便和易于操作等一系列优点,使其在生物学基本理论研究中,成为学者们最热衷选用的模式生物。对微生物的研究不但加深了人们对生命物质本质和生命活动基本规律的认识,还促进了分子生物学、遗传工程、基因组学、生物信息学和合成生物学等许多高科技学科的诞生与发展。反过来,这些学科的理论和实验方法又推动了微生物学基础理论和实验技术的不断深化和进步。因此,微生物学与生物化学和遗传学一起,早就被誉为分子生物学的三大源泉或三大基石了。

在本周的实验中,我们重点地选择了微生物分子生物学中几个最重要的基础实验,包括对细菌总 DNA 的小量制备,利用 PCR 技术制备基因片段,蓝白斑筛选技术在基因克隆中的应用,用氯化钙法制备大肠埃希氏菌的感受态细胞和质粒 DNA 的转化,重组质粒 DNA 的小量制备和电泳验证,以及利用阿拉伯糖诱导观察细菌发光现象等,希望通过这些训练,能为初学者今后从事有关工作打下一个良好的基础。

实验Ⅰ-15-1　细菌总 DNA 的小量制备

【目的】

了解用 CTAB(溴代十六烷基三甲胺)法制备细菌总 DNA 的原理及掌握小量制备细菌总 DNA 的操作方法。

【概述】

DNA 在细胞内一般是与蛋白质形成复合物的形式存在的,因此要提取脱氧核糖核蛋白复合物,必须先裂解细胞并将其中蛋白质去除。CTAB 是一种去污剂,它能裂解细胞膜,在高盐溶液中还能与核酸形成可溶性复合物,若降低盐浓度,CTAB 与核酸的复合物会沉淀出来,而大部分蛋白和多糖仍溶于溶液中。

【材料和器皿】

1. 菌种

大肠埃希氏菌(*Escherichia coli*)平板保藏菌种一块。

2. 仪器

摇床,微量可调移液器,1.5 mL 离心管,水浴锅,离心机,电泳仪,凝胶成像系统等。

3. 培养基

LB 培养基。

4. 试剂

TE 缓冲液(10 mmol/L Tris-HCl,0.1 mmol/L EDTA,pH 8.0),10%SDS,蛋白酶 K(20 mg/mL),5 mol/L NaCl,CTAB/NaCl 溶液(5 g CTAB 溶于 100 mL 0.5 mol/L NaCl 溶液中),酚/氯仿/异戊醇(质量比

为 25 : 24 : 1),异丙醇,70% 乙醇。

【方法和步骤】

1. 从大肠埃希氏菌培养平板上挑取单菌落接种于 3 mL LB 培养基中,37℃培养过夜。

2. 将 1.5 mL 上述培养物置于一离心管中,12 000 r/min 离心 3 min,弃上清。

3. 沉淀物加入 567 μL 的 TE 缓冲液,反复吹吸使之重新悬浮,加入 30 μL 质量浓度为 10% 的 SDS 和 3 μL 20 mg/L 的蛋白酶 K,混匀,于 37℃温育 1 h。

4. 加入 100 μL 5 mol/L NaCl,充分混匀,再加入 80 μL CTAB/NaCl 溶液,混匀后在 65℃继续温育 10 min。

5. 加入等体积的酚 / 氯仿 / 异戊醇,混匀,8 000 r/min 离心 4 ~ 5 min,将上清液转入一新的 EP 管中,加入 0.6 ~ 0.8 倍体积的异丙醇,轻轻混合直到 DNA 沉淀形成,沉淀可稍加离心,如 8 000 r/min 1 min,弃上清。

6. 沉淀用 1 mL 的 70% 乙醇洗涤两次,8 000 r/min 离心 1 min,弃乙醇,放置至 DNA 稍干燥,重溶于 20 μL TE 缓冲液(含 25 ng/mL RNaseA)中。

7. 配制 0.7% 的琼脂糖凝胶,取 3 μL 总 DNA 样品上样电泳检验。样品备用或置 −20℃下保存。

【结果记录】

用紫外成像仪拍下电泳照片,观察所提取 DNA 片段的大小及降解程度。

【注意事项】

1. 菌体沉淀必须在 TE 缓冲液中充分吹散悬浮,不要有菌块。

2. 第 3 步加了 SDS,应注意不要强烈震荡,以防 DNA 断裂。

【思考题】

1. 细菌总 DNA 小量制备中,哪一步是关键步骤?为什么?你如何控制这一步?

2. 最后用 20 μL TE 缓冲液重溶 DNA 时,如果不加 RNaseA,则会有什么影响?

3. 若提取的基因组 DNA 有降解,可能的原因是什么?

(丁晓明)

实验 I-15-2 利用 PCR 技术制备基因片段

【目的】

掌握利用 PCR 技术制备基因片段的基本原理和操作方法。

【概述】

聚合酶链式反应(polymerase chain reaction,简称 PCR)是现代分子生物学实验工作的基础之一。它是指在 DNA 聚合酶的催化下,以母链 DNA 为模板,以特定引物为延伸起点,通过变性、退火、延伸等步骤,在体外复制出与母链模板 DNA 互补的子链 DNA 的过程。利用本技术,可以使目的 DNA 迅速扩增,并且具有特异性强、灵敏度高、操作简便、省时等特点。它不仅可以用于基因分离、克隆、核酸序列分析、基因表达调控和基因多态性等研究,还可以用于疾病诊断等多个应用领域。

【材料和器皿】

1. 仪器
PCR 仪,电泳仪,凝胶成像系统,PCR 管离心机。

2. 材料
无菌 PCR 管,胶回收试剂盒,微量可调移液器及无菌吸头。

3. 试剂
无菌水,20 mmol/L 4 种 dNTP 混合液(pH 8.0),10 × PCR 扩增缓冲液,*Taq* 酶,模板为Ⅰ–15–1 的细菌总 DNA。

【方法和步骤】

1. 按以下次序,将各成分加入无菌 PCR 管中:

10 × PCR 扩增缓冲液	5 μL
20 mmol/L 4 种 dNTP 混合液(pH 8.0)	1 μL
20 μmol/L 正向引物	0.5 μL
20 μmol/L 反向引物	0.5 μL
1 ~ 5 U/μL *Taq* DNA 聚合酶	0.5 μL
ddH$_2$O	42 μL
模板	0.5 μL
总体积	50 μL

2. 将管中成分用吸头混合均匀,注意不要产生气泡。如果有液体留在管壁上,可以使用 PCR 离心机短甩。

3. 按照以下方案进行 PCR 扩增:

循环数	变性	复性	聚合
30 个	95℃ 30 s	55℃ 30 s	72℃ 1 min
末轮循环	95℃ 1 min	55℃ 30 s	72℃ 10 min

4. 配制 1% 的琼脂糖凝胶,PCR 完成后,取 3 μL 产物电泳检验(见实验Ⅰ–15–3)。参照试剂盒说明书对正确 DNA 样品条带进行割胶回收,制备的 DNA 样品溶液置 –20℃保存备用。

【结果记录】

用紫外成像仪拍下电泳照片,记录 PCR 产物 DNA 片段的大小。

【注意事项】

1. 模板、引物不同,退火温度可能不同,需根据实际情况设计退火温度。

2. 延伸时间取决于目的片段的长度。

3. 谨慎操作,防止由污染引起的假阳性。

(丁晓明)

【网上视频资源】

● PCR 的原理和实验过程

实验Ⅰ-15-3　蓝白斑筛选技术在基因克隆中的应用

【目的】

了解蓝白斑筛选技术在基因克隆中的应用。

【概述】

质粒在克隆较小的 DNA 片段时具有稳定可靠和操作简便的优点。用质粒载体进行克隆,先用限制性内切酶切割质粒 DNA 和目的 DNA 片段,然后在体外使两者相连接,再转化细菌,即可完成。但在实际工作中,如何区分插入有外源 DNA 的重组质粒和未插入而自身环化的载体分子是较为困难的。这里介绍一种利用带有互补突出端克隆 PCR 产物,并通过遗传学手段如 α-互补现象等来鉴别重组子和非重组子的方法。

本实验所使用的载体质粒 DNA 为 pMD19-T,为末端带一个 T 的黏性末端的线性载体,可与 PCR 产物加 A 线性片段连接,转化受体菌为 *E.coli* DH5α 菌株。由于 pMD19-T 上带有 *amp*^{r} 和 *lacZ* 基因,故重组子的筛选采用 Amp 抗性筛选与 α-互补现象筛选相结合的方法。

pMD19-T 上带有 β-半乳糖苷酶基因(*lacZ*)的调控序列和 β-半乳糖苷酶 N 端 146 个氨基酸的编码序列,这个编码区中插入了多克隆位点。*E.coli* DH5α 菌株带有 β-半乳糖苷酶 C 端部分序列的编码信息。在各自独立的情况下,pMD19-T 和 DH5α 编码的 β-半乳糖苷酶的片段都没有酶活性。但将 pMD19-T 转入 DH5α 则可形成具有酶活性的蛋白质。这种 *lacZ* 基因上缺失近操纵基因区段的突变体与带有完整的近操纵基因区段的 β-半乳糖苷酶突变体之间实现互补的现象叫 α-互补。由 α-互补产生的 Lac$^+$ 细菌较易识别,它在生色底物 X-gal(5-溴 -4 氯 -3- 吲哚 -β-D- 半乳糖苷)存在下被 IPTG(异丙基硫代 -β-D- 半乳糖苷)诱导形成蓝色菌落。当外源片段插入到 pMD19-T 质粒上后会破坏 β-半乳糖苷酶基因 N 端读码框架,表达蛋白失活,产生的氨基酸片段失去 α-互补能力,因此在同样条件下含重组质粒的转化子在生色诱导培养基上只能形成白色菌落。由此重组质粒可与自身环化的载体 DNA 分开,此为 α-互补现象筛选。

【材料和器皿】

1. 仪器和器皿

恒温摇床,台式高速离心机,恒温水浴锅,电热恒温培养箱,电泳仪,超净工作台,微量可调移液器,1.5 mL 离心管,培养皿,涂布棒。

2. 载体质粒和受体菌株

实验所使用的载体质粒为 pMD19-T,购买成品;转化受体菌为Ⅰ-15-4 制备的 *E.coli* DH5α 感受态菌株;外源片段为实验Ⅰ-15-2 的 PCR 产物。

3. 试剂

(1) 连接反应试剂盒,购买成品。

(2) X-gal 储液(20 mg/mL):用二甲基甲酰胺溶解 X-gal 配制成 20 mg/mL 的储液,包以铝箔或黑纸以防止受光照被破坏,储存于 -20℃。

(3) IPTG 储液(200 mg/mL):在 800 μL 蒸馏水中溶解 200 mg IPTG 后,用蒸馏水定容至 1 mL,用 0.22 μm 滤膜过滤除菌,分装于 1.5 mL 离心管并储存于 -20℃。

(4) LB 培养基(蛋白胨 10 g,酵母粉 5 g,NaCl 10 g,加蒸馏水至 1L,固体培养基另加入 1.5 g/100 mL 琼脂,灭菌备用)。

(5) 含 X-gal 和 IPTG 的筛选培养基:在事先制备好的含 50 μg/mL 氨苄青霉素(Amp)的 LB 平板表面加 40 μl X-gal 储液和 7 μL IPTG 储液,用无菌涂布棒将溶液涂匀,置于 37℃下放置 3～4 h,使培养基表面的液体完全被吸收。

【方法和步骤】

1. 连接反应

将 0.1 μg 载体 DNA 和等摩尔量(可稍多)的外源 DNA 片段加入一新的经灭菌处理的 1.5 mL 离心管中,然后在其中加蒸馏水至体积为 8 μL,最后再加入 10×T4 DNA 连接酶缓冲液 1 μL,T4 DNA 连接酶 0.5 μL,混匀后用微量离心机将液体全部甩到管底,于 16℃保温 8～24 h。

同时做两组对照反应,其中对照组(1)只有载体无外源 DNA;对照组(2)只有外源 DNA 片段没有质粒载体。

2. 连接产物的转化

每组连接反应混合物各取 2 μL 转化 *E. coli* DH5α 感受态细胞。具体方法见实验Ⅰ-15-4。

3. 重组质粒的筛选

(1) 每组连接反应的转化原液取 100 μL 加入含 X-gal 和 IPTG 的筛选培养基上,并用无菌玻棒均匀涂布,将该平板置于 37℃约 0.5 h,直至液体被完全吸收。倒置平板于 37℃继续培养 12～16 h,待出现明显而又未相互重叠的单菌落时停止培养。

(2) 将上述平板放置于 4℃数小时,使显色完全。

不带有质粒 DNA 的细胞,由于无 Amp 抗性,不能在含有 Amp 的筛选培养基上成活。而带有 pMD19-T 载体的转化子由于具有 β-半乳糖苷酶活性,在 X-gal 和 IPTG 培养基上为蓝色菌落;带有重组质粒的转化子由于丧失了 β-半乳糖苷酶活性,故在 X-gal 和 IPTG 选择性培养基上呈现白色菌落。

【结果记录】

1. 观察蓝白斑显色情况。

2. 鉴定克隆是否正确(见实验Ⅰ-15-5)。

【注意事项】

1. 由于黏性末端形成的氢键在低温下更加稳定,所以尽管 T4 DNA 连接酶的最适反应温度为 37℃,在连接黏性末端时,反应温度仍以 10~16℃为好,平齐末端则以 15~20℃为好。

2. X-gal 被半乳糖苷酶(β-galactosidase)水解后生成的吲哚衍生物呈蓝色。IPTG 为非生理性的诱导物,它可以诱导 *lacZ* 的表达。在含有 X-gal 和 IPTG 的筛选培养基上,携带载体 DNA 的转化子为蓝色菌落,而携带插入片段的重组质粒转化子为白色菌落。该实验平板如在 37℃培养后再放置于冰箱 3~4 h,则可使显色反应更充分,蓝色菌落更明显。

【思考题】

1. 用质粒载体进行外源 DNA 片段克隆时应考虑哪些主要因素?
2. 利用 α-互补现象筛选带有插入片段的重组克隆的原理是什么?

(丁晓明)

实验 I-15-4 氯化钙法制备大肠埃希氏菌感受态细胞和质粒 DNA 的转化

【目的】

1. 了解氯化钙法转化质粒 DNA 至大肠埃希氏菌的原理。
2. 掌握质粒 DNA 转化大肠埃希氏菌的操作技术。

【概述】

在进行基因克隆时,体外构建的 DNA 重组子必须导入合适的受体细胞,才可以复制、增殖和表达。裸露的外源 DNA 直接导入细胞内称为转化。载体与外源目的基因构成的重组载体可以通过转化直接导入受体细胞,从而实现基因在异源细胞内的表达。进行转化时,要求细胞处于容易吸收外源 DNA 的状态,即感受态,此时,重组分子才能进入细胞内。

通过 CaCl₂ 处理的大肠埃希氏菌细胞就是一种感受态细胞。在 0℃冷冻处理时,处于 CaCl₂ 低渗溶液中的大肠埃希氏菌细胞膨胀,DNA 可吸附于其表面。在短暂的热冲击下,细胞吸收外源 DNA,然后在丰富培养基内复原并增殖,表达外源基因。

【材料和器皿】

1. 菌种

E.coli DH5α

2. 质粒

来自实验 I-15-3

3. 试剂

0.1 mol/L CaCl$_2$（灭菌），适当抗生素母液，置 –20℃冰箱保存。

4. 培养基

LB 液体培养基、固体培养基（bacto-typtone 10 g/L，bacto-yeast extract 5 g/L，NaCl 10 g/L，pH 7.0）。

5. 器具

超净工作台，恒温水浴锅，恒温摇床，分光光度计，培养箱。

【方法和步骤】

1. 感受态细胞的制作

（1）从 37℃培养 16～24 h 的 *E.coli* DH5α 平板上挑取一个单菌落转接于一含 2 mL LB 液体培养基的试管中，37℃、200 r/min 振荡培养过夜。

（2）以 1% 的接种量将以上过夜培养液转接于一含有 100 mL LB 液体培养基的三角瓶中，37℃、200 r/min 振荡培养 2～3 h，使 OD$_{600}$=0.4～0.6。

（3）将上述培养液转移到一个无菌 50 mL 聚丙烯试管中，冰浴 10 min，4℃、4 000 r/min 离心 10 min，回收细胞。

（4）弃去上清液后，加入预冷的 30 ml 0.1 mol/L CaCl$_2$ 溶液中，重悬细胞，冰浴 30 min。

（5）4℃、4 000 r/min 离心 10 min，回收细胞，以原培养液 4% 的量加入预冷的 0.1 mol/L CaCl$_2$ 悬浮细胞，以每管 100 μL 的量分装即可。

2. 质粒 DNA 的转化

（1）在 100 μL 新鲜配制的感受态细胞液中加入 2 μL 质粒（≤ 50 ng）。受体菌对照：100 μL 感受态细胞液加入 2 μL 无菌水。

（2）冰浴 30 min，42℃水浴，热激 90 s，迅速取出后冰浴 5 min。

（3）每管加 900 μL LB 液体培养基，37℃慢摇复苏 30 min。

（4）取 100 μL 已转化产物，涂布含适当抗生素的平板，待吸干菌液后，倒置培养皿，于 37℃ 培养过夜。

（5）次日观察，并记录转化情况，计算转化率（转化子数 /μgDNA）

以上操作均需无菌环境，在超净工作台上进行。

【结果记录】

1. 记录各培养平板中大肠埃希氏菌菌落的生长状况。

2. 对 pUC19 转化样品在选择培养基中生长的菌落进行计数，并计算 pUC19 质粒对 *E.coli* DH5α 的转化率（转化子数 /μgDNA）。

【注意事项】

1. 感受态细胞制备过程中应注意冰浴操作，各种溶液都需预冷。

2. 感受态细胞制备过程中应注意不要污染杂菌。

3. 转化产物涂布过程中要注意无菌操作。

【思考题】

为什么大肠埃希氏菌经 CaCl$_2$ 处理后会成为人工感受态？这和细菌的自然转化过程相同吗？其他微生物可以通过相同的方法获得人工感受态吗？

（丁晓明）

实验 I–15–5　重组质粒 DNA 的小量制备和电泳验证

【目的】

了解从大肠埃希氏菌中小量制备质粒的原理和方法，以及对重组质粒酶切和电泳验证的基本步骤。

【概述】

"质粒"（plasmid）一词由 Joshua Lederberg 于 1952 年提出，其定义为染色体外的遗传单位。质粒已见于各细菌类群中，其大小范围在 1 kb 至 200 kb 以上不等，大多数为双链、共价闭合的环状分子，以超螺旋形式存在。由于其能独立于细菌染色体之外进行复制和遗传，且拷贝数可控，质粒被作为分子克隆的载体广泛使用，在整个分子生物学，乃至现代生命科学的发展过程中起到了不可替代的作用。质粒大小合适，易于制备，便于操作，其制备和电泳验证，是必须熟练掌握的基本实验技能之一。

人们使用 SDS 碱裂解法从 *E.coli* 中分离制备质粒 DNA（Birnboim and Doly，1979）已近 40 年的历史。将细菌悬浮液暴露于高 pH 的强阴离子洗涤剂中，会使细胞壁破裂，染色体 DNA 和蛋白质变性，将质粒 DNA 释放到上清液中。尽管碱性溶剂使碱基配对完全破坏，闭环的质粒 DNA 双链仍不会彼此分离，这因为它们在拓扑学上是相互缠绕的。只要 OH$^-$ 处理的强度和时间不要过度，当 pH 恢复到中性时，DNA 双链就会再次形成。

在裂解过程中，细菌蛋白质、破裂的细胞壁和变性的染色体 DNA 会相互缠绕成大型复合物，后者被十二烷基硫酸盐包裹。当用钾离子取代钠离子时，这些复合物会从溶液中有效地沉淀下来（Ish-Horowicz and Burke，1981）。离心除去变性剂后，就可以从上清液中回收复性的质粒 DNA。

在 SDS 存在的条件下，碱水解是一项非常灵活的技术，它对 *E.coli* 的所有菌株都适用，并且其细菌培养液的体积可以从 1 mL 直至 500 mL 以上。从裂解液中通过加入酸性溶液使闭环 DNA 复性可以用于回收质粒。可以根据实验需要，用不同的方法纯化到不同的程度。按照获得量的不同，可以将质粒制备方法分为小量、中量和大量。实验室常用的是小量制备，即 SDS 碱裂解法制备质粒 DNA。

【材料和器皿】

1. 培养基

LB 培养基，加入适当抗生素。

2. 仪器

离心机,电泳仪,电泳槽,凝胶成像仪,微量可调移液器。

3. 试剂

异丙醇,无水乙醇,70% 乙醇,含 25 ng/mL RNaseA 的无菌水,琼脂糖等。

溶液Ⅰ:葡萄糖 50 mmol/L,Tris-HCl 25 mmol/L,EDTA,10 mmol/L pH 8.0;

溶液Ⅱ:无菌去离子水 880 μL,10%SDS 100 μL,10 mol/L NaOH 20 μL;

溶液Ⅲ:冰乙酸 11.5 mL,5 mol/L 乙酸钾 60 mL,无菌去离子水 28.5 mL;

溶液Ⅳ:7.5 mol/L 乙酸铵。

TAE 溶液:242 g Tris,37.2 g Na_2 EDTA·$2H_2O$,57.1 mL 冰醋酸定容至 1 L,调 pH 至 8.3,使用时 50 倍稀释。

【方法和步骤】

1. 细菌培养和收集

挑转化后的单菌落,接种到含有适当抗生素的 3 mL LB 培养基中,于 37℃、200 r/min 振荡培养过夜,取 1 mL 上述培养液于 1.5 mL 无菌 EP 管中,12 000 r/min 离心 30 s,弃去培养基。

2. 裂解细菌

用移液器吸取 100 μL 溶液Ⅰ,吹吸混匀后吸取 200 μL 溶液Ⅱ,裂解完全的溶液是透明黏稠的。尽快吸取 150 μL 溶液Ⅲ,轻轻混匀,12 000 r/min 离心 5 min。

3. 沉淀去除蛋白质

吸取上清,加入 450 μL 溶液Ⅳ,混匀,4℃放置 5 min 后,12 000 r/min 离心 5 min。

4. 沉淀质粒 DNA

吸取上清,加入 600 μL 异丙醇,混匀,-20℃放置 5 min,12 000 r/min 离心 5 min。

5. 洗涤质粒 DNA

弃去上清液,加入 1 mL 70% 乙醇,混匀,12 000 r/min 离心 1 min。弃去上清液,加入 1 mL 无水乙醇,混匀,室温放置 2 min,12 000 r/min 离心 1 min。

6. 溶解质粒 DNA

弃去上清液,室温放置 10 min,加入 50 μL 含 RNaseA 的无菌水,50℃水浴 10 min,混匀后保存在 -20℃。

7. 酶切验证

按照参考序列选择合适的酶切位点,并参考该酶的产品说明书进行酶切。

8. 电泳检测

按 1% *W/V* 称取琼脂糖溶于 1×TAE 溶液中,加热后倒入模具制备成上样凝胶。将凝胶块水平浸入盛有 1×TAE 溶液的电泳槽,加入酶切样品溶液至凝胶块的上样孔中,200 V 电泳 0.5 h。电泳完毕后将胶块放入凝胶成像仪中拍照,参考生物软件分析结果,挑选正确的重组克隆。

【注意事项】

1. 加入溶液Ⅰ后,一定要彻底混匀,菌体不能成团成块。

2. 加入溶液Ⅱ后,一定要透明黏稠,并尽快加入溶液Ⅲ。

【思考题】

1. 质粒抽提过程中,哪一步是关键?
2. 为什么要尽快加入溶液Ⅲ?
3. 为什么一定要用无菌水?

(丁晓明)

实验Ⅰ-15-6 利用阿拉伯糖诱导观察细菌发光现象

【目的】

1. 了解细菌发光现象的基本原理。
2. 掌握利用阿拉伯糖诱导观察细菌发光现象的方法。

【概述】

自然界存在种类繁多的发光生物,如夏夜的萤火虫和海洋中的发光水母。许多微生物包括一些藻类、真菌和细菌也有发光现象。在深海生物中,一些小型动物会依赖与其共生的发光细菌起到伪装、警告等防卫的作用。发光细菌也被开发应用于环境毒性物质的检测和生物传感器构建。

生物发光一般是由细胞合成的化学物质,在一类特殊酶的作用下,使化学能转化为光能。例如,发光细菌的发光是由特异性的荧光素酶(LE)、还原性的黄素($FMNH_2$)、八碳以上长链脂肪醛(RCHO)、氧分子(O_2)所参与的复杂反应,大致过程如下:

$$FMNH_2+LE \rightarrow FMNH_2 \cdot LE+O_2 \rightarrow LE \cdot FMNH_2 \cdot O_2+RCHO \rightarrow LE \cdot FMNH_2 \cdot O_2 \cdot RCHO \rightarrow LE+FMN+H_2O+RCOOH+光$$

典型的海洋发光细菌费氏弧菌(*Vibrio fischeri*)编码的生物发光基因由 *luxR*、*luxI* 和 *luxCDABEG* 操纵子组成,其中 LuxR 和 LuxI 组成一套群体感应系统,通过细菌菌群密度控制发光基因的表达。LuxAB 为荧光素酶的两个亚基,而 LuxCDE 负责荧光素酶反应底物的合成。

将发光细菌的 *luxCDABEG* 基因克隆出来,利用适当的启动子控制并转化进入大肠埃希氏菌(*Escherichia coli*)或枯草芽孢杆菌(*Bacillus subtilis*)等模式细菌,同样可以看到这些细菌在有氧的条件下发出微弱的荧光。通过测定这些荧光的强度,也可以用来标定这些启动子的转录效率。

本实验将费氏弧菌 *luxCDABEG* 基因克隆到阿拉伯糖诱导启动子 P_{BAD} 控制的质粒中,转化进入 *E.coli* 并诱导观察细菌的发光现象。

【材料和器皿】

1. 菌种

大肠埃希氏菌(*Escherichia coli*)DH5α 感受态,来自实验 I-15-4。

2. 质粒

BBa_K785003,来自 2012 年复旦大学 iGEM 代表队,BBa_i0500,来自 iGEM 官方。

3. 试剂

XbaI,*SpeI* 和 *PstI* 内切酶,琼脂糖,DNA 胶回收试剂盒,DNA 连接酶,1 mmol/ml L- 阿拉伯糖母液,30 mg/ml 氯霉素母液。

4. 培养基

LB 液体培养基,固体培养基(蛋白胨 10 g/L,酵母粉 5 g/L,NaCl 10 g/ L)。

5. 仪器和器皿

超净工作台,恒温水浴锅,恒温摇床,电热恒温培养箱,电泳仪,紫外灯,微量可调移液器,1.5 mL 离心管,培养皿,涂布棒。

【方法和步骤】

1. 酶切片段的制备

将 1 μg 质粒 BBa_K785003 置于 1.5 mL 离心管中,在 10 μL 反应体系中用 *XbaI*、*PstI* 两种内切酶进行酶切(参照试剂公司提供的说明书)。反应结束后,参照实验 I–15–5 进行反应产物的电泳。在紫外灯照射下,选取 6.4 kb 的 DNA 条带进行切割,使用 DNA 胶回收试剂盒进行 DNA 片段的回收,该 DNA 片段包含有完整的 *luxCDABEG* 基因片段。

同时将 1 μg 质粒 BBa_i0500 置于 1.5 mL 离心管中,在 10 μL 反应体系中用 *SpeI*、*PstI* 两种内切酶进行酶切。反应结束后,直接使用 DNA 胶回收试剂盒进行 DNA 片段的回收,该 DNA 片段为携带阿拉伯糖诱导启动子 P$_{BAD}$ 的质粒载体。

2. 连接反应和连接产物转化

取 0.2 μg 包含 *luxCDABEG* 基因的 DNA 片段和等摩尔量携带阿拉伯糖诱导启动子 P$_{BAD}$ 的质粒载体片段在 10 μL 反应体系中进行连接(参照实验 I–15–3),取 2 μL 连接反应混合物转化 *E.coli* DH5α 感受态(参照实验 I–15–4)。

3. 重组菌株的诱导和细菌发光现象的观察

取 100 mL 连接反应的转化原液,分别涂布到含阿拉伯糖和氯霉素以及只加入氯霉素的筛选培养基平板,阿拉伯糖母液的稀释比例为 1%,氯霉素母液的稀释比例为 1‰。待平板表面稍干后将其倒置于 30℃的恒温培养箱中。

待平板上长出肉眼可见菌落后,继续培养 6 h,移至黑暗环境,分别观察加入和不加阿拉伯糖平板上大肠埃希氏菌菌落是否发出微弱的绿色荧光。取发光的重组菌单菌落进行平板扩大培养或液体摇瓶发酵,进一步观察细菌的自发光现象。

【结果记录】

1. 比较阿拉伯糖诱导与未诱导细菌自发光现象。
2. 记录阿拉伯糖诱导平板上发光与不发光菌落的数目,计算正确的重组菌落比例。

【注意事项】

1. 在 *E.coli* DH5α 中,*luxCDABEG* 基因表达的最适温度是 26～33℃,应避免将转化平板置于 37℃进行培养。

2. 细菌发光需要氧气的参与,若采用液体培养,需注意提供较好的通气条件。

3. 阿拉伯糖诱导启动子对 D- 阿拉伯糖不响应,对 L- 阿拉伯糖的诱导也有一定的浓度要求,故须加入足够量的诱导剂。

【思考题】

1. 细菌自发光现象与 GFP 蛋白等激发发光现象有什么区别?

2. 怎样通过检测荧光素酶的强度对启动子转录活性进行测定?

(丁晓明)

第十六周　血清学反应实验技术

血清学反应是指抗原和抗体在体外的特异性结合反应。血清学反应具有特异性强、灵敏度高的特点,因此可用已知抗原检测相应抗体或用已知抗体检测相应抗原。常见的有凝集反应、沉淀反应、补体结合反应和中和反应等。血清学反应常用于疾病的诊断、微生物菌株的鉴定和微量生化物质或抗原成分的检测等。

随着免疫学基本理论研究的深入与飞速发展,不断地建立起各种新的免疫技术,如沉淀反应中常用的琼脂扩散法(单向、双向扩散)与电泳结合又推出了多种免疫技术(如对流免疫电泳、交叉免疫电泳和火箭免疫电泳等),这些免疫技术已广泛地用于抗原、抗体的定性和定量的分析、生物制品纯度的分析及疾病标志物甲胎蛋白的测定等方面。免疫学技术已成为当今医学、生物化学、遗传学和细胞学等科研中极其重要的实验手段。

实验 I–16–1　免疫血清的制备

【目的】

1. 了解与掌握免疫动物制备抗体的原理与方法。
2. 学会与掌握用颗粒性抗原(细胞)与可溶性抗原制备抗体的操作步骤及其要点。
3. 了解佐剂的含义,掌握抗原–佐剂乳化悬液的制备方法及其功能。

【概述】

将已知一定浓度的颗粒性或可溶性完全抗原(细菌、霉菌及病毒等)注射免疫健康动物(豚鼠、小白鼠、大白鼠、兔、羊或马等),其血清中常可产生大量的相应抗体,这种含有抗体的血清即为免疫血清。及时采取动物的血液(许多抗体在机体内仅能维持短暂的时间),分离出其中的血清,便能制备各种特异性强、效价较高的抗体(即免疫血清或抗血清)。免疫血清对于疾病的诊断和治疗以及抗原的分析等都有很大的用途。若需制备一些可溶性抗原,如血清及其纯化的各种蛋白质等的免疫血清,常需添加各类佐剂,用以改变机体对抗原物的反应性。佐剂(adjuvant)是指与抗原同时注射或预先注射,并能非特异性增强或改变机体对抗原免疫应答反应的一类物质,其种类极多,而最常用的佐剂为弗氏佐剂(Freund's adjuvant)。

要制备特异性强、效价高的免疫血清,动物的选择十分关键。因动物的遗传背景不同,同一抗原对不同种或同一品系中的各个体所产生的免疫应答的强弱程度也有差异。通常需选择对被测抗原十分敏感的动物(与抗原来源的种的亲缘关系越远则越敏感)。同时,应选取刚成年、健康、雄性(如家兔应在2.5~3.0 kg)动物作为免疫对象为佳。在免疫动物制备血清之前,应预测各实验动物血清中"自然"抗体的效价,同时应做好各免疫动物对抗原的敏感性试验,若不能获得满意免疫效价之动物应弃去或通过改进免疫方法来提高免疫效果等。

一种抗原能否产生抗体,主要取决于抗原分子表面有无免疫活性的化学基团——抗原决定簇,同时也决定于免疫动物机体有无相应的免疫活性细胞。当上述两点完全具备且特异对应性强时,即可在抗原注入机体后经过一段潜伏期,免疫动物血清中的相应抗体效价会逐渐上升,并达到高峰,但它在机体内仅维持一短暂的时间后将渐渐下降(初次应答),若在此时注射第二次同样的抗原,则机体血清中的对应抗体效价会上升得比前次更快,效价值更高与持续的时间更长(再次应答)。若在免疫中使用佐剂,它既可增加抗原的免疫原性,又能延长其在机体内的存留时间,从而提高免疫力,同时也能改变免疫反应的规律,即可使初次和再次免疫应答的反应有机结合在一起,以获取更高效价的免疫血清。因此,在制备抗体中选择合适的动物与选用有效的佐剂,并进行有规律间隔性的多次注射适量的抗原,就能获得高效价的抗血清。

免疫动物时抗原剂量的选择要依据抗原的性质、类型、免疫途径、动物的种类、大小及免疫周期等,才能获得高效价的抗体。免疫时抗原量太小将不足以引起应有的免疫刺激与反应;量太大也易产生免疫耐受性。若在抗原应激反应的最低限度以上时,则抗体的生成量会随抗原用量的提高而增加,当达到最高限值时,再也不能增加,而超过一定浓度则会导致免疫耐受。各种类型抗原的最适用量,大多依据试验而得。在常规免疫实验中,抗原一般的参考用量为 0.1 ~ 1.0 mg/kg 体重。

免疫动物常以注射静脉、腹腔、淋巴结、皮内、皮下等多种部位或途径进行。一般应根据抗原的理化性质来选择合适的免疫途径,如毒素和酶类不宜选择静脉注射,抗原和佐剂混合后,一般采用皮内或皮下注射法免疫,这样抗原在组织中缓慢扩散,有利于高效价抗体的生成。总之,动物产生抗体的效价,除因动物的种类、年龄、营养状况及免疫途径不同而有差异外,还与抗原的种类、注射剂量、免疫次数、免疫的时间相隔等密切相关。

本实验将简单介绍颗粒性抗原——绵羊红细胞和伤寒沙门氏菌以及可溶性抗原——免疫球蛋白和人全血清(A、B 和 O)免疫家兔以制备抗血清的流程。

【材料和器皿】

1. 免疫动物
选取健康雄性家兔若干只(体重 2.5 ~ 3 kg)。

2. 抗原物
(1) 颗粒性抗原:绵羊红细胞,标准菌株斜面培养物(伤寒沙门氏菌,37℃ /24 h)。

(2) 可溶性抗原:人全血清,血清免疫球蛋白(IgG、IgA、IgM)稀释成 10 mg/mL 等。

3. 试剂
(1) 卡介苗(BCG):75 mg/mL。

(2) 0.85%生理盐水。

(3) 0.3%甲醛盐水:用生理盐水配制。

(4) 佐剂:弗氏佐剂(完全、不完全,已商品化)。

(5) 液体石蜡。

(6) 1%硫柳汞或 5%叠氮钠。

4. 器皿
细菌比浊标准管(McFarland 管),无菌研钵,无菌吸管,无菌注射器(5 mL),注射针头(9 号),无菌试管,茄子瓶,毛细滴管,解剖用具(兔解剖台、兔头夹、止血钳、解剖刀、剪刀、眼科剪刀、镊子、动脉夹),双面刀片,丝线,碘酒棉球,消毒干棉球等。

【方法和步骤】

根据抗原性质的不同,注射的途径和方法也各异。一般颗粒性的抗原以静脉注射为最好,而可溶性抗原则以直接注入皮下、肌肉或淋巴等处为佳。下面分别介绍以绵羊红细胞、细菌、免疫球蛋白和人全血清为抗原制备抗血清的过程。

1. 颗粒性抗原免疫血清的制备方法

(1) 兔抗绵羊红细胞血清的制备

用绵羊红细胞免疫家兔后可产生抗绵羊红细胞的抗体,该抗体能与绵羊红细胞结合,在补体参与下,能使红细胞溶解,故此抗体又称作溶血素,常用于补体结合及总补体活性测定等试验中。

① 抗原采集:无菌操作采取绵羊颈静脉血液,将其注入含有玻璃珠的无菌三角瓶中,振摇数分钟以脱纤维而制备成抗凝血液。

② 抗原制备:取适量的抗凝血液,用无菌生理盐水洗 2 次,每次 2 000 r/min,离心 10 min,弃上清后用无菌生理盐水配成 20% 的绵羊红细胞悬液,置 4℃ 冰箱保存备用。

③ 免疫动物:选择健康家兔(2.5 ~ 3 kg),按表 Ⅰ-16-1-① 进行免疫。静脉注射时,须先在静脉内注射 0.2 mL 绵羊红细胞悬液进行脱敏,然后再逐渐慢慢注射至 1.0 mL。

表 Ⅰ-16-1-①　绵羊红细胞免疫家兔的剂量与日程

日　程	第 1 天	第 3 天	第 5 天	第 7 天	第 9 天	第 12 天	第 15 天
免疫剂量 /mL	0.5	1.0	1.5	2.0	2.5	1.0	1.0
免疫成分	脱纤维全羊血		脱纤维全羊血		脱纤维全羊血		20% 羊红细胞悬液
免疫途径	背部皮内		背部皮内		背部皮内		耳静脉免疫

④ 初测及措施:

a. 采血滴定:在最后一次注射免疫原后的第 3 天,自兔耳静脉采集少量血液,用试管凝集反应滴定溶血素的效价值。

b. 加强免疫:如效价值不到 1∶2 000,则可从耳静脉注射 20% 的绵羊红细胞悬液 1.0 mL 以进行第二轮加强免疫。

c. 重新免疫:若仍不能达到满意效价值时,须换白兔重新开始。如效价达 1∶2 000 以上时,即可大量采集免疫动物的血液。

⑤ 心脏采血法:

a. 动物固定:使免疫家兔仰卧,四肢固定于兔架台上。

b. 探位除毛:用食指探明心脏搏动最强部位(在胸骨左侧,由下向上数第 3 与第 4 肋骨之间),剪毛。

c. 消毒扎针:用碘酒和乙醇消毒后,注射器用 9 号注射针在上述位置与胸部呈 45° 刺入心脏,微微上下移动针筒,如已刺及心脏可以感觉到针头随心脏搏动而上下跳动,此时将针筒微微向前推动。

d. 抽取血液:抽动注射器,血液进入针筒后即将注射器位置固定取血。2.5 kg 家兔一次可取血 20 ~ 30 mL。

e. 注入器皿:取下针头将抽得的血液以无菌操作注入无菌的干燥容器内(培养皿),置室温

2 h(冬天可放 37℃恒温培养箱),凝固后用无菌滴管沿培养皿边缘将血块与皿壁脱离。

f. 低温暂存:然后放入 4~8℃冰箱中过夜,使血清充分析出。

⑥ 抗血清的分离:

a. 分离血清:从上述凝固血液的容器中,用已灭菌的毛细滴管吸出血清,若血清中带有红细胞,则须离心沉淀,去掉红细胞,然后将血清分装于已灭菌的小瓶内,并测定抗血清的效价。

b. 加防腐剂:于血清中按比例加入 1% 的硫柳汞或 5% 的叠氮钠,使其最终质量浓度分别为 0.01% 和 0.02%,分装小瓶。

c. 包装抗血清:用胶布将瓶口封住,贴上标签,注明抗血清的名称、效价及制备日期,置低温冰箱中保存备用。

(2) 兔抗细菌免疫血清的制备

① 菌的培养与抗原物制备:伤寒沙门氏菌有 O(细胞壁的脂多糖)和 H(鞭毛蛋白)两种表面抗原。这两种抗原是临床诊断和实验室分型鉴定的常用抗原。O 抗原是耐热性质的菌体抗原,而 H 抗原为不耐热性抗原,但经甲醛固定后可成为遮盖菌体表面的抗原物。

a. 菌体抗原培养:将伤寒沙门氏菌标准菌株接于 pH 7.2~7.4 的牛肉膏蛋白胨固体培养基平板上划线分离,经 37℃培养 24 h 后,再挑取光滑型菌落移接于斜面上,37℃培养 24 h 备用。

b. 制备菌悬液:吸取 0.3% 甲醛生理盐水 5 mL 注入伤寒沙门氏菌斜面培养物上,将菌苔洗下制成浓悬液。

c. 制备 H 抗原菌悬液:用无菌滴管吸取上述②洗下的菌悬液,注入无菌小三角瓶中,置 4℃冰箱中经 3~5 d 固定杀菌。再经培养检验为无细菌生长后用无菌生理盐水稀释,直至与标准比浊管(McFarland 管)对照参比,并将其稀释成 10 亿个 /mL 的菌浓度的悬液,此即为伤寒沙门氏菌 H 抗原的悬液,置冰箱备用。

d. 制备 O 抗原菌悬液:用无菌生理盐水洗下上述 a. 斜面伤寒沙门氏菌的菌苔,制成菌悬液后在 100℃恒温水浴中不断摇动并维持 2 h。经检验为无菌生长后再用无菌生理盐水稀释成 10 亿个 /mL 的 O 抗原菌悬液,置冰箱备用。

② 免疫动物的方法:

a. 选择雄性兔编号:选择体重 2.5~3 kg 雄性健康家兔 2~3 只进行编号。

b. 采血测定自然抗体:由耳静脉采血 2 mL 左右,分离出血清后与准备免疫用的抗原作血清学反应试验,测知其是否含有天然抗体。若为无或仅有微量时,该动物可用作免疫实验。

c. 免疫中观察要点:注射途径、剂量和日程等对不同抗原要分别对待,即依据注射后动物的反应情况而定。通常免疫注射后的反应与人类相似,常伴有发热、不舒适与食欲减退等现象产生。若有上述免疫反应时,最好调整注射途径或减少剂量直至停止注射等。

d. 免疫剂量与时次:最常采用的免疫途径是耳静脉注射,每周注射菌液 2~3 mL,共 3~5周,见表Ⅰ-16-1-②。末次注射免疫后 7~10 d 可采血,每次注射剂量需有 9 亿个~10 亿个菌体。

表Ⅰ-16-1-② 伤寒沙门氏菌 H 抗原和 O 抗原免疫动物的剂量与日程

日 程	第 1 天	第 5 天	第 10 天	第 15 天	第 20 天
免疫剂量 /mL	0.5	1.0	2.0	3.0	3.0
免疫途径	用伤寒沙门氏菌 H 抗原和 O 抗原注射白兔的耳静脉免疫				

③ 试血测效价值：

a. 耳静脉采血：一般于最后一次免疫后的 7～10 d，从白兔耳静脉中取 1～2 mL 血，分离血清。

b. 测效价：用试管凝集反应测定抗血清的效价，一般效价可在 1∶2 000 以上，如效价不够高，可继续加大剂量作静脉注射 1～3 次后，常可使效价明显提高。

c. 动脉放血制备与贮存：以颈动脉放血，分离血清，分装贮存备用。

2. 可溶性抗原的免疫血清制备方法

本实验以免疫球蛋白抗血清的制备为例。

抗免疫球蛋白的抗血清（又称抗抗体），在免疫标记技术中有广泛的用途。但若要获得特异性抗免疫球蛋白的血清，就需要采用部分纯化或分离较纯的抗原去免疫动物。制备抗血清能否成功，除取决于抗原的纯度外，还与所选动物的品种、免疫途径、注射剂量以及是否加佐剂等都有密切联系。

(1) 抗原的制备

制备抗 IgG 的单价特异性抗血清所需要的抗原 IgG，必须用 DEAE- 纤维素或其他方法制成纯度高的 IgG，再加佐剂来免疫动物才能获得。

(2) 抗原 - 佐剂乳化液的制备

① 抗原 - 佐剂混匀：按每千克兔体重注射 1～2 mL 抗原的剂量计算，再与等量无菌佐剂相混匀，然后彻底将其乳化。

② 研磨乳化法：先取灭菌佐剂一份加入研钵内，再逐滴加入等量的抗原悬液，边加边充分研磨，使其彻底乳化成抗原 - 佐剂的乳化悬液为止。

③ 注射器乳化法：可用两支 5 mL 注射器，分别吸取 1 mL 抗原和 1 mL 弗氏完全佐剂等量混合，两支注射器针头接头处用一长 5 cm 左右的硅胶管相连（注意必须紧密连接）。此时两人相向而坐，每人用左手固定硅胶管与注射器的连接处（要特别注意防止胶管脱落或破裂），右手交替推动注射器的轴心推杆，往复操作直到形成黏稠的抗原 - 佐剂的乳化悬液乳剂为止。

④ 乳化悬液的测试：制成的乳剂是否为油包水乳剂，其质量将直接影响到免疫的效果，因此必须进行检查。方法是将佐剂抗原乳化悬液滴于冷水表面，一滴下去应保持完整而不分散，如油滴分散消失，则不合要求须另行制备。

(3) 免疫方法

① 选兔免疫：一般选择 2.5～3 kg 健康雄兔 2～3 只，分皮下与淋巴结注射两种途径免疫。

② 淋巴免疫特征：淋巴结法效价升高较快，但各兔的个体间差异较大，常呈现波动。

③ 皮下免疫特征：用皮下免疫法时，抗体效价至 50 d 后才逐步上升，但一旦开始上升后还可稳定地持续上升，在停止免疫后相当一段时间内效价也不会下降。

④ 皮下免疫进程：一般皮下免疫方法见表Ⅰ–16–1–③。

表Ⅰ–16–1–③　皮下注射免疫法的操作要点

免疫次数	免疫剂量	注射途径
第一次	1 mg/kg（完全佐剂）	皮下多点注射（背脊椎 1.5 cm 两侧）
第二次（第一次免疫后 3～4 周）	2 mg/kg（不完全佐剂）	皮下多点（背部）；腿部肌肉
第三次（第二次免疫后 1～2 周）	同上	同上

⑤ 淋巴结免疫进程：淋巴结法必须在足掌部位以卡介苗致敏[(75 mg/mL)0.3 mL/每兔]，10~14 天后两侧腘窝淋巴结肿大如黄豆或蚕豆大小后，即可进行淋巴结内注射（见表Ⅰ–16–1–④）。

表Ⅰ–16–1–④ 淋巴结法免疫操作要点

免疫次数	免疫剂量	注射途径
第一次（BCG 致敏后 10~14 d）	1 mg/kg（完全佐剂）	后肢淋巴结及皮下多点注射（背脊）
第二次（第一次免疫后 3~4 周）	2 mg/kg（完全佐剂）	颌下淋巴结及两侧腹股沟腿部肌肉
第三次（第二次免疫后 1~2 周）	2 mg/kg（不完全佐剂）	背部皮下多点

(4) 试血

① 兔耳静脉采血：一般于第三次免疫后的 7~10 d 即可从耳静脉取 2 mL 左右的血来分离血清。

② 双扩散测效价：中间孔加稀释的抗原 IgG 1 mg/mL，周围孔加不同稀释度的待检血清，放室温或 37℃ 恒温培养箱过夜，观察结果。效价在 1：16 以上即可放血。

(5) 放血

放血前动物停食 12 h，可以得到澄清而不混浊的血清。放血的方法有心脏取血、耳静脉滴血和颈动脉放血等 3 种。如仍要保留该免疫动物，可直接由心脏取血，或切开耳静脉滴血，取血后应由静脉缓缓注入等体积的 5% 葡萄糖溶液以补足失血量。被取血的动物经 2~3 个月休息，可再次加强免疫后取血。如拟一次采取大量血清而不用保存动物时则可用颈动脉放血的方法。

(6) 血清的分离

将盛血液的试管或茄子瓶斜放，待血液凝固后，放 37℃ 恒温培养箱中 0.5 h，使血清充分析出。经离心沉淀分出血清。

(7) 血清的保存

血清按 1% 比例加入 1% 硫柳汞或 5% 的叠氮钠，使其最后质量浓度分别为 0.01% 或 0.05%，然后用无菌操作将血清分装小瓶，低温保存。切忌反复冻融，以免降低血清的效价。

【结果记录】

将颗粒性抗原与可溶性抗原制备抗血清的结果记录在自己所绘制的表格中。

【注意事项】

1. 动物的免疫反应存在着个体间的差异。有的动物虽能产生抗体，但效价很低，所以制备免疫血清时至少应免疫两只以上家兔。

2. 制备特异性抗血清时所用的抗原纯度越高越好，因此，在纯化抗原的过程中应尽量除去可能存在的各种微量杂蛋白。

3. 采血前，动物应停食 12 h，以减少血清中的脂肪含量，从而可避免样品在正常双向扩散时产生扩散圈而干扰观察。

4. 静脉滴血或放血过程中，应让血液沿管壁自然状态流入试管或茄子瓶，避免因剧烈滴溅而使血细胞破损导致产生溶血等现象。

5. 采血后若需保留动物,则采血后应由静脉缓慢注入等量 5%葡萄糖溶液以补足失血量。在采血后的动物需经 2~3 个月休整调养,才可再次加强免疫与取血。

6. 免疫动物的途径和佐剂各有若干种,但均为经验之积累。若免疫后发现效果欠佳时,需改变免疫途径或另选择佐剂,常能取得良好的效果。

7. 抗血清效价通常以抗血清稀释的倍数来表示。血清效价的检测方法也很多,但灵敏度各不相同,因此在表示抗血清效价值时,应分别注明检测的方法。

【思考题】

1. 如何制备特异性强、效价值高的抗血清? 你所制得的抗血清效价是多少?

2. 为什么免疫动物在采血前 12 h 内应该禁食?

3. 制备伤寒沙门氏菌 H 抗原时,为什么要用甲醛生理盐水? 而制备 O 抗原时,则用普通生理盐水与加热即可?

4. 制备高效价的抗血清时,为什么要多次注射免疫动物?

5. 制备抗血清所用的器皿,为什么一定要干净与预先灭菌?

6. 什么是免疫佐剂,哪些抗原在免疫时常需用佐剂?

7. 使用抗原 – 佐剂中为什么要彻底乳化后才能免疫? 检测与判断其是否合格的方法是什么?

（胡宝龙）

实验 I –16–2　凝 集 反 应

【目的】

1. 了解凝集反应的基本原理,观察抗原与抗体在载玻片上的凝集现象。

2. 掌握用试管凝集法测定抗体效价的步骤与方法。

【概述】

颗粒性抗原(凝集原)与其相应的抗体(凝集素),在电解质的参与下相结合,产生肉眼可见的凝集团的过程,即为凝集反应。凝集反应通常分为直接凝集反应和间接凝集反应两类。直接凝集反应,即颗粒性的抗原如细菌和红细胞等与其相应的抗体直接结合所致的凝集反应。间接凝集反应,则是先将可溶性抗原吸附于与免疫性无关的载体表面,然后再与相应抗体结合的凝集反应。常用的抗原载体有红细胞、细菌、白陶土、离子交换树脂和火棉胶颗粒等,而用鞣酸处理过的羊红细胞则应用更广泛。

在直接凝集反应中,常用的有载玻片和试管两种试验方法。前者是将含有已知抗体的血清与待测抗原在载玻片上混合,若两者是特异的,则在最佳反应条件下,数分钟后即可在载玻片上呈现片状凝集团。此法具有灵敏、快速和操作简便等优点,常用于鉴定菌种和测定血型等定性工作中。试管法可用于测定抗原或抗体的效价等定量试验,它是以不同稀释度的抗血清与等体积的抗原溶液在试管中混匀,在适宜的反应条件下,观察试管中出现凝集的情况。如果某一抗血清在最高稀释度下仍有明显的凝集现象,那么此稀释度即为该免疫血清的效价值。

血清学反应通常放在37℃或50℃水浴中进行,以加快其反应速度。但温度不可超过60℃,否则会引起抗原和抗体蛋白变性而失败。

【材料和器皿】

1. 抗原

伤寒沙门氏菌(*Salmonella typhi*)H菌液(或O菌液),普通变形杆菌(*Proteus vulgaris*)。

2. 抗体

伤寒沙门氏菌H(或O)诊断血清,变形杆菌抗血清(1∶100)。

3. 电解质

0.85% NaCl生理盐水溶液。

4. 其他

恒温水浴锅或37℃恒温培养箱,细菌标准比浊管,移液管,试管,试管架,载玻片,记号笔,1 000 μL可调移液器和相应吸头等。

【方法和步骤】

1. 玻片凝集反应法

(1) **稀释**:将伤寒沙门氏菌H诊断血清作适当的稀释。

(2) **分区**:取洁净载玻片1块,用记号笔将其划分为2个区,写上"一"和"二"区的标记。

(3) **加样**:在第一区内加0.85%生理盐水1滴,再与1滴抗原混匀,作为对照区;在第二区内先加1滴抗体稀释液,再与1滴抗原混匀后即为试验区。

(4) **反应**:将混匀的载玻片放在湿室中,然后将它放在37℃恒温水浴锅上面保温10~20 min,以加快抗原与抗体间的反应。若反应仍不明显,可轻轻晃动载玻片并仔细辨认两区的差异。

(5) **判断结果**:若抗原与抗体的血清效价较高与相近,则凝集团形成迅速;反之则需待数分钟后才出现隐约可见的凝集现象;若几分钟后仍不能判断,可再增加晃动次数,或将载玻片置低倍镜下观察,凡菌体凝集成小块片状者为阳性结果(见图Ⅰ-16-2-①)。

2. 试管凝集反应法

(1) **制备菌悬液**:取培养18 h的变形杆菌斜面1支,用0.85% NaCl生理盐水洗下斜面菌苔,稀释至一定浓度,用标准比浊管法调整其浓度至10^9/mL细胞。

(2) **准备稀释管**:将洁净的16支小试管分成2排(2个重复),依次编号。每一小试管内加入0.5 mL生理盐水稀释液,备用。

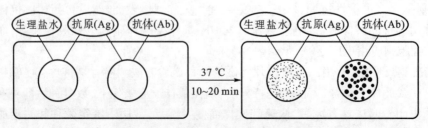

图Ⅰ-16-2-① 玻片凝集反应示意图

(3) 稀释抗血清:用 1 000 μL 可调移液器吸取 0.5 mL 变形杆菌抗血清(1∶100)加入第一管内,连续吹吸 3 次,使血清中的抗体与生理盐水充分混匀,然后吸取该稀释液 0.5 mL 至下一稀释度的小试管内,依次类推,直至第七支试管。从第七管中吸取 0.5 mL 弃去。此时自第一至第七管内抗血清的稀释倍数分别为:1∶200,1∶400,1∶800,1∶1 600,1∶3 200,1∶6 400 和 1∶12 800(见图 Ⅰ-16-2-②),第八管中不加抗血清,为对照管。

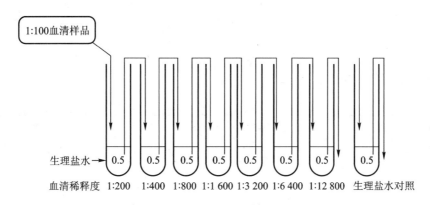

图 Ⅰ-16-2-② 血清的倍比稀释法示意图

(4) 移加抗原:用 1 000 μL 可调移液器吸取适当浓度的变形杆菌菌液,加入第一排各试管中,每管加量为 0.5 mL(从生理盐水对照管开始,依次由后向前移加),此时各管抗血清稀释倍数又分别比原来增加了 1 倍。

(5) 反应:将各管抗原与抗体稀释液充分混匀,并置于 37℃ 水浴锅中保温 4 h(或 37℃ 恒温培养箱中过夜),观察结果。凡能形成明显凝集现象的血清最高稀释度即为该抗血清的凝集效价。

(6) 判断准则:

① 观察对照管:先不摇动试管,观察对照管底部有无凝集团。通常抗原(菌体)沉于管底,边缘光滑整齐。待观察记录后,再轻轻晃动对照管,此时沉淀菌分散成均匀的混浊菌液。

② 观察各试验管:同对照管一样,先不摇动试管,观察比较各试管底部有无凝集及凝集团状物的形态,则可与未摇动的对照管比较,观察两者有何不同。通常凝集团的边缘不整齐,试管液体上部澄清、半澄清或混浊,但混浊度明显低于对照管。待观察记录后再轻轻晃动各试验管,此时,各试验管底部的凝集团缓缓升起,呈明显的片状或块状。若凝集现象有强弱,则分别记录之。

凝集现象的强弱判断标准为:

"++++"(很强),表示细菌菌体全部凝集,菌液澄清,经晃动后见大片块状物。

"+++"(强),表示细菌细胞大部分凝集,未晃动的试验管的上清液呈轻度混浊,摇动后凝集团较小。

"++"(一般),表示细菌细胞半数凝集,试验管上清液呈半澄清,晃动后的凝集团呈微小颗粒状。

"+"(弱),表示仅少量细菌细胞被凝集,试验管菌液呈混浊,摇动后仅能见少量微粒状凝集团。

"–"(阴性),表示无凝集现象产生,试管晃动前后与对照管相比较无异样现象,故为阴性反应。

【结果记录】

1. 将载玻片凝集反应试验的结果记录在下表中。

	第一区（生理盐水 + 菌液）	第二区（诊断血清 + 菌液）
阳性或阴性		

2. 将各试管凝集反应的结果记录于下表中。

血清（1：100）	1：200	1：400	1：800	1：1 600	1：3 200	1：6 400	1：12 800	对照	效价

【注意事项】

1. 用于试验的载玻片、试管、移液管和滴管等均须洁净、干燥。

2. 在抗血清的倍比稀释过程中,应力求精确,并防止因在操作过程中产生气泡而影响实验准确性。

3. 当进行凝集反应的试管从温水浴中取出时,切忌摇动,以免影响对结果的初次判断与比较。

4. 用于载玻片凝集反应中的滴管等要专管专用。

【思考题】

1. 什么是免疫血清的效价?

2. 生理盐水中的电解质在凝集反应中起什么作用?

3. 试管凝集反应与玻片凝集反应各有什么优点?

（胡宝龙）

实验 I-16-3 环状沉淀试验

【目的】

1. 了解环状沉淀试验的原理及用途。

2. 掌握沉淀素的效价测定,学会环状沉淀试验的操作与结果的观察方法。

【概述】

环状沉淀试验是将已知的抗血清放入沉淀管的底部,然后小心地加入已适当稀释的抗原溶液于抗血清表面,使两种溶液成为界限清晰的两层。经一定时间后,若抗原与抗体相对应且效价相当,则在液面交界处出现乳白色沉淀环,出现此环状反应的抗原最高稀释度即为沉淀素的效价。故本试验既可作定性试验,也可作半定量测定。

环状沉淀试验广泛用于流行病学、法医学的血迹鉴别和食物掺假等的测定。通常将一些可疑材料作为抗原,用标准抗血清加以鉴定。它具有用量少、操作简便等优点。在流行病学上,可用来检查媒介昆虫体内吸血的来源,如蚊子除吮吸人血外,也吸猪、羊、牛等动物血液。再如沾在衣服、纸张、墙壁以及刀子等物品上的微量血迹,即可用生理盐水洗下待检可疑物作抗原与已知抗体进行检测定性等。此外,在细菌分型及检查可溶性的细菌抗原上均有广泛的应用,例如在细菌学诊断上,可用此法协助诊断炭疽病等。如用炭疽芽孢杆菌诊断血清与怀疑为炭疽芽孢杆菌感染的机体组织提取物(如动物的皮毛、污染严重的动物内脏等研碎后加入生理盐水煮沸15 min,取滤液并适当稀释后即为待检抗原)进行环状沉淀试验。

本实验简介抗原 – 抗体(沉淀素)的环状沉淀反应的操作法与效价值的大致测定法。

【材料和器皿】

1. 抗原
人血清等抗原样品。

2. 抗体
兔抗人血清等抗体样品。

3. 反应介质
生理盐水。

4. 其他
沉淀试管(2.5 ~ 3.0 mm 的内径,约 30 mm 长),小试管,毛细滴管,吸管,记号笔,试管架等。

【方法和步骤】

1. 试管编号
取小试管 7 支置于试管架上,将其编号为 1 ~ 7 待稀释用。

2. 稀释
取 1∶25 的人血清 1 mL,以倍比稀释法按表 Ⅰ –16–3– ① 稀释成各种稀释浓度梯度。

表 Ⅰ –16–3– ① 稀释浓度梯度

试管号	1	2	3	4	5	6	7
生理盐水 /mL	1	1	1	1	1	1	1
	+	+	+	+	+	+	+
1∶25 人的血清 /mL	1 →	1 →	1 →	1 →	1 →	1 →	1
血清稀释倍数	1∶50	1∶100	1∶200	1∶400	1∶800	1∶1 600	1∶3 200

3. 试管编号

另取 8 支沉淀试管置于试管架上,将其编号 1~8 待测定用。

4. 加入抗体

用毛细吸管移取兔抗人血清,每管各滴加 2 滴至沉淀管底部。

5. 加入抗原

用另一毛细吸管移取上面已稀释好的人血清抗原,按表Ⅰ-16-3-②加入各管 2 滴抗体的沉淀反应管中(加样次序从对照开始,然后由稀至浓逐一滴加)。

表Ⅰ-16-3-②　加入抗原

沉淀管		1	2	3	4	5	6	7	8
兔抗人血清滴量		2	2	2	2	2	2	2	2
人血清	稀释度	1:50	1:100	1:200	1:400	1:800	1:1600	1:3200	生理盐水
	加滴量	2	2	2	2	2	2	2	2

6. 加样要点

加抗原液时应从最高稀释度(第 7 管,即最低效价或滴度管)加起,沿管壁徐徐缓慢加入,使两液面间形成一明显界面(切勿使之相混),如界面不清则应重做。

7. 设立对照

第 8 管缓缓加入生理盐水以作阴性对照管。

8. 室温反应

静置于室温中 15~30 min 后观察结果。

9. 观察记录

观察液面交界处有无乳白色沉淀环出现。凡有乳白色沉淀环出现者记作阳性反应(+),若无沉淀环者记作阴性反应(-)。

10. 效价估计

在最高稀释度的抗原与抗体交界面之间仍有乳白色沉淀者,该管的稀释度即为沉淀素(抗体)的效价值。将观察结果填入下表中。

【结果记录】

1. 将试验结果填入下表中。

试管号	1	2	3	4	5	6	7	8
Ag 稀释度	1:50	1:100	1:200	1:400	1:800	1:1600	1:3200	生理盐水
结果								

2. 从实验结果判断沉淀素的效价大致在什么范围。

【注意事项】

1. 试验中所用试管与器皿等均须洁净,以排除可能出现的各种杂质对试验的干扰。

2. 加抗原时必须沿壁徐徐地流入试管底部与抗体相会,使两者在相会处形成两相界面层,才可能形成明显的环状沉淀带。

【思考题】

1. 简述环状沉淀试验在实际中的用途。

2. 试比较凝集反应与试管环状沉淀反应的异同。

3. 试设计一个实验用于鉴定血迹,以区分它是人血还是动物血。

(胡宝龙)

实验Ⅰ-16-4　用鲎试剂法测定细菌内毒素

【目的】

1. 了解用鲎试剂法测定细菌内毒素的基本原理。

2. 掌握用鲎试剂法测定细菌内毒素的操作步骤与方法。

【概述】

绝大多数革兰氏阴性细菌和极少部分革兰氏阳性细菌具有内毒素类物质,其化学组分为细胞壁中的脂多糖成分之一,即类脂 A。当革兰氏阴性细菌感染宿主并在体内生长繁殖时,随着含菌数的增加与细菌细胞不断死亡、分解,则内毒素可随血流、脑脊液等逐渐扩散与累积,并引起机体程度不等的内毒素中毒症,出现发热等症状,故常将内毒素类物质称为热原质。因此,可通过检测体液标本中的内毒素是否存在,协助临床诊断机体是否受细菌的感染,特别是受革兰氏阴性致病性细菌的感染等。

另外,在医疗中常出现患者内毒素性中毒事故,原因是在治疗中所用各种药剂(如各种药物、注射用生理盐水、葡萄糖液等)与各种生物制品,由于其在生产或制备过程中受到细菌的污染。因此,严格检测各类药剂或生物制品是否受外源性细菌产生的内毒素污染,常是药品质检部门的重要工作。

在内毒素物的质检中,以往常用的是家兔发热性试验。但是,由于其操作十分繁琐,且常受各种因子的干扰与影响,故结果的准确性常不够理想。而利用鲎试剂和内毒素间的特异凝胶反应法来测定,则具有快速、简便、灵敏(可达 $0.1 \sim 1$ ng/mL 的内毒素)与准确等优点,备受药检部门的青睐,应用也十分广泛。

鲎是一种海洋节肢动物,血液中含有一种变形细胞,此类细胞的裂解物可与微量内毒素起凝胶反应,因为在细胞裂解物中的凝固酶原能被内毒素激活而变成凝固酶,凝固酶作用于此细胞裂解物中的可凝固蛋白质使其变成凝胶,因而间接地证明了样品是否曾受内毒素的污染。但是,利用此法测定的结果是非特异的,因而它不能测知凝胶现象是由何种细菌的内毒素所致,故不能指导临床作针对性治疗。

【材料和器皿】

1. 鲎试剂

鲎变形细胞裂解物,系贮存于安瓿管内的冻干制品。

2. 待检样品

可疑污染革兰氏阴性细菌的样品(药品或注射用水等)。

3. 内毒素标准品

100 ng/mL 大肠埃希氏菌内毒素,无内毒素生理盐水,无内毒素蒸馏水。

4. 其他

1 mL 无菌吸管,恒温水浴锅等。

【方法和步骤】

1. 溶解鲎试剂

取 3 支鲎试剂,各加 0.1 mL 无内毒素蒸馏水使之溶解,同时进行编号 1、2 与 3。

2. 分别加样

将固体待检试样溶解后,分别向上述 1~3 支安瓿管中加样,1 号鲎试剂管滴加 1 滴待检试样液、2 号鲎试剂管滴加 1 滴内毒素标准品液(作阳性对照管)及 3 号鲎试剂管滴加 1 滴无内毒素蒸馏水(作阴性对照管)。

3. 摇匀与保温

将上述加样鲎试剂管经轻轻摇匀后,垂直插入 37℃水浴箱中,保温以加速样品间的凝胶反应。

4. 观察与记录

待 37℃保温 15~30 min 后取出,仔细观察 1 号管是否有凝胶现象的产生,并与 2 号标准管(凝胶阳性结果)及 3 号对照管(凝胶阴性结果)比较,认真做好记录。

【结果记录】

根据凝胶形成与否及凝胶强度判断结果:

"−",不形成凝胶,为阴性结果,溶液仍保持液态。

"+",形成凝胶,为阳性结果,但凝胶强度较弱,倾倒安瓿管时凝胶容易滑动。

"++",形成凝胶牢固,为强阳性,倒持安瓿管时凝胶不滑动。

根据以上标准,判断用鲎试剂法测定的待检样品的结果及其阳性结果的强弱,并记录于下表中。

鲎试剂	供试样品及对照	结果记录
鲎变形细胞裂解物	待检样品	
	内毒素标准品	
	无内毒素蒸馏水	

【注意事项】

1. 打开鲎试剂安瓿管时要注意安全并应严防试剂的污染而导致假阳性。
2. 观察结果时应在同等条件下进行比较以得出较正确的结论。

【思考题】

1. 鲎变形细胞裂解物检测细菌内毒素的原理是什么？
2. 在鲎试剂法测定内毒素中，如何设定待测样品的阳性与阴性对照管？为什么？
3. 试述鲎试剂法测定的应用范围与其局限性。

（胡宝龙）

实验Ⅰ-16-5　双向琼脂扩散沉淀反应

【目的】

1. 了解抗原与抗体的双向琼脂扩散沉淀反应的原理。
2. 掌握用双向琼脂扩散沉淀反应检测未知抗原或抗体的步骤和方法,学会判断其纯度及其效价的测定法。

【概述】

沉淀反应是最经典的免疫学方法。它是由可溶性的抗原,例如血清、细菌的浸出液或外毒素等,与其相应的抗血清起反应而呈现沉淀的现象。通常将参与沉淀反应的抗原叫沉淀原,而相应抗体称沉淀素。

沉淀反应的试验方法很多,有试管环状沉淀法、絮状沉淀法以及琼脂扩散法等。双向琼脂扩散法是将待测抗原和抗体分别加入琼脂板上的小孔内,使两者在琼脂板内相互扩散,当抗原和抗体在两小孔间扩散至比例适合处,而两者又是特异的,则会形成乳白色的沉淀线。若抗原和抗体都不纯或含有两种以上成分时,就可在两孔间形成若干条粗细与清晰度不等的沉淀线。因此,可利用此法进行抗原或抗体的纯度分析。

另外,在两孔间沉淀线形成的位置还与抗原、抗体的浓度有关,抗原越浓,则所形成的沉淀线越偏离抗原而接近抗体小孔的位置。因此,当固定已知抗体的浓度后,再稀释抗原进行琼脂双向扩散沉淀反应试验时,就可根据两者沉淀线的位置,初步了解抗原的大致浓度(或效价),反之亦然。

【材料和器皿】

1. 抗原

破伤风类毒素,其浓度为原液和1：2、1：4、1：8、1：16、1：32等稀释液(视材料的浓度而定)。

2. 抗体

破伤风抗毒素,其浓度为原液和 1∶2、1∶4、1∶8、1∶16、1∶32 等稀释液(视抗体效价不同而稀释之)。

3. 生理盐水琼脂

取 1.5 g 优质琼脂粉于 100 mL 生理盐水中,在沸水浴中融化后,再加叠氮化钠 0.1 g,调 pH 至 7.2。

4. 其他

微量进样器(25 μL,2 支),不锈钢管(直径 3 mm)琼脂打孔器,针头,移液管,水浴锅,洁净载玻片等。

【方法和步骤】

1. 融化琼脂

用沸水浴融化生理盐水琼脂,然后冷却至 70℃左右,保温待用。

2. 制备琼脂薄层板

取两块洁净载玻片置于水平台面上,吸取 3.0～3.5 mL 上述保温的生理盐水琼脂,在载玻片上铺成琼脂薄层板,务必使载玻片四角也铺满琼脂,整个表面平整而无气泡,冷凝后打孔。

3. 琼脂板打孔

将琼脂薄层玻板移至如图 Ⅰ–16–5–①所示小孔定位图上与之相重合。用 3 mm 的不锈钢打孔器按图中小孔位置依次打孔;打孔时,务必使打孔器垂直于琼脂玻板,使所打的小琼脂块与四周琼脂完全分离,然后挑出琼脂块时也不会留残余的小块琼脂。

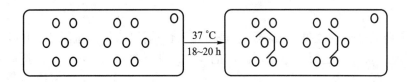

图 Ⅰ–16–5–①　抗原与抗体的孔穴和沉淀反应的结果示意图

4. 挑琼脂块

左手拿琼脂薄层玻片,右手持 9 号针头,针孔的斜面朝向琼脂块,让针头沿着小琼脂块的边缘直插入至底部,并迅速挑出孔中琼脂块。最后,在琼脂薄层玻片右上角孔内的琼脂块同样取出,此孔用作标定载玻片的方位。

5. 加样

用 1 支微量加样器:将抗原从低浓度至高浓度,以顺时针方向逐一加入至两组周围的 6 个孔中。另取 1 支微量加样器分别吸取 1∶2 和 1∶4 的抗体加入至两组的中央小孔内,同理先加低浓度,后加高浓度。每孔的加样量均为 10 μL。

6. 保湿

为防止琼脂玻板及样品的干燥,应将加样后的载玻片尽快放入湿室培养皿内(即在培养皿中放一个"U"形玻棒搁架,将琼脂玻板放在搁架上,皿内加少量水或浸湿的棉球)。

7. 保温

为促使抗原抗体充分扩散和反应,应将湿室置于37℃恒温培养箱中保温。

8. 结果分析

观察孔间沉淀线的位置、数目与特征。通常可见到如图Ⅰ-16-5-②所示的几种沉淀线:

(1) **两孔间的沉淀线**:在抗原与抗体间的双向扩散中,当两者在最佳比例处,能形成清晰的白色沉淀线,其位置与反应物的浓度和相对分子质量相关:若两者浓度相当,相对分子质量相近,则沉淀线在两孔之中,呈直线状,中间清晰,两端模糊;而相对分子质量相同,抗原的浓度大于抗体时,则沉淀线靠近抗体孔;在两者浓度相当而抗原的相对分子质量小于抗体时,则沉淀线在两孔之间并向抗体孔一方呈弯曲状(见图Ⅰ-16-5-②)。

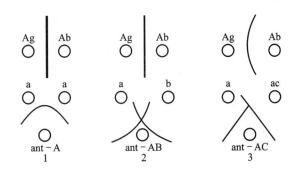

图Ⅰ-16-5-② 双向琼脂扩散反应沉淀线类型示意图

1. 抗A 2. 抗AB 3. 抗AC

Ag 为抗原,Ab 为抗体;下排中的大写字母指抗体,小写字母指相应的抗原

(2) **三孔间的沉淀线**:是一类当两孔中加入抗原,另一孔中加抗体样品时所形成的沉淀线(见图Ⅰ-16-5-②)。若两者是特异的,效价又相当,则形成的两条沉淀线的末端会连接成弧状,若两者不完全相对应,则形成两条交叉的沉淀线;若抗原有部分相同,则形成的两条沉淀线既能连接,又可出现一小分支线。

【结果记录】

1. 观察琼脂玻片薄层双向扩散的实验结果,注意点为:

(1) 是否有沉淀线,分布在哪几档稀释度之间?

(2) 沉淀线在两孔间的位置、粗细和清晰程度如何,为何有此差异?

(3) 从本实验结果可推测试验用的抗原与抗体属哪种类型?试分析之。

2. 绘制本试验的结果示意图。

【注意事项】

1. 应适时观察。若保温时间太短,无明显结果;若保温时间太长,则会使已形成的沉淀线解离或扩散而显得模糊。

2. 抗原和抗体的加样器不能混用,用后一定要用生理盐水清洗干净。加样应从低浓度向高浓度以顺时针方向逐孔加入。

3. 加样品时,切忌将它加至孔的四周,以防形成多层次扩散,影响实验结果。

【思考题】

1. 若在抗原与抗体的孔间出现两条以上的沉淀线时,应作何解释?

2. 从实验中,哪一稀释度的抗原和抗体最适宜? 为什么?

(胡宝龙)

第二部分　任选实验（一）

1. 菌种分离、纯化和筛选技术

实验Ⅱ-1-1 利用选择性培养基分离固氮菌、酵母菌和土壤真菌

【目的】

1. 通过对3类代表菌的分离,加深理解选择性培养基的原理和应用。
2. 熟悉从自然样品中分离固氮菌、酵母菌和土壤真菌的具体操作方法。

【概述】

从天然样品中获得各种重要的菌种,是微生物学工作者最常规的工作之一。其中最常用和有效的手段是利用选择性培养基对试样中少数目的菌进行富集(enrichment),随后再进行纯种分离。

选择性培养基是一类根据某微生物的特殊营养要求或其对某化学、物理因素的抗性而设计的培养基,具有使混合菌样中的劣势菌发展成优势菌的功能,故被广泛用于菌种筛选等领域。本实验中使用的3种选择性培养基的独特选择功能如下:

1. 阿什比(Ashby)无氮培养基

一种缺乏结合态无机或有机氮源的培养基,可有效从土壤中分离自生固氮菌。其选择性的原理是自生固氮菌在保证碳源(甘露醇或葡萄糖)和无机营养供应的情况下,可利用空气中的游离氮合成自身需要的含氮有机物,而其他各类微生物多无自生固氮能力,因此达到了选择性富集的效果。经富集培养后,在平板上最常出现的是褐球固氮菌(*Azotobacter chroococcum*)和拜氏固氮菌(*A. beijerinckii*),此两菌因能分泌水溶性的褐色素,故菌落常呈棕褐色,但后者产色素能力较前者弱,而荚膜则比前者厚,故菌落色浅而黏糊;另一种常见的自生固氮菌为维涅兰德固氮菌(*A. vinelandii*),它的菌落黏稠而无色,能分泌少量水溶性绿色色素。若要更有针对性地分离不同的自生固氮菌,可在无氮培养基上加入不同种类的碳源,例如,1%淀粉有利于褐球固氮菌的生长,鼠李糖有利于维涅兰德固氮菌的生长,而蔗糖和较低pH则有利于拜氏固氮菌的生长等。

2. 酵母菌富集培养基

酵母菌主要分布于含糖高和酸度较高的自然环境中,在果园表土和浆果、蔬菜、花蜜和蜜饯等的表面很容易找到它们。在土壤中,由于各种微生物混杂在一起且酵母菌的数量相对比较少,故可利用酵母菌富集培养基进行富集培养。该培养基含有较高的葡萄糖(5%)和较酸(pH为4.5)的环境,以及能抑制多种杂菌(许多细菌、放线菌和快速生长的霉菌)的孟加拉红(rose bengal,即玫瑰红),故十分有利于酵母菌的增殖。

3. 马丁(Martin)培养基

这是一种适合真菌生长并含有抑制细菌和放线菌生长的孟加拉红和链霉素(或氯霉素)的培养基,能有效地选择土壤中少量存在的真菌。生长在马丁培养基上的真菌,因多数也被孟加

拉红有一定程度的抑制,故形成的菌落较小,这正好避免了因某些气生菌丝生长旺盛的霉菌迅速蔓延而造成的不利于霉菌分离和计数的负面影响。

【材料和器皿】

1. 培养基

阿什比无氮培养基,酵母菌富集培养基,马丁培养基,麦芽汁琼脂培养基(成分与配制法见附录三)。

2. 器皿

无菌培养皿,无菌吸管,研钵,接种环,三角瓶,载玻片等。

3. 仪器

显微镜,恒温摇床。

4. 其他

表土样品,无菌水等。

【方法和步骤】

1. 用阿什比培养基分离好氧性自生固氮菌

(1) **采集土样**:用小铲铲取稍干的表土、10 cm 深和 20 cm 深的土壤样品各约 1 g,适当研碎。

(2) **准备平板**:将阿什比培养基加热融化,待冷至 50℃左右后倒数个平板,冷却,待用。

(3) **纸板布土**:将土样倒在约 15 cm×15 cm 大小的毛面硬纸板上,摇动几下后,轻轻倒去颗粒较大的土样。

(4) **弹土接种**:把纸板沾土的面朝向平板并盖上,随即用手指轻轻弹碰数下。然后移去纸板,盖上皿盖。

(5) **保温培养**:将培养皿平板倒置后放入 28℃恒温培养箱中培养 4~7 d。

(6) **观察菌落**:凡出现大型、黏稠、半透明,颜色呈白色、褐色或黑褐色的菌落,一般都是好氧性固氮菌。

(7) **分离纯种**:可用平板划线分离法进行菌种纯化。

2. 用酵母菌富集培养基分离酵母菌

(1) **采集土样**:采集葡萄园或其他果园、菜园土,先铲去 2~3 cm 表土,再采集 1 g 左右的土样,投入装有 20 mL 富集培养基的三角瓶中。

(2) **富集培养**:将三角瓶置 28℃恒温摇床上,振荡(220 r/min)培养 2~3 d。

(3) **纯种分离**:用平板划线分离法、涂布平板法或浇注平板法分离单菌落。若菌株不纯,可对单菌落进行多次划线分离,以获得纯菌落。

(4) **形态镜检**:将上述纯种接种至麦芽汁斜面上,经 28℃培养 1~2 d 后,在显微镜下观察其形态。

(5) **菌种保存**:将斜面菌种贴上标签后,放 4℃下保存。

3. 用马丁培养基分离土壤真菌

(1) **准备土样**:采集菜园中离地表 3 cm 以下的表土 2 g,置 20 mL 无菌水中(放在 100 mL 三角瓶中,内有玻璃珠),充分振荡,制成 10^{-1} 稀释液。

(2) **液体稀释**:吸取土壤稀释液 0.5 mL 至装有 4.5 mL 的无菌水试管中,充分搅匀,直至 10^{-3}。

(3) **平板分离**：吸取 10^{-1}、10^{-2} 或 10^{-3} 稀释液各 0.1 mL，用涂布平板法或倾注平板法分离真菌。

(4) **恒温培养**：将平板倒置在 28℃ 下培养 5～7 d。

(5) **观察和计数**：选择每皿出现 10～100 个菌落的平板，计算土壤真菌(包括酵母菌)的含量。

(6) **分离纯化**：选择合适的菌落进一步用划线分离法加以纯化。

【结果记录】

将用 3 种选择性培养基分到的主要微生物的菌落特征记录在下表中。

培养基	土样来源	分离方法	菌落特征
阿什比培养基			
酵母菌富集培养基			
马丁培养基			

【注意事项】

1. 用于涂布土样的平板培养基，琼脂含量应稍高些；平板浇注后，最好让培养皿盖打开一小口，并放入 37～60℃ 恒温培养箱中适当时间，使平板表面干燥。

2. 调节酵母菌富集培养基 pH 时，不能调得过低，否则经加压蒸汽灭菌后就不能凝固。

3. 马丁培养基中的链霉素(或氯霉素)必须另行配制，在使用前，按一定量加入到融化并冷却至 50℃ 左右的培养基中，摇匀后再倒平板。

【思考题】

1. 为什么使用阿什比培养基可从土壤中有效地分离到好氧性自生固氮菌？能否用它分离厌氧性自生固氮菌？如何做？

2. 从土壤样品中分离酵母菌时，为何要经过液体富集培养步骤？

3. 马丁培养基为何能选择土壤真菌？

(周德庆)

【网上视频资源】

● 环境中异养微生物的分离

实验 Ⅱ-1-2　酸奶的制作和其中乳酸菌的分离

【目的】

1. 学习自制酸奶的方法。

2. 熟悉从酸奶中分离和纯化乳酸菌的一般方法。

3. 学习用纸层析法鉴定乳酸细菌所产乳酸。

【概述】

酸奶又称酸乳（yoghurt），是以牛奶为主要原料，经乳酸菌发酵而制成的一种营养丰富、风味独特、国际流行的保健饮料。用于酸奶发酵的乳酸菌主要是德氏乳杆菌保加利亚亚种（*Lactobacillus delbrueckii* subsp. *bulgaricus*，旧称"保加利亚乳杆菌"）和唾液链球菌嗜热亚种（*Streptococcus salivarius* subsp. *thermophilus*，旧称"嗜热链球菌"），在有些酸奶中还使用另一些乳酸菌，例如嗜酸乳杆菌（*L. acidophilus*）或乳酸乳球菌乳脂亚种（*Lactococcus lactis* subsp. *cremoris*，旧称"乳脂链球菌"）等。

酸奶发酵中的主要生物化学变化是：乳酸菌将牛奶中的乳糖发酵成乳酸，使其 pH 降至酪蛋白等电点（4.6）附近（4.0～4.6），从而使牛奶形成凝胶状；其次，乳酸菌还会促使部分酪蛋白降解、形成乳酸钙和产生一些脂肪、乙醛、双乙酰和丁二酮等风味物质。这就是酸奶具有良好的保健作用和适合广大乳糖不耐症患者饮用的主要原因。

酸奶发酵过程通常是由双菌或多菌的混合培养实现的。其中的杆菌先分解酪蛋白为氨基酸和寡肽，由此促进了球菌的生长，而球菌产生的甲酸又刺激了杆菌产生大量乳酸和部分乙醛，此外球菌还产生了双乙酰这类风味物质，因此，达到了稳定状态的混合发酵。

【材料和器皿】

1. 菌种

德氏乳杆菌保加利亚亚种（*Lactobacillus delbrueckii* subsp. *bulgaricus*），唾液链球菌嗜热亚种（*Streptococcus salivarius* subsp. *thermophilus*）（可用纯种，也可从品牌酸奶商品中自行分离）。

2. 培养基

（1）马铃薯牛奶琼脂培养基（见附录三）。

（2）MRS 琼脂培养基（见附录三）

（3）乳酸菌糖发酵液体培养基：蛋白胨 5 g，牛肉膏 5 g，酵母膏 5 g，葡萄糖 10 g，吐温 80（Tween 80）0.5 mL，蒸馏水 1 000 mL，1.6% 溴甲酚紫溶液 1.4 mL，pH 6.8～7.0，分装试管后，在 112℃ 下灭菌 30 min。

3. 材料

优质全脂牛奶或奶粉（内含脂肪 28%，蛋白质 27%，乳糖 37%，矿物质 6%，水分 2%），蔗糖；市售优质酸奶（1 瓶）。

4. 器皿

无菌奶瓶、三角瓶或血浆瓶（250 mL），无菌移液管，培养皿，厌氧罐，恒温水浴锅，恒温培养箱，冰箱，层析缸，微量进样器（25 μL），电吹风机，新华 1 号滤纸等。

5. 层析试剂

（1）展层剂：水：苯甲醇：正丁醇 =1：5：5（体积比，另加 1% 的甲酸）。

（2）显色剂：0.04% 溴酚蓝乙醇溶液（用 0.1 mol/L NaOH 调节 pH 至 6.7）。

（3）2% 乳酸，无水乙醇。

6. 其他试剂

焦性没食子酸，15% NaOH。

【方法和步骤】

1. 酸奶制作

(1) **配奶**：在牛奶中添加 6%～10% 蔗糖后搅匀。或用奶粉按 1∶7 比例加水配成还原奶,然后加 6%～10% 蔗糖后搅匀。

(2) **消毒**：将酸奶原料置于 85～90℃下消毒 15 min。

(3) **冷却**：将消毒后的牛奶冷却至 45℃左右。

(4) **接种**：按 5%～10% 比例将市售优质酸奶作菌种接入冷却牛奶中,充分搅匀。

(5) **装瓶**：将上述牛奶按无菌操作灌入无菌奶瓶、三角瓶或血浆瓶中。一般每个牛奶瓶灌装量约为 250 g(使液面距瓶口 1.5 cm)。

(6) **保温**：将接种后的牛奶置于 40～42℃的恒温培养箱中保温 3～4 h(具体时间视凝乳速度而定)。

(7) **后熟**：已形成凝胶态的酸奶放在 4℃左右的低温下保持 12～24 h,以使其后熟(后发酵)。

(8) **品味**：评定酸乳质量有理化指标和微生物学指标两类。本实验中产品的质量以品尝时有良好的口感和风味为主,同时观察产品的外观,包括凝块状态、色泽洁白度、表层光洁度、无气泡和具有悦人香味等。相反,若品尝时发现有异味,则说明发酵中污染了杂菌。

2. 菌种分离

(1) **浇注平板**：将三角瓶中的 MRS 和马铃薯牛奶琼脂培养基加热融化,冷却至 45℃左右,分别浇注 3 个平板,凝固后待用。

(2) **酸奶稀释**：按常规方法对酸奶进行 10∶1 的系列稀释,取适当稀释度的菌液作平板分离。

(3) **平板分离**：取适当稀释度的悬液用浇注平板法或涂布平板法分离单菌落,也可用接种环直接蘸取酸奶原液作平板划线分离。

(4) **恒温培养**：将分离用的培养皿平板放入厌氧罐中,然后按抽气换气法或简便的焦性没食子酸(20 g)加 15% NaOH(20 mL)的方法造成厌氧环境(注意:两试剂先后加在小烧杯中后应立即紧盖厌氧罐),然后置 37℃恒温培养箱中培养 2～3 d。

(5) **观察菌落**：酸奶中的乳酸菌在马铃薯牛奶琼脂培养基上出现 3 种不同形态的菌落。

① 扁平型菌落：直径为 2～3 mm,边缘不整齐,薄而透明,染色并镜检,细胞呈杆状。

② 半球状隆起型菌落：直径为 1～2 mm,隆起呈半球状,高约 0.5 mm,菌落边缘整齐,四周可见酪蛋白水解的透明圈。染色并镜检,细胞为链球状。

③ 礼帽形突起菌落：直径为 1～2 mm,边缘基本整齐,菌落的中央隆起,四周较薄,有酪蛋白水解后形成的透明圈。经染色,镜检,细胞呈链球状。

(6) **单菌株、双菌株混合发酵试验**：将上述 3 种单菌落在牛奶中分别作扩大培养后,再以 10% 接种量接入消毒牛奶作单菌株发酵试验和双菌株混合发酵试验,品尝并评价何种组合较为合理。

3. 乳酸的纸层析

(1) **纯种培养**：将从酸奶中分离到的各纯种乳酸菌分别接种到含糖发酵液体培养基的试管中,在 37℃下培养 3 d。

(2) **纸层析**：

① 准备层析纸：用新华 1 号滤纸裁成长 25 cm、宽 10 cm 的纸条,然后在其下方距底边约

3 cm 处用铅笔划一条始线,在其上再画 4 点作点样标记(距两侧 1.7 cm 处各点一点,中间 2 点间的距离为 2.2 cm),并注明点样编号(样品液 2 点,2%乳酸和未接种的糖发酵培养液各一点)。

② 点样:先用无水乙醇清洗微量进样器,再分别取各样品 20 μL 点样,每一样品均须用吹风机吹干。

③ 层析:将点样后的层析纸放入层析缸中,经展层剂蒸气饱和一夜后,再正式让底部均匀浸入展层剂中展层,待前沿上行至 20 cm(在室温 20℃下 8 ~ 9 h)左右后,取出气干。

④ 结果观察:用喷雾器将显色剂均匀喷在层析纸上,对比标准乳酸与试样中所含乳酸所出现黄色斑点位置,并参考对照样品的层析斑,以确认试样中是否含有乳酸。

【结果记录】

1. 将用市售酸奶作接种剂的自制酸奶品评结果记录在下表中。

接种剂品牌	pH	凝结程度	口　感	香　味	异　味	评　价

2. 将用单菌和混合菌发酵制成的酸奶品评结果记录在下表中。

菌种类型	pH	凝结程度	口　感	香　味	异　味	产乳酸	评　价
杆　菌							
球　菌							
杆菌 / 球菌（1 : 1）						—	
杆菌 / 球菌（2 : 3）						—	

【注意事项】

1. 选择优良的酸奶作接种剂是获得实验成功的关键。

2. 在酸奶制作的全过程中,必须严防杂菌污染。

3. 必须选用不含抗生素的牛奶作发酵原料,否则将抑制乳酸菌的生长。

4. 作层析试验时,各试样的点样量不宜过多,否则会产生斑点拖尾等现象,干扰结果判断。

5. 乳酸杆菌属和链球菌属的乳酸菌一般都是耐氧性厌氧菌和兼性厌氧菌,可以在有氧条件下生长,但使用厌氧罐培养可长得更好。

【思考题】

1. 酸奶为何比一般牛奶具有更好的保健功能?
2. 在酸奶制作中,为何要用混合菌发酵?
3. 在缺乏厌氧罐时,能否培养、分离酸奶中的乳酸菌,为什么?

(周德庆　徐德强　肖义平)

【网上视频资源】

- 厌氧微生物的分离和培养
- 酸奶的制作和乳酸菌分离

实验Ⅱ-1-3　产淀粉酶芽孢杆菌的分离和酶活性测定

【目的】

1. 掌握产淀粉酶芽孢杆菌的分离方法。
2. 学习摇瓶培养和 α 淀粉酶活性测定方法。

【概述】

淀粉是广泛分布的葡萄糖聚合物,水解淀粉的淀粉酶主要包括 4 类:① α 淀粉酶,随机切割淀粉内部的 α-1,4- 糖苷键,但不水解分支点的 α-1,6- 糖苷键及其附近的 α-1,4- 糖苷键。α 淀粉酶的特点是使淀粉浆快速液化,因此也叫液化型淀粉酶(液化酶),产物主要是葡萄糖、麦芽糖和糊精等;② β 淀粉酶,从淀粉的非还原性末端切割 α-1,4- 糖苷键,生成麦芽糖和糊精;③ γ 淀粉酶,水解淀粉的 α-1,4- 和 α-1,6- 糖苷键,产物是葡萄糖,也称糖化酶;④异淀粉酶,水解 α-1,6- 糖苷键,产物是直链淀粉。淀粉酶在动物、植物和微生物中广泛分布,其中来源于各种芽孢杆菌的 α 淀粉酶最适温度为 70℃或更高,是重要的工业用酶。本实验拟从富含淀粉或枯枝败叶的土壤样品中分离产淀粉酶芽孢杆菌,并测定摇瓶培养发酵液的淀粉酶活性。

【材料和器皿】

1. 土样

淀粉加工企业附近土样或富含枯枝败叶的林地土壤,采集后置于 37℃烘干,用无菌研钵研细,备用。

2. 培养基

(1) **淀粉水解液体培养基**:牛肉膏 5 g,蛋白胨 10 g,氯化钠 5 g,可溶性淀粉 2 g,水 1 000 mL,pH 7.2,121℃灭菌 20 min。配制时,牛肉膏、蛋白胨和氯化钠加水 800 mL 溶解,再把淀粉用 100 mL 水调成糊状,边加热边搅拌至淀粉澄清。两者混匀后,调节 pH 至 7.2,定容至 1 000 mL。

分装三角瓶,体积为瓶体积的 10% ~ 20%,加通气塞灭菌。

(2) 淀粉水解琼脂培养基:淀粉水解液体培养基中加入琼脂 1.5% ~ 2.0%,即为淀粉水解琼脂培养基。

(3)牛肉膏蛋白胨固体培养基:配制方法见附录三。

3. 试剂

(1) 2% 可溶性淀粉溶液:用 90 mL 蒸馏水将 2 g 淀粉调成糊状,边加热边搅拌,至溶液澄清,定容至 100 mL,用前配制。

(2) 磷酸 – 柠檬酸缓冲液:柠檬酸($C_6H_8O_7 \cdot H_2O$)8.07 g,$Na_2HPO_4 \cdot 12H_2O$ 45.23 g,用蒸馏水溶解,pH 6.0,定容至 1 000 mL。

(3) 终点色标准溶液

A 液:$CoCl_2 \cdot 6H_2O$ 8.049 g 和 $K_2Cr_2O_7$ 0.097 6 g,用蒸馏水溶解,定容至 100 mL。

B 液:铬黑 T 100 mg,用蒸馏水溶解,定容至 100 mL。

A 液 40 mL 和 B 液 50 mL 混合,即为终点色标准溶液,置于 4℃保存,15 d 内可用。

(4) 原碘液:称取 KI 22 g 溶解于适量蒸馏水中,然后加入 I_2 11 g,待完全溶解后再定容至 500 mL,储存于棕色瓶中。

(5) 稀碘液:原碘液 2 mL,加 KI 20 g,用蒸馏水溶解后定容至 500 mL,储存于棕色瓶中。

(6) 草酸铵结晶紫染色液。

(7) 鲁氏碘液(Lugol's iodine solution)。

(8) 95% 乙醇。

(9) 0.5% 沙黄染色液。

(10) 无菌生理盐水。

4. 仪器

显微镜,培养箱,摇床,水浴锅。

5. 器皿

三角瓶,无菌培养皿,白瓷比色板,试管,无菌移液管,大试管(Φ25 × 200 mm),可调移液器(1 000 μL),离心管等。

【方法和步骤】

1. 准备淀粉水解平板

倒淀粉水解琼脂培养基平板,每皿 15 mL,注意每皿的培养基体积尽量保持一致,平置待凝。放置 1 ~ 2 d 后待平板表面干燥后使用。

2. 准备样品菌悬液

取样品 0.5 g,加入到预先加有 4.5 mL 无菌生理盐水的无菌试管中,振荡混匀,制备成样品悬液。试管置于沸水中,煮 5 min,杀死悬液中的营养体细胞。

3. 划线分离和培养

取样品悬液,在淀粉水解平板上进行划线分离,然后将划线平板倒置于 45℃培养箱中培养 2 d。

4. 细菌的纯化

选取菌落形态不同的单菌落,用淀粉水解平板划线纯化,置于 45℃培养箱中培养 2 d,观察和记录菌落的特征。对于菌落形态不一致的纯化平板,挑单菌落再次划线纯化一次。

5. 斜面接种和个体形态观察

在菌落形态比较一致的纯化平板中挑取分散的单菌落进行简单染色,观察芽孢有无、形状和在孢囊中着生位置。并接种牛肉膏蛋白胨固体培养基斜面,培养24 h,进行革兰氏染色,观察个体形态,记录结果。

6. 淀粉水解活性的初步观察

在挑选过单菌落的纯化平板上滴加鲁氏碘液,观察所挑取的菌落周围是否出现透明圈。如果出现透明圈,则说明该菌能水解淀粉,记录透明圈的直径和菌落直径。

7. 摇瓶培养和发酵上清液制备

选择透明圈直径和菌落直径两者比值较大的芽孢杆菌,接种淀粉水解液体培养基,在30℃、220 r/min 振荡培养 36～48 h,收集菌液,8 000 r/min 离心 10 min,收集上清液,上清液置于 70℃ 水浴中热处理 15 min 以灭活 β 淀粉酶,得到发酵上清液。

8. 酶活的测定

① 取 2 mL 标准终点比色液加在白瓷板空穴中,作为比较颜色的标准。其余各空穴中根据需要提前加 1.5 mL 比色稀碘液。

② 在洁净大试管(Φ25×200 mm)中加入 2% 可溶性淀粉溶液 2 mL,再加入 18 mL 蒸馏水和磷酸－柠檬酸缓冲液 5.0 mL,混匀后在 60℃水浴中预热 5 min。加入处理过的发酵上清液 1.0 mL,立即计时,摇匀,放在水浴中进行水解反应。

③ 定时取出 0.5 mL 反应液(第一次实验可以按照每 5 min 取样一次),加入到预先加有稀碘液的比色板穴中,当穴内颜色反应由紫色逐渐变为红棕色,与标准终点颜色相同时,即为反应终点,记录反应时间 t(min),即液化时间。通常需要重复实验一次,以尽量精确测定时间。

④ 计算发酵液中淀粉酶的比活。发酵液的淀粉酶比活定义为 1 mL 发酵液在 60℃,pH 6.0 时 1 h 内液化淀粉的质量(单位 g)。

$$比活(U/mL)=60/t \times 0.04$$

【结果记录】

将上述分离菌株的菌落特征、个体形态、平板淀粉水解结果和发酵液的淀粉酶比活等实验结果记录在表Ⅱ–1–3–①中。

表Ⅱ–1–3–①　分离水解淀粉的芽孢杆菌特征

菌株编号	菌落特征（形状,大小,颜色,表面特征,边缘和透明度）	个体形态（菌体形状,排列方式,革兰氏染色反应,芽孢有无、形状及芽孢在孢囊中位置）	淀粉水解圈直径／菌落直径（mm）	发酵液淀粉酶比活（U/mL）

【注意事项】

1. 少数芽孢杆菌产生荚膜，需要多次划线纯化才能得到纯培养。
2. 鲁氏碘液加入平板后，碘挥发很快，需要尽快测量透明圈直径，并及时拍照。
3. 酶反应要严格遵守反应条件，动作要迅速。

【思考题】

1. 本实验中，分离和纯化芽孢杆菌时培养温度为什么选用45℃？
2. 为确保分离到的细菌都可以降解淀粉，本实验还可以在哪些方面做进一步的改进？

（王英明）

实验 II-1-4　杀虫细菌——苏云金芽孢杆菌的分离

【目的】

学习从病虫体内分离病原性细菌的一般方法。

【概述】

苏云金芽孢杆菌（*Bacillus thuringiensis*，简称苏云金杆菌）及其变种杀螟杆菌、青虫菌和松毛虫杆菌都是昆虫的致病细菌。它们对玉米螟、稻苞虫、黏虫、松毛虫和菜青虫等几十种鳞翅目的幼虫具有很强的感染力。

苏云金杆菌生长到一定阶段在菌体的一端形成一个卵圆形的芽孢，同时在另一端形成一颗菱形或方形的伴孢晶体。因它与芽孢相伴而生故称伴孢晶体。这是鉴别苏云金芽孢杆菌的主要形态特征。

苏云金杆菌能产生多种对昆虫有杀伤作用的毒素，如 α 外毒素，β 外毒素和 δ 内毒素等。δ 内毒素又称为晶体毒素，它是一种碱溶性蛋白质晶体，有很强的毒力。当病菌侵入昆虫体内后，在昆虫肠道中蛋白酶的作用下释放出毒素。使肠道麻痹、肠壁破损，随着病菌的继续繁殖，进入到血液和体腔内导致昆虫患败血症全身瘫痪而死亡。它对人、畜无害，故是一种有效的生物杀虫剂。

杀虫病菌经过若干代后往往会出现衰退现象，表现为产芽孢和伴孢晶体的数量越来越少，体积变小，毒力下降等。为了保持病菌的原有性状和较强的毒力，就必须定期地进行菌种的复壮工作。对于杀虫菌而言，复壮就是用原来的菌种制成菌悬液，将它喷洒在叶片上，待晾干后用来喂饲相应的昆虫（选健壮的3龄幼虫）。在适宜的温度下饲养，待昆虫死亡后采集死虫，从中分离出苏云金杆菌。如此重复多次便可得到毒力强的菌株。

从死亡虫体中分离病原性细菌包括采集死虫、消毒处理和分离鉴别菌种3个步骤。因此通过本实验可学习从病虫体内分离病原性细菌的一般方法和步骤。在分离病原性细菌前应熟悉所要分离菌的菌落和个体形态特征，以免挑错菌落。

【材料和器皿】

1. 培养基

牛肉膏蛋白胨固体培养基。

2. 仪器

显微镜。

3. 器皿

无菌培养皿,无菌三角瓶(内装玻璃珠),镊子,解剖针,解剖剪刀,无菌滴管等。

4. 试剂

75%乙醇,5.25%次氯酸钠(即漂白粉),10%硫代硫酸钠,无菌水,5%孔雀绿染色液,0.5%沙黄染色液。

【方法和步骤】

1. 采集死虫

幼虫死后虫体变为褐色。有的幼虫在濒死前,停止取食后会吐出褐色液体和排泄稀粪于叶片或其他附着物上。遇到此情况就应连同基物一起采集,放入无菌培养皿或小瓶中带回实验室,再做消毒处理。

由于苏云金杆菌在幼虫体内大量繁殖的结果使虫体的体壁变薄易破,因此采集时须特别小心。

2. 虫体表面消毒

为防止消毒液渗入体腔,应先用棉线结扎虫体的口腔和肛门,再将虫体浸入75%乙醇中,浸数秒钟后即移入含5.25%漂白粉的溶液中,浸3~5 min,再将虫体转入10%硫代硫酸钠溶液内浸3~5 min,以除去游离的氯,最后用无菌水冲洗虫体5次。经如此消毒后的虫体方可用于分离病原菌。

3. 分离病菌

将消毒后的幼虫置于无菌培养皿中,在无菌条件下,用手术小剪刀沿虫体的背线或侧线剖开,就有褐色的体液流出,也可用小剪刀将肛门端剪掉,轻轻地压另一端,使褐色体液流出。然后,用无菌滴管吸取褐色体液于盛有50 mL无菌水及带有玻璃珠的三角瓶内,充分振荡三角瓶,以分散菌体。然后用平板划线法或稀释分离法进行分离纯化。

4. 挑单菌落

苏云金杆菌在牛肉膏蛋白胨平板上,在30℃恒温中培养后其菌落由小变大,培养24 h形成针尖大小黄色小点,边缘光滑。72 h后菌落直径约1 cm,呈圆盘状、淡黄色,不透明,边缘不整齐,向外扩展呈放射状皱纹。然后用接种环挑取若干个有典型特征的单菌落,分别接种于牛肉膏蛋白胨斜面培养基上,置30℃恒温培养48 h后通过芽孢染色法观察病菌的个体形态。

5. 镜检

制备苏云金杆菌的涂片,经芽孢染色后置油镜下观察。苏云金杆菌菌体呈杆状,两端钝圆。形成芽孢后芽孢囊不膨大,芽孢呈卵圆形,着生于细胞的一端,大小约0.8 μm × 2.0 μm。在细胞的另一端形成菱形或正方形的伴孢晶体。

6. 保藏

将检查合格的菌株直接放入4℃冰箱保藏或将斜面菌苔用生理盐水洗下制成高浓度的孢子

悬液,然后取 0.2 mL 菌液加入无菌的砂土管中,置真空干燥器内(内盛有 $CaCl_2$ 或 P_2O_5),用真空泵抽干后放入 4℃冰箱中保藏。

【结果记录】

将所分离的苏云金杆菌菌株特征等记录于下表中。

挑选的单菌落编号	分离自哪种昆虫	菌落特征	芽孢及伴孢晶体形状	菌种保藏方法
1				
2				
3				
4				
5				
6				
7				
8				

【注意事项】

1. 不要采集死亡时间太长或腐烂的虫体。如死亡时间太长,则昆虫肠道内其他微生物或外界其他微生物可侵入组织中进行繁殖,从而会干扰病菌的分离。

2. 注意辨别所挑的菌落是原虫体的病原菌还是由于消毒不严或操作不慎而带入的杂菌。除了观察其菌落形态外,还可以从以下两方面进行判断:①进行稀释涂布分离时,在不同稀释度平板上具有苏云金杆菌特征的菌落数是否按比例递减;②将分离前的菌液与分离得到的单菌落各做一张涂片,观察两者细胞形态是否相同。

【思考题】

1. 苏云金杆菌的菌落和细胞形态有哪些特征?
2. 采集死虫时应注意哪些问题?

(祖若夫)

实验 Ⅱ-1-5 酚降解细菌的分离、纯化和筛选

【目的】

学习掌握从含酚工业废水和活性污泥中筛选苯酚降解细菌的方法。

【概述】

含酚废水是化工、钢铁等企业生产过程中产生的有毒废水,这些废水若不经处理排放至江河中,将污染水源、毒死鱼虾和危害农作物,并严重威胁人类健康。研究发现,自然界中某些微生物具有较强的解酚能力,因而它们在"三废"治理中起着巨大的作用。苯酚降解首先是由某些微生物体内单加氧酶氧化转变为邻苯二酚,细菌中邻苯二酚的降解大多数沿着邻位裂解途径进行,生成 β- 酮己二酸(3- 氧己二酸)后,最终生成乙酰辅酶 A 和琥珀酸,再进一步通过三羧酸循环氧化成 CO_2 和 H_2O(见图 II -1-5- ①)。

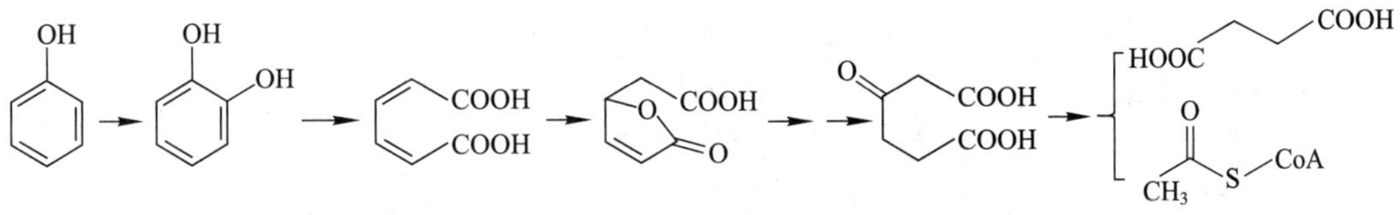

图 II -1-5- ①　苯酚的微生物邻位裂解途径

本实验以含酚废水降解细菌的分离、纯化与筛选为例,介绍某些特殊污染物降解细菌的筛选方法。

【材料和器皿】

1. 菌源
含酚工业废水和含酚废水曝气池中的活性污泥。

2. 培养基
(1) 耐酚细菌琼脂培养基:牛肉膏 5 g,蛋白胨 10 g,NaCl 5 g,蒸馏水 1 L,pH 7.2,琼脂 16 g,121℃灭菌 20 min。实验中需用的苯酚,可按所需量加入至已融化并冷却至 50℃左右已灭菌的上述培养基中。

① 分装三角瓶,每瓶 150 mL。

② 配制成斜面,每支斜面中加 0.4 mL 苯酚溶液(6 g/L)。

(2) 苯酚无机液体培养基:苯酚 25 mg(或 100 mg 或 250 mg),$MgSO_4 \cdot 7H_2O$ 0.3 g,KH_2PO_4 0.3 g,蒸馏水 100 mL,pH 7.0 ~ 7.2,分装三角瓶,每瓶 30 mL,121℃灭菌 20 min。

(3) 碳源对照液体培养基 A:葡萄糖 25 ~ 75 mg(不同浓度),尿素 0.1 g,微量元素液[*]10 mL,蒸馏水 90 mL,pH 7.0 ~ 7.2,121℃灭菌 20 min。

(4) 苯酚液体培养基 B:苯酚 25 ~ 75 mg,尿素 0.1 g,微量元素液[*]10 mL,蒸馏水 90 mL,pH 7.0 ~ 7.2,121℃灭菌 20 min。

3. 试剂
酚标准使用液,2% 4- 氨基安替比林溶液,20%氨性氯化铵缓冲液,8%铁氰化钾溶液,

---

[*] $MgSO_4 \cdot 7H_2O$ 0.3 g, KH_2PO_4 0.3 g, $FeSO_4 \cdot 7H_2O$ 0.005 g, $CaCl_2$ 0.005 g, 以上药品溶于100 mL蒸馏水中。

0.10 mol/L 溴酸钾 – 溴化钾溶液,0.10 mol/L 硫代硫酸钠,1%淀粉液(以上试剂的配制方法见本实验附录),革兰氏染色液,无菌生理盐水。

4. 器皿

721 分光光度计,显微镜,恒温摇床,无菌培养皿,无菌移液管,无菌试管,无菌采样瓶(500 mL),无菌涂布棒,移液管,容量瓶,三角瓶,试剂瓶,酸式滴定管等。

【方法和步骤】

1. 采样

从焦化厂或钢铁公司化工厂处理含酚废水的曝气池中取活性污泥和含酚废水,装于无菌采样瓶中,速带回实验室进行菌种分离。记录采样日期、地点、曝气池的水质分析(如:挥发酚、溴化物、BOD_5、COD、焦油、硫化物、氰化物、总氮、氨态氮、磷、pH、水温等)。

2. 梯度平板法分离纯化含酚废水中苯酚耐受细菌

苯酚是一种杀菌剂,一般微生物不能在含有苯酚的培养基上生长。苯酚耐受细菌具有抗一定剂量苯酚的能力,因而它们可在一定剂量苯酚的平板上生长繁殖并形成菌落。所以可采用梯度平板法进行耐酚菌株的筛选。

(1) 梯度平板的制备:12 mL 不含苯酚的无菌耐酚细菌琼脂培养基倾于一直径 9 cm 的培养皿中,立即将此培养皿斜放,使皿中的培养基成斜面,且刚好完全盖住培养皿底部,待凝固后将此培养皿平放,再加入 12 mL 无菌的含苯酚(苯酚终质量浓度为 75 mg/100 mL)耐酚细菌琼脂培养基,使培养基完全盖住下层斜面。注意在皿底作一个“↑”符号标记,以示苯酚浓度由低到高的方向(见图Ⅱ–1–5–②)。(注:由于苯酚的扩散作用,上层培养基薄的部分苯酚浓度较低,造成上层培养基由厚到薄苯酚浓度递减的梯度。)

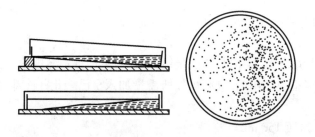

图Ⅱ –1–5– ②　苯酚梯度平板制备及菌落生长情况

(2) 稀释涂布法分离:

① 样品液稀释:将采集的含酚废水样品作 10 倍系列稀释(至 10^{-3})。

② 样品液涂布平板:用无菌 1 mL 移液管分别吸取上述 10^{-3}、10^{-2}、10^{-1} 和原液 4 种样品液 0.2 mL,依次滴加于上述相应编号的梯度平板上,并用无菌涂布棒将样品液自平板中央均匀向四周涂布,每种浓度液作 2 个重复。

③ 培养:将上述涂布了样品液的平板倒置于 30℃恒温培养箱中培养 2 d。

④ 涂布法分离结果观察:从 30℃恒温培养箱中取出分离平板,肉眼观察平板上耐酚细菌生长情况。一般,平板上生长的菌落也形成密度梯度,即上层培养基薄的部分,苯酚低浓度区形成菌苔较多,反之则出现较少的菌落。

⑤ 耐酚细菌纯化:用无菌接种环挑取苯酚高浓度区的单菌落的菌苔在含苯酚的耐酚细菌琼脂培养基平板(50 mg/100 mL)上划线纯化,培养后挑取单菌落接种到耐酚细菌琼脂培养基斜面上,30℃培养 3 d。

3. 耐酚细菌增殖及分离纯化

(1) 活性污泥中耐酚细菌增殖:将采集的含酚废水曝气池中的活性污泥 1 ~ 2 g 加入含 30 mL 苯酚无机液体培养基的三角瓶中(苯酚终浓度 25 mg/L、$MgSO_4 \cdot 7H_2O$ 终浓度 0.3%、KH_2PO_4 终浓度 0.3%),30℃、220 r/min 振荡培养 6 ~ 10 d,以增殖苯酚降解细菌,淘汰对苯酚敏感的微生物,后分别添加 3 次苯酚无机液体培养基:第 1 次使苯酚终浓度增加至 100 mg/L,30℃振荡培养 4 ~ 6 d;第 2 次使苯酚终浓度增加至 200 mg/L;最后再添加苯酚无机液体培养基使苯酚终浓度增加至 250 mg/L,30℃、220 r/min 振荡培养 4 d 后,从中选出对苯酚耐受力强的苯酚降解细菌。

(2) 活性污泥中耐酚细菌分离纯化:同含酚废水。

4. 性能测定

(1) 初筛:

① 含不同浓度苯酚 B 平板制备:按常规方法制备,苯酚终浓度分别为 25 mg/100 mL、45 mg/100 mL、60 mg/100 mL 和 75 mg/100 mL。

② 接种、培养和结果观察:将上述分离纯化的耐苯酚能力强的菌株分别划线接种于上述制备的平板上,经 30℃培养 3 ~ 4 d,观察各菌种生长情况。含高浓度苯酚平板上长出的细菌菌落,初步可认为是苯酚降解能力强的菌株。

(2) 复筛:

① 菌种培养及菌悬液制备:用无菌接种环挑取一环经初筛获得的菌种菌苔转接于含 30 mL 不含苯酚的耐酚细菌液体培养基的三角瓶中,30℃、220 r/min 振荡培养 20 ~ 24 h 后,将培养液离心(4 000 r/min)5 min,弃去上清液,用无菌生理盐水离心洗涤 1 次(4 000 r/min,5 min),再弃去上清液(并将此离心管倒置于一无菌滤纸上 5 min),然后称取该菌的湿菌体量,最后用无菌生理盐水制备一定浓度的菌悬液。

② 接种及生长曲线测定:将上述菌悬液分别接入含 30 mL 碳源对照液体培养基 A 和苯酚液体培养基 B 的三角瓶中(接种量为 50 mg 湿菌体 /100 mL 液体培养基)30℃、220 r/min 振荡培养 48 h。期间分别于发酵的 0、12、24、36、48 h 取样,测定光密度值(OD_{600}),并绘制在上述不同液体培养基中的生长曲线。在 25 mg/100 mL 苯酚液体培养基中生长速度下降不明显者为耐酚菌株。

③ 苯酚降解率的测定:以高浓度苯酚液体培养基中生长速度下降不明显者为出发菌株,按上述接种量接入含苯酚液体培养基 B 的三角瓶中,30℃、220 r/min 振荡培养 48 h,并分别于 0 h 和 48 h(发酵终止时)测定发酵液苯酚浓度,计算苯酚降解率。

$$苯酚降解率 = \frac{未接种前发酵液苯酚量 - 发酵终止时发酵液苯酚量}{未接种前发酵液苯酚量} \times 100\%$$

发酵液中苯酚含量的测定:

发酵液中苯酚具有在 NH_4OH–NH_4Cl 缓冲液中游离出来的特点。当游离出的苯酚与 4- 氨基安替比林混合时,两者可发生缩合反应。在氧化剂铁氰化钾作用下,苯酚被氧化成醌,并与 4- 氨基安替比林偶合而显色。将适量发酵液(含酚量大于 10 μg)加入到 50 mL 容量瓶中,同时分别吸取酚标准液(1.00 mL=0.01 mg 酚)0.0、0.5、1.0、2.0、3.0、4.0 和 5.0 mL 于各 50 mL 容量瓶中，用蒸馏水稀释至 50 mL，然后向标准酚溶液和发酵的稀释液中依次各加入 0.25 mL 20% 氨性氯化铵缓冲液、0.5 mL 2% 4- 氨基安替比林溶液和 0.5 mL 8% 铁氰化钾溶液，每次加入试剂后需混匀，放置 15 min 后在 OD_{510} 处比色测定并绘制苯酚标准曲线，从曲线图中可查出发酵液中苯酚含量。

$$苯酚含量 = \frac{V_1 \times 1\,000}{V}$$

式中：V_1——标准酚溶液的体积[mL，数值等于标准酚溶液中的酚量(mg)]，

　　　V——发酵液体积(L)。

5. 苯酚降解细菌个体形态和菌落特征的观察

将上述分离到的数株苯酚降解细菌划线接种于不含苯酚的耐酚细菌琼脂培养基平板上，于 30℃培养 1 d，用显微镜观察各菌株的个体形态、革兰氏染色反应结果(1 d)；3 d 后用肉眼观察各菌株菌落的特征(包括形状、大小、颜色、隆起情况、表面状况、质地、透明度、光泽、边缘及是否产生水溶性色素等特征)。

【结果记录】

1. 将分离到的各苯酚降解细菌菌株在不同苯酚浓度平板上的生长情况及苯酚降解率测定结果记录于下表中。

菌源	菌株号	不同苯酚浓度平板上的生长情况 /（mg/100 mL）				苯酚降解率			
		25	45	60	75	< 70%	71% ~ 80%	81% ~ 90%	91% ~ 100%

注："–"没有菌落生长，"+"有少数菌落生长，"++"有中等量菌落生长，"+++"有大量菌落生长。

2. 根据复筛耐酚试验结果绘制对照组与试验组菌株的生长曲线。

3. 将不含苯酚的耐酚细菌琼脂培养基平板上苯酚降解细菌的菌落特征、个体形态特征及苯酚降解能力等特征记录在下表中。

菌株号	菌落特征	个体形态特征	苯酚降解能力

【注意事项】

在各样品中苯酚含量测定时,应注意不能颠倒加试剂的顺序,否则将导致实验失败。

【思考题】

1. 试根据耐酚细菌琼脂培养基、苯酚无机液体培养基和苯酚液体培养基 B 的成分,说明其适用于分离苯酚降解细菌的原因。

2. 请设计一个从含丁二腈有毒物的工业废水中筛选一株丁二腈降解细菌的实验方案。

【附录】

1. 酚标准使用液的制备

(1) 酚标准贮备液配制:先精确称取精制酚 1.00 g,溶于无酚蒸馏水中,然后稀释定容至 1 000 mL,并贮于棕色瓶中,置冷暗处保存。此液 1 mL 相当于 1 mg 酚的标准酚液。由于保存中酚的浓度易改变,因而可采用下述方法标定其浓度。

吸取 20 mL 上述酚贮备液于 250 mL 碘量瓶中,加无酚蒸馏水稀释至 100 mL,加 20 mL 0.1 mol/L 溴酸钾 – 溴化钾溶液及 7 mL 浓盐酸,混合均匀。10 min 后加入 1 g 碘化钾晶体,放置 5 min 后,用 0.10 mol/L 硫代硫酸钠液滴定至浅黄色,加入 1% 淀粉指示剂 1 mL,滴定至溶液蓝色消失为止。同时做空白试验(即用无酚蒸馏水取代酚标准贮备液,其他相同),分别记录用量。

$$贮备液含酚量 = \frac{(V_1 - V_2)N}{V} \times \frac{94.11}{6}$$

式中:V_1 和 V_2——滴定空白和酚贮备液时所用的硫代硫酸钠标准液量(mL)

94.11——苯酚的摩尔质量(g/mol)

6——1 mol 苯酚消耗的 Br_2 减少 6 mol 硫代硫酸钠消耗

N——硫代硫酸钠标准液的浓度(moL/L)

V——酚贮备液量(mL)

(2) 酚标准使用液配制:吸取上述贮备液 10.0 mL,用无酚蒸馏水稀释定容至 1 000 mL,即得 1 mL=0.01 mg 酚。此液临用时配制。

(3) 无酚蒸馏水配制:取普通蒸馏水 1 L,加入 10 ~ 20 mg 的粉末状活性炭,充分摇匀后用定性滤纸过滤即得。

2. 2% 4– 氨基安替比林溶液

称取 2 g 4– 氨基安替比林溶于蒸馏水中,用蒸馏水定容至 100 mL,贮存于棕色瓶中,此液宜临用时配制(若需保存,则不能超过 1 周)。

3. 20%氨性氯化铵缓冲液

称取 20 g 氯化铵(NH_4Cl,AR),溶于浓氨水(NH_4OH)中,用浓氨水定容于 100 mL,此液 pH 9.8,贮存在具橡皮塞的瓶中,在冰箱内保存备用。

4. 8%铁氰化钾溶液

称取 8 g 铁氰化钾(AR),溶于蒸馏水并定容至 100 mL,贮存于棕色瓶中,此液最好临用时配制(配制液仅能保存 1 周)。

5. 0.10 mol/L 溴酸钾 – 溴化钾溶液

称取 2.784 g 干燥的溴酸钾（$KBrO_3$，AR）及 10 g 溴化钾（KBr，AR）溶于蒸馏水，并定容至 1 000 mL。

6. 0.10 mol/L 硫代硫酸钠溶液

(1) 配制：精确称取 24.8 g 硫代硫酸钠（$NaS_2O_3 \cdot 5H_2O$，AR），溶于煮沸并冷却的蒸馏水中，并定容至 1 000 mL。贮于棕色瓶中，用重铬酸钾标定。

(2) 标定：

① 称取已在 105 ℃ 干燥过的重铬酸钾（$K_2Cr_2O_7$，基准试剂）0.10 ~ 0.15 g 3 份（每份质量应消耗 $Na_2S_2O_3 \cdot 5H_2O$ 液 20 ~ 30 mL），分别置于 250 mL 碘量瓶中，加入 20 ~ 30 mL 蒸馏水使其溶解。然后在上述瓶中加入 1 g 固体碘化钾和 2 mol/L 盐酸溶液 15 mL，加塞，充分混匀后，将此瓶置于暗处 5 min，最后加入 100 mL 蒸馏水。

② 用 0.10 mol/L 硫代硫酸钠溶液滴定，当溶液由棕色变为浅黄绿色后，加入 2 mL 1% 淀粉溶液，续滴定至溶液刚刚转变为亮绿色为止。

③ 记录硫代硫酸钠溶液用量，并重复滴定第 2、3 份溶液。

滴定的反应：$K_2Cr_2O_7 + 6I^- + 14H^+ \longrightarrow 2K^+ + 2Cr^{3+} + 3I_2 + 7H_2O$

$$I_2 + 2S_2O_3^{2-} \longrightarrow 2I^- + S_4O_6^{2-}$$

$Na_2S_2O_3$ 溶液的浓度按以下公式计算：

$$N = \frac{W \times 6 \times 1\,000}{M \times V}$$

式中：N——$Na_2S_2O_3$ 溶液的浓度（mol/L），

　　　W——$K_2Cr_2O_7$ 的质量（g），

　　　M——$K_2Cr_2O_7$ 的摩尔质量（g/mol），

　　　6——1 mol K_2CrO_7 消耗 6 mol $Na_2S_2O_3$，

　　　V——滴定时所用 $Na_2S_2O_3$ 溶液体积（mL）。

7. 1% 淀粉液

称取可溶性淀粉 1 g，先用蒸馏水调成糊状，后将此液倾入煮沸蒸馏水中，并定容至 100 mL。

（徐德强　舒玲玲）

【网上视频资源】

● 含酚废水中苯酚降解细菌的分离和筛选

● 离心机的原理和使用

2. 厌氧菌培养技术

实验Ⅱ-2-1　厌氧罐技术

【目的】

1. 了解厌氧罐及其作用原理。
2. 学习使用厌氧罐培养丙酮丁醇梭菌和产气荚膜梭菌的操作技术。

【概述】

厌氧罐（anaerobic jar）是一种现代微生物学实验中最常用的培养一般厌氧菌的小型密封容器。它的构造和附件见图Ⅱ-2-1-①。

1. 罐体

常见的厌氧罐的罐体由透明的聚碳酸酯硬质塑料制成，呈圆筒状，其内径通常为 15 cm，高 25 cm。其内可放直径 9 cm 培养皿 10 个；另一种大型的厌氧罐的内径为 22 cm，高 25 cm，可放 9 cm 培养皿 30 个。罐体的上方有一圆盖，其边缘下方开有凹槽，内嵌一条橡皮垫圈，以保证罐体与盖之间的良好密封性。盖的上方设有一根用于通气体的管口，其上可套一条厚壁橡胶管，并用医用止血钳夹住以控制气体的进出。盖中央的下方有一金属丝网兜，内放催化剂——活化的钯粒。此外，在罐体与圆盖之上还有一个大型的金属螺旋夹，可把罐体与罐盖夹紧至密封。

2. 气源

指 N_2、H_2 和 CO_2 的供应。

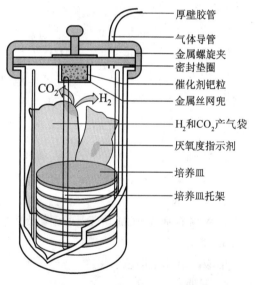

图Ⅱ-2-1-①　厌氧罐构造图

厚壁胶管
气体导管
金属螺旋夹
密封垫圈
催化剂钯粒
金属丝网兜
H_2 和 CO_2 产气袋
厌氧度指示剂
培养皿
培养皿托架

（1）内源法：一般由现成商品形式的产气袋（"GasPak"）提供 H_2 和 CO_2，不必专门供应 N_2（可利用罐内原有空气中的 N_2）。使用时，只要将产气袋剪去一角，随即注入若干清水并封闭厌氧罐后即可自动产生足量的 H_2 和 CO_2。其产气的原理是：

产 H_2 反应：一般由 0.6 g 硼氢化钠与 40 mL 水反应即可产生 1 250 mL H_2。

$$NaBH_4 + 2H_2O \xrightarrow{Co^{2+} \text{ 或 } Ni^{2+}} NaBO_2 + 4H_2 \uparrow$$

产 CO_2 反应：一般用碳酸氢钠和柠檬酸作用后产生。

$$\begin{array}{ccccccc} & CH_2COOH & & & & CH_2COONa & \\ & | & & & & | & \\ HO & - C - COOH & + 3NaHCO_3 & \longrightarrow & HO & - C - COONa & + 3H_2O + 3CO_2 \uparrow \\ & | & & & & | & \\ & CH_2COOH & & & & CH_2COONa & \end{array}$$

(2) 外源法：指通过抽气换气法先把厌氧罐内空气抽尽，再将钢瓶中分别存放的 N_2、H_2 和 CO_2 以合适比例充至罐内（一般须抽换 3 次），以达到彻底驱氧的目的。本实验采用外源法——抽气换气法。

3. 催化剂

去除罐内空气中 O_2 的方法是利用外加的 H_2 在催化剂作用下使其形成 H_2O。一般实验室可利用在常温下可起催化作用的"冷式"催化剂，如"钯粒""钯条"等，它是由钯粉和石棉填充料加工而成的。每次使用前，钯催化剂均应置 140℃烘箱内活化 2 h。

4. 厌氧指示剂

厌氧罐内含氧量的测定有物理法、化学法和生物法多种。常用的是化学法，其主要成分是美蓝。美蓝溶液在氧化状态下呈蓝色，还原态下无色，因而可用作厌氧度的指示剂。

指示剂的成分如下：

A 液：3 mL 0.5%美蓝水溶液，用蒸馏水稀释至 100 mL。

B 液：6 mL 0.1 mol/L NaOH，用蒸馏水稀释至 100 mL。

C 液：6 g 葡萄糖加蒸馏水至 100 mL。

使用前将 A、B、C 液等体积混合，用针筒注入安瓿内（约 1 mL），置沸水浴加热至无色，立即封口即成。

【材料和器皿】

1. 菌种

丙酮丁醇梭菌（*Clostridium acetobutylicum*），产气荚膜梭菌（*C. perfringens*）。

2. 培养基

TYA 培养基或 RCM 培养基（见附录三）。

3. 试剂

草酸铵结晶紫染色液。

4. 其他

显微镜，厌氧罐，N_2、H_2 和 CO_2 钢瓶，真空泵，压力表，止血钳，培养皿，试管等。

【方法和步骤】

1. 菌种分离

将待分离与纯化的丙酮丁醇梭菌和产气荚膜梭菌分别在各自平板上作划线分离，并迅速放入已准备妥当的厌氧罐中。

2. 装罐密封

将培养皿平板正置（若倒置，在抽气时平板易脱落）、叠放在厌氧罐中，随即向罐内放一支美蓝指示剂管，再盖上罐盖、旋紧罐盖上的螺旋夹。

3. 抽气换气

(1) **抽气**：将罐盖上的抽气橡皮管插在真空泵的抽气接口上，打开真空泵电源开关，抽至真空表指针至 0.09 ~ 0.093 MPa 时，用止血钳夹住与真空表相连的橡皮管（见图 Ⅱ-2-1-②）。

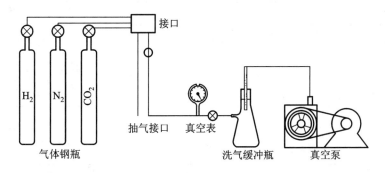

图 Ⅱ-2-1-② 抽气换气装置示意图

(2) **换气**：打开 N_2 钢瓶气阀，向接近真空的厌氧罐中充入 N_2，直至真空表指针退至零位。关闭 N_2 钢瓶的阀门，同时用止血钳夹住与气压表相连的橡皮管，使罐中各培养皿都充满 N_2 后再进行下一轮抽气换气。

(3) **再抽气**：打开止血钳，再次抽气，当真空表指针达 0.09 ~ 0.093 MPa（680 ~ 700 mmHg）时，停止抽气。

(4) **重复一轮**：即按"(2)"和"(3)"再重复一遍。

(5) **充 N_2、H_2 和 CO_2**：为使厌氧罐中最终气相为 $V_{N_2} : V_{CO_2} : V_{H_2} = 80 : 10 : 10$ 需分 3 步灌入 N_2、CO_2 和 H_2。具体操作为：

① **充 N_2**：打开止血钳，同时打开 N_2 钢瓶的阀门，让 N_2 缓缓进入罐中，直至真空表指针达 0.021 MPa（160 mmHg）时，关闭 N_2 钢瓶的阀门。

② **充 CO_2**：开启 CO_2 钢瓶阀门，向罐内充 CO_2，当真空表指针达 0.011 MPa（80 mmHg）时，关闭 CO_2 钢瓶阀门。

③ **充 H_2**：为彻底除尽厌氧罐内残余的 O_2，要用医用"氧气袋"灌满 H_2。这是因为若直接用 H_2 钢瓶放在密闭的实验室内，一旦发生泄漏事故，就易发生实验室爆炸的严重后果。为此就要用医用氧气袋从放在安全地点的 H_2 钢瓶中灌足 H_2，然后把"氢气袋"接到厌氧罐上充 H_2，直至真空表指针回到零位为止。

(6) **关闭抽换气口**：用止血钳夹住抽换气橡皮管口，使厌氧罐保持密闭状态。

(7) **关真空泵**：把真空泵的电源关闭。

4. 恒温培养

将厌氧罐放入 37℃ 恒温培养箱培养，1 周左右后观察厌氧菌的菌落形成。

5. 镜检

从厌氧罐内取出平板，挑取典型菌落作涂片、简单染色和油镜观察，并比较两菌的菌体和芽孢的形态特征以及芽孢与菌体的比例。

【结果记录】

1. 记录厌氧度指示剂——美蓝溶液在厌氧罐中的颜色变化及变化时间，并以此来说明你的厌氧罐是否能确保良好的无氧条件。

2. 将两菌的菌落形态和细胞特征记录在下表中。

菌 种	菌落形态特征						个体形态特征			
	大小	形态	颜色	光滑度	透明度	边缘	形态	大小	芽孢形状	产芽孢比例
丙酮丁醇梭菌										
产气荚膜梭菌										

【注意事项】

1. 厌氧罐的密封性能必须得到保证。可用真空泵先将其抽真空(0.1 MPa 或 760 mmHg)，再用止血钳夹住其进出气口的橡胶管，如能保持 30 min 而仍维持在同一真空度，则可证明此罐的密封性能极佳。

2. 氢气是极其危险的易爆气体，氢气钢瓶必须放在安全、通风处，本实验必须先用小型医用氧气袋灌氢后，再向厌氧罐灌氢。

【思考题】

1. 本实验去除厌氧罐内氧气的原理是什么？试比较内源法与外源法供气的优缺点。

2. 为什么说厌氧罐法只是"一般厌氧技术"而不是"严格厌氧技术"？

(周德庆)

实验 Ⅱ-2-2　用厌氧产气袋法分离培养丙酮丁醇梭菌

【目的】

1. 了解厌氧产气袋法的原理。

2. 学习用厌氧产气袋法分离和培养厌氧菌。

3. 了解丙酮丁醇梭菌的形态特征和生长要求。

【概述】

在全面推广厌氧罐技术培养一般厌氧菌以前，微生物学实验室常用一些简单的化学反应方法除氧来培养厌氧菌，如用蜡烛、磷的燃烧除氧，用碱性溶液中的焦性没食子酸和氧气反应除氧等。本实验中使用的厌氧产气袋法也是利用化学反应除氧。厌氧产气袋是一个装有化学药剂的纸袋，用前撕开纸袋外的铝塑包装，把厌氧产气袋放入密闭容器(如厌氧罐或密闭性好的方形盒）内，产气袋内的抗坏血酸等试剂和空气中的氧气反应，除去密闭容器内的氧气，产生等体积的 CO_2。厌氧产气袋有三种类型，分别为：完全厌氧培养（AneroPack-Anaero），30 min 反应后氧气浓度降为 0；微需氧培养（AnaeroPack-MicroAero），最终氧气浓度 6%～12%，CO_2 浓度 5%～8%；嗜 CO_2 培养（AnaeroPack-CO_2），最终 CO_2 浓度为 5%。每种类型的厌氧产气袋又分三种规格：350 mL、2.5 L 和 3.5 L，适用于不同容积的密闭容器。厌氧产气袋法安全方便，适合一般的微生物学实验室培养厌氧菌。此外，还可以用厌氧指示条显示密闭容器内是否除尽氧气。指示条的一端加亚甲蓝试剂，在有氧环境中为蓝色，而在无氧环境下氧化态的蓝色亚甲蓝被还原为无色的隐亚甲蓝。

丙酮丁醇梭菌是土壤中常见的厌氧菌，也是生产丙酮、丁醇等重要有机溶剂的工业菌种，通过本实验的学习，一方面可以了解厌氧产气袋的用法，另外一方面加深认识丙酮丁醇酸菌的形态特征及生长条件。

【材料和器皿】

1. 菌种

丙酮丁醇梭菌（*Clostridium acetobutylicum*），可用保存菌种或从土壤样品中自行分离菌种。

2. 培养基

成分见附录三。

（1）中性红琼脂培养基。

（2）玉米醪培养基（包括不加琼脂和加琼脂两种）。

（3）碳酸钙琼脂明胶麦芽汁培养基。

3. 试剂

厌氧产气袋（AneroPack–Anaero 2.5 L），厌氧指示条，变色硅胶，草酸铵结晶紫染色液。

4. 器皿

方形培养盒（2.5 L），培养皿，涂布棒，三角瓶，试管，量筒等。

【方法和步骤】

1. 富集菌种

将土样（一般可采自谷物地或马铃薯地）或谷物类样品 1 g，接种于 6.5% 玉米醪培养基试管中，并使土样或谷物沉入管底，80℃水浴保温 30 min 以杀死各种细菌的营养细胞。冷却后置 37℃恒温培养箱培养，隔 5～6 d 后移种。移种时，用滴管从试管中部吸取 1 滴培养物至另一支新的玉米醪培养基试管中，同样经 80℃水浴保温 30 min，再冷却和置 37℃下培养 5～6 d。如此重复 3 轮后，若此时发现试管液面上已有明显的"醪盖"（由丙酮丁醇梭菌、玉米糊颗粒和 CO_2 小气泡组成的盖状物），则可用作纯种分离的试样。

2. 准备实验菌种

实验前 2 d，将上述富集培养后的试样（或现成菌种）接入 6.5% 玉米醪试管，沸水浴保温 45 s，立即流水冷却。37℃温箱培养 2 d。

3. 浇注平板

分别融化中性红琼脂培养基、玉米醪琼脂培养基和碳酸钙明胶麦芽汁琼脂培养基，待冷却至 45℃左右浇注平板，冷却凝固后备用。

4. 菌样稀释

将2d前活化的试管液面的"醪盖"分散，用吸管吸取无大颗粒物的菌液0.5 mL，稀释至 $10^{-2} \sim 10^{-1}$。

5. 菌样涂布

吸取0.1 mL稀释液至3种平板上，分别用涂布玻棒均匀涂开。

6. 用厌氧产气袋进行厌氧培养

将以上已涂菌的培养皿放入方形培养盒的大格，把变色硅胶适量放入中格，用一滴蒸馏水温润指示条的反应区，然后放入小格。撕开厌氧产气袋的外包装，马上放入中格，并迅速盖好方形培养盒的上盖，扣好卡扣（见图Ⅱ-2-2-①）。从撕开厌氧产气袋的外包装到扣好方形培养盒，需要在半分钟内完成。

将上述方形培养盒放入37℃恒温培养箱中培养一周左右，观察并记录结果。注意观察厌氧指示条的颜色变化

7. 涂片镜检

从方形培养盒中取出平板，从中性红培养基平板上挑取少量黄色的典型单菌落涂片，用草酸铵结晶紫染色液简单染色后，观察菌体及芽孢的形态（注意：形成芽孢的细胞比例很低）。

8. 消毒和清洗

将观察后的平板置于沸水中消毒20 min，然后清洗，晾干；染色玻片置于洗衣粉水中煮沸后清洗。变色硅胶、厌氧指示条和厌氧产气袋按照一般化学药品处理。

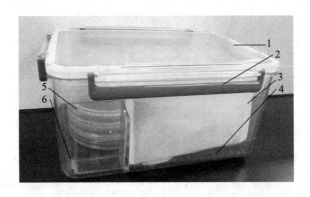

图Ⅱ-2-2-①　用厌氧产气袋进行厌氧培养

1. 方形培养盒　2. 卡扣　3. 厌氧产气袋　4. 变色硅胶　5. 培养皿　6. 厌氧指示条

【结果记录】

1. 将形态观察结果记录在下表中。

菌落形态特征						个体形态特征		
大小	形态	颜色	光滑度	透明度	气味	菌体形态	有无芽孢及形状	碘液染色

2. 将不同平板上出现的生理生化特征记录于下表中。

明胶液化	CaCO₃分解	碘液试验	中性红颜色

【注意事项】

1. 厌氧指示条的反应区需要湿润后再放入方形培养盒中,此时为蓝色。培养盒中加入厌氧产气袋后,马上密封,一般还需要 4～6 h 厌氧指示条才变为无色。厌氧指示条可以重复使用 3～4次。

2. 培养过程中不能打开方形培养盒,否则需要重放一个厌氧产气袋。

【思考题】

1. 试分析厌氧产气袋技术的优缺点。

2. 按本实验中的取样方法,为何仅稀释至 10^{-1}～10^{-2} 即可进行丙酮丁醇梭菌的涂布分离?

(周德庆 王英明)

【网上视频资源】

● 厌氧微生物的分离和培养

3. 水体微生物学检测技术

实验 Ⅱ-3-1　水中细菌菌落总数的测定

【目的】

1. 学习并掌握水样采集和水样中细菌菌落总数的测定方法。
2. 了解水质状况与细菌菌落数量在饮水中的重要性。

【概述】

水中细菌菌落总数可作为判定被检水样被有机物污染程度的标志。细菌菌落数量越多,则水中有机质含量越大。在水质卫生学检验中,细菌菌落总数是指 1 mL 水样在牛肉膏蛋白胨固体培养基中经 37℃、48 h 培养后所生长出的细菌菌落数。我国规定(GB 5749—2006):合格的生活饮用水中细菌菌落总数为 <100 CFU/mL。

本实验采用平板菌落计数法测定水中细菌菌落总数。

【材料和器皿】

1. 培养基

牛肉膏蛋白胨固体培养基。

2. 试剂

无菌生理盐水。

3. 器皿

培养箱,水样采样器,无菌三角瓶,无菌带玻璃塞瓶,无菌培养皿,无菌移液管,无菌试管等。

【方法和步骤】

1. 水样采集和保藏

(1) **自来水**:先将水龙头用火焰烧灼 3 min 灭菌,然后再放水 5~10 min,最后用无菌容器接取水样,并速送回实验室测定。

(2) **池水、河水或湖水**:将无菌的带玻璃塞瓶的瓶口向下浸入距水面 10~15 cm 的深层水中,然后翻转过来,除去玻璃塞,水即流入瓶中,当取完水样后,即将瓶塞塞好(注意:采样瓶内水面与瓶塞底部间留些空隙,以便在测定时可充分摇匀水样),再从水中取出。有时可用特制的采样器取水样,如图 Ⅱ-3-1- ①所示是采样器中的一种,它有一个金属框,内装玻璃瓶,底部有重沉坠。采样时,将采样器坠入所需的深度,拉起瓶盖绳,即可打开瓶盖,取水样后松开瓶盖绳,则自行盖好瓶口,最后用采样器绳取出采样器。并

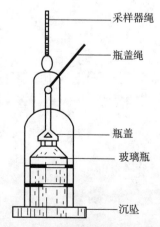

图 Ⅱ-3-1- ①　采样器示意图

采样器绳

瓶盖绳

瓶盖
玻璃瓶

沉坠

速送回实验室进行测定。

2. 水中细菌菌落总数测定

(1) 自来水：用无菌移液管吸取 1 mL 水样，加入无菌培养皿中(每个水样重复 2 个培养皿)，然后在每个上述培养皿内各加入约 15 mL 已融化并冷却至 45～50℃的牛肉膏蛋白胨固体培养基，并轻轻旋转摇动，使水样与培养基充分混匀，平放台面，冷凝后即成测定平板。同时另用一无菌培养皿只加入上述的约 15 mL 培养基作为空白对照。最后将上述平板倒置于 37℃培养箱内培养 48 h。

(2) 池水、河水或湖水：

① 水样稀释：取 3～4 支无菌试管，依次编号为 10^{-1}、10^{-2}、10^{-3}(或 10^{-4})，然后在上述每支试管中加入 9 mL 无菌生理盐水。接着取 1 mL 水样加入到 10^{-1} 试管中，摇匀(注意：这支已接触过原液水样的移液管的尖端不能再接触 10^{-1} 试管中液面)，另取 1 mL 无菌移液管从 10^{-1} 试管中吸 1 mL 水样至 10^{-2} 试管中(注意点同上)，如此稀释至 10^{-3} 或 10^{-4} 管(稀释倍数视水样污染程度而定，取在平板上能长出 30～300 个菌落的稀释倍数为宜)。

② 加稀释水样：最后 3 个稀释度的试管中各取 1 mL 稀释水样加入无菌培养皿中，每一稀释度重复 2 个培养皿。

③ 加融化培养基：在上述每个培养皿内加入约 15 mL 已融化并冷却至约 45～50℃的牛肉膏蛋白胨固体培养基，随即快速而轻巧地摇匀。

④ 待凝培养：待平板完全凝固后，倒置于 37℃培养箱中培养 48 h。

3. 计菌落数

将培养 48 h 的平板取出，用肉眼(或放大镜)观察，计平板上的细菌菌落数。

【结果记录】

将各水样测定平板中细菌菌落的计数结果记录在下表 Ⅱ-3-1-① 中，并按下述方法计算结果。

表 Ⅱ-3-1-① 不同种类水样中细菌菌落总数测定结果

水样	稀释倍数				菌落总数 / (CFU/mL)
	原液 (平均值)	10^{-1} (平均值)	10^{-2} (平均值)	10^{-3} (平均值)	
自来水					
河水					
池水					
湖水					

细菌菌落总数计算通常是采用同一浓度的两个平板菌落总数,取其平均值,再乘以稀释倍数,即得 1 mL 水样中细菌菌落总数。各种不同情况计算方法见下:

① 首先选择平均菌落数在 30~300 之间者进行计算,当只有一个稀释度的平均菌落数符合此范围时,则以该平均菌落数乘以稀释倍数即为该水样的细菌菌落总数(见下表 II-3-1- ②例 1)。

② 若有两个稀释度,其平均菌落数均在 30~300 之间,则按两者菌落总数之比值来决定。若其比值小于 2,应取两者的平均数(见下表中例 2);若大于或等于 2,则取其中稀释度较小的菌落总数(见下表中例 3 和例 4)。

表 II -3-1- ②　细菌菌落总数计算方法举例

例次	不同稀释度的平均菌落数			稀释度菌落数之比	菌落总数 /（CFU/mL）	备注
	10^{-1}	10^{-2}	10^{-3}			
1	1 365	164	20	—	1.6×10^4（或 16 400）	两位以后的数字采取四舍五入法取舍
2	2 760	295	46	1.6	3.8×10^4（或 37 750）	
3	2 890	271	60	2.2	2.7×10^4（或 27 100）	
4	150	30	8	2	1.5×10^3（或 1 500）	
5	多不可计	1 650	513	—	5.1×10^5（或 513 000）	
6	27	11	5	—	2.7×10^2（或 270）	
7	多不可计	305	12	—	3.1×10^4（或 30 500）	

③ 若所有稀释度的平均菌落数均大于 300,则应按稀释度最高的平均菌落数乘以稀释倍数(见上表中例 5)。

④ 若所有稀释度的平均菌落数均小于 30,则应按稀释度最低的平均菌落数乘以稀释倍数(见上表中例 6)。

⑤ 若所有稀释度的平均菌落数均不在 30~300 之间,则以最接近 300 或 30 的平均菌落数乘以稀释倍数(见上表中例 7)。

⑥ 若同一稀释度的两个平板中,其中一个平板有较大片状菌苔生长,则该平板的数据不予采用,而应以无片状菌苔生长的平板作为该稀释度的平均菌落数。若片状菌苔大小不到平板的一半,而其余一半菌落分布又很均匀,则可将此一半的菌落数乘以 2 来表示整个平板的菌落数,然后再计算该稀释度的平均菌落数。

【注意事项】

水样采集后,应速送回实验室测定。若来不及测定应放在 4℃冰箱存放,若无低温保藏条件,应在报告中注明水样采集与测定的间隔时间。一般较清洁的水可在 12 h 内测定,污水须在 6 h 内结束测定。

【思考题】

1. 通过对自来水样品中细菌菌落总数的测定,你认为此样品是否符合国家饮用水的卫生标准?

2. 你所检测的水源水的污染情况如何？

3. 国家对自来水的细菌菌落总数有一标准,那么各地能否自行改变测试条件(如培养温度,培养时间及培养基种类等)进行水中细菌菌落总数的测定? 为什么?

(徐德强)

实验Ⅱ-3-2　水中总大肠菌群的检测

【目的】

1. 学习并掌握水中总大肠菌群数量的检测方法。

2. 了解总大肠菌群的数量在饮水中的重要性。

【概述】

总大肠菌群(total coliforms)也称大肠菌群(coliform group 或 coliforms),它们是一群在 37 ℃培养 24 h 能发酵乳糖产酸产气、需氧和兼性厌氧的革兰氏阴性无芽孢杆菌。通常包括肠杆菌科中的埃希氏菌属(Escherichia)、肠杆菌属(Enterobacter)、柠檬酸细菌属(Citrobacter)和克雷伯氏菌属(Klebsiella)。该菌群主要来源于人畜粪便,有的来自自然环境,具有数量多、与多数肠道病原菌存活期相近和易于培养、观察等特点,因而被用作为粪便污染的指示菌,并以此评价饮水的卫生质量。总大肠菌群的检测方法可包括多管发酵法、滤膜法和酶底物法等。其中多管发酵法为我国大多数环保、卫生和水厂等单位所采用。方法是将一定量的水样接种乳糖蛋白胨培养基的试管,根据发酵反应的结果确定总大肠菌群的阳性管数后,在 MPN 检数表中查出总大肠菌群的近似值。而滤膜法是采用滤膜过滤器过滤水样,使其中的细菌截留在滤膜上,后将滤膜置放在鉴别性培养基上进行培养。根据总大肠菌群菌落特征进行分析和计数。一般认为滤膜法是一种快速的替代方法,能测定大体积的水样,但仅局限于饮用水或较洁净的水。本实验介绍多管发酵法和滤膜法。

我国生活饮用水卫生标准(GB 5749—2006)规定:每 100 mL 饮用水中不得检出总大肠菌群。

【材料和器皿】

1. 培养基和水样稀释液

(1) 乳糖蛋白胨培养基:蛋白胨 10 g,牛肉膏 3 g,乳糖 5 g,NaCl 5 g,溴甲酚紫乙醇溶液(16 g/L) 1 mL,蒸馏水 1 000 mL,pH 7.2 ~ 7.4。

将蛋白胨、牛肉膏、乳糖及 NaCl 加热溶解于 1 000 mL 蒸馏水中,调节 pH 至 7.2 ~ 7.4,加入 1 mL 溴甲酚紫乙醇溶液(16 g/L),充分混匀,分装于含有一倒置杜氏小管的试管中,每管 10 mL,115 ℃灭菌 20 min。

(2) 2 倍浓度浓缩乳糖蛋白胨培养基:按上述乳糖蛋白胨培养基浓缩 2 倍配制,分装于含有一倒置杜氏小管的试管中,每管 10 mL,115 ℃灭菌 20 min。

(3) 伊红美蓝培养基(EMB 培养基):蛋白胨 10 g,K₂HPO₄ 2 g,乳糖 10 g,伊红水溶液(20 g/L)

20 mL,美蓝水溶液(5 g/L)13 mL,琼脂 20 g,蒸馏水 1 000 mL,pH 7.2。

将蛋白胨、K_2HPO_4 和琼脂溶解于蒸馏水中,调节 pH 7.2,加入乳糖,混匀后定量分装三角瓶,115℃灭菌 20 min,待用。使用前加热融化培养基,待冷却至 50~55℃时加入伊红和美蓝水溶液,混匀后倒平板。

(4) 品红亚硫酸钠培养基:蛋白胨 10 g,酵母膏 5 g,牛肉膏 5 g,乳糖 10 g,K_2HPO_4 3.5 g,无水亚硫酸钠 5 g,碱性品红乙醇溶液(50 g/L)20 mL,琼脂 15~20 g,蒸馏水 1 000 mL,pH 7.2~7.4。

① 储备培养基的制备:先将琼脂加入到 500 mL 蒸馏水中,煮沸溶解,后在另 500 mL 蒸馏水中加入 K_2HPO_4、蛋白胨、酵母膏和牛肉膏,加热溶解,最后将此液倒入上述已溶解的琼脂液中,加蒸馏水补足至 1 000 mL,混匀,调节 pH 至 7.2~7.4,再加入乳糖,混匀后定量分装三角瓶,115℃灭菌 20 min,置于冷暗处备用。

② 平板的制备:使用前将上述制备的储备培养基加热融化,用无菌移液管吸取一定量的碱性品红乙醇溶液(50 g/L)置于一无菌试管中,再按比例称取所需的无水亚硫酸钠置于另一无菌试管中,加少许无菌水,使其溶解后置沸水浴中煮沸 10 min,待用。用无菌移液管吸取上述制备的亚硫酸钠溶液,滴加于碱性品红乙醇溶液至深红色褪成淡粉色为止,将此亚硫酸钠与碱性品红的混合液全部加到已融化的储备培养基内,充分混匀(注意不要产生气泡),后速倒平板,备用(若放冰箱中保存则不宜超过两周)。若培养基由淡粉红色变成深红色,则不能使用。

本培养基也可不加琼脂,制成液体培养基,使用时加 2~3 mL 于无菌吸收垫上,再将滤膜置于培养垫上培养。

(5) 无菌生理盐水。

2. 试剂

革兰氏染色液。

3. 仪器设备

显微镜,滤膜过滤器装置,真空泵,隔水式恒温培养箱等。

4. 器皿

无菌空瓶(250 mL),无菌培养皿,移液管,试管,三角瓶,杜氏小管,载玻片,微孔滤膜(孔径 0.45 μm),无菌镊子,接种环等。

【方法和步骤】

1. 水样的采集(同实验Ⅱ-3-1)

2. 多管发酵法

此法适用于饮用水、水源水,尤其是浑浊度高的水中总大肠菌群的测定。

(1) 生活饮用水中总大肠菌群的测定

① 初发酵试验:对已经处理过的出厂自来水,需经常测定或每天测定一次的,可分别取 10 mL 水样接种到含有 10 mL 2 倍浓度乳糖蛋白胨培养基的试管中,重复 5 支(见图Ⅱ 3-2-①),后将接种的试管置于 37℃培养 24 h,观察其产酸产气情况,并记下实验初步结果。

② 平板分离:将经 24 h 培养后产酸产气的试管中菌液分别划线接种于伊红美蓝琼脂平板上,于 37℃培养 24 h,将出现以下 3 种特征的菌落进行涂片、革兰氏染色和镜检。

a. 深紫黑色,具有金属光泽的菌落。

b. 紫黑色,不带或略带金属光泽的菌落。

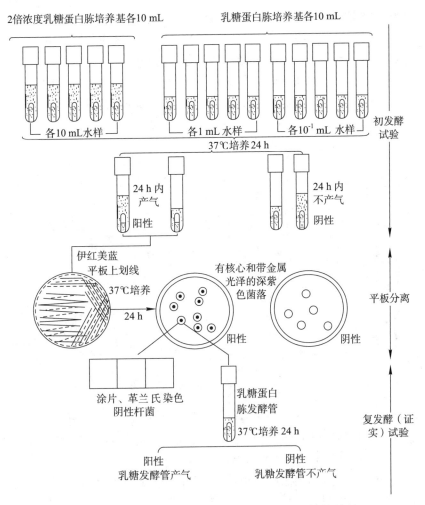

图 Ⅱ-3-2-① 水中总大肠菌群的检测步骤和结果判别

c. 淡紫红色,中心颜色较深的菌落。

③ 复发酵试验:选择具有上述特征的菌落,经涂片染色镜检后,若为革兰氏阴性无芽孢杆菌,则用接种环挑取此菌落的一部分转接含乳糖蛋白胨培养基试管,经37℃培养24 h后观察试验结果。若呈现产酸产气,即证实存在有总大肠菌群。

(2) 池水、河水或湖水等水样中的总大肠菌群检测

① 水样稀释:将水样作 10 倍稀释至 10^{-1} 和 10^{-2}。

② 初发酵试验:在装有 10 mL 单倍浓度乳糖蛋白胨培养基的试管中分别加入 1 mL 10^{-1} 和 10^{-2} 的稀释水样和 1 mL 原水样(各重复 5 支),37℃培养 24 h。

③ 平板分离和复发酵试验:同生活饮用水中总大肠菌群检测方法。

3. 膜膜法

此法适用于测定饮用水和低浊度的水源水。

(1) 滤膜灭菌:将滤膜放入装有蒸馏水的烧杯中加热煮沸 3 次,每次 15 min,其中前两次煮沸后更换蒸馏水洗涤 2~3 次,以除去残留溶剂。

（2）**装置滤膜过滤器**：将已灭菌的过滤器基座、漏斗、滤膜和抽滤瓶按图Ⅱ–3–2–②装配好，其中滤膜用无菌镊子夹住其边缘部分，将粗糙面向上，贴放在过滤器的基座上。其他可直接用手或夹钳操作，但不要碰到伸入抽滤瓶的橡皮塞部分，以免染菌。

（3）**过滤水样**：将抽滤瓶的抽气口接上真空泵，然后将 100 mL 水样（如水样中含菌数较多，可减少过滤水样）加入漏斗中，加盖，启动真空泵，使水通过滤膜流入抽滤瓶中，水中的细菌被截留在滤膜上。

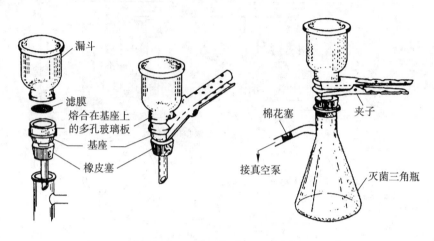

图Ⅱ–3–2–②　滤膜过滤器装置

（4）**培养**：水样滤毕，续抽气约 5 s，后关上真空泵，取下漏斗，用无菌镊子夹住滤膜边缘，移放在品红亚硫酸钠培养基平板上（注意无菌操作，滤膜截留细菌面向上，滤膜与培养基贴紧，两者间无气泡），然后将此平板倒置于 37℃ 培养 22～24 h。

（5）**结果观察和证实试验**：肉眼观察滤膜上形成的细菌菌落特征，对符合以下特征菌落进行计数、涂片、革兰氏染色和镜检。

① 紫红色，具有金属光泽的菌落。

② 深红色，不带或略带金属光泽的菌落。

③ 淡红色，中心色较深的菌落。

将具有上述菌落特征、革兰氏阴性无芽孢杆菌接种含乳糖蛋白胨培养基试管中，于 37℃ 培养 24 h，产酸产气者证实为总大肠菌群阳性。

【结果记录】

1. 多管发酵法：

自来水、池水、河水或湖水等样品经复发酵试验证实存在有总大肠菌群后，可将各水样的初发酵试验结果记录在表Ⅱ–3–2–①中，并根据初发酵试验的阳性管数查 MPN 检数表（Ⅱ–3–2–③和表Ⅱ–3–2–④），即得 100 mL 水样中总大肠菌群数。

表 II-3-2- ①　不同种类水样中总大肠菌群测定阳性管数结果记录表（多管法）

水样种类	水样体积				总大肠菌群 / (MPN /100 mL)
	10 mL	1 mL	0.1 mL	0.01 mL	
自来水					
河水					
池水					
湖水					

2. 滤膜法:

根据滤膜上生长的总大肠菌群菌落数和过滤的水样体积,按以下公式计算 100 mL 水样中的总大肠菌群数,并将各水样的测定结果记录在表 II-3-2- ②中。

$$总大肠菌群数(CFU/100\ mL) = \frac{滤膜上生长的总大肠菌群菌落数}{过滤的水样体积(mL)} \times 100$$

表 II-3-2- ②　不同种类水样中总大肠菌群测定结果记录表（滤膜法）

水样种类	总大肠菌群 / (CFU/100 mL)	备注
自来水		
池水		
河水		
湖水		

【注意事项】

1. 采用多管发酵法进行池水、河水或湖水等水样中总大肠菌群测定时,由于水中有时所含总大肠菌群数量较多,因而上述水样的稀释倍数可适当增大,才能取得较理想结果(反之,也可增大接种量,即按 10 mL、1 mL 原水样和 1 mL 10^{-1} 稀释水样接种)。另外,若每支乳糖蛋白胨培养基试管中分别加入 1 mL 原水样、1 mL 10^{-1} 和 10^{-2} 的稀释水样(各重复 5 支),则在计算测定结果时需将 MPN 检数表中查得的数值乘以 10,依次类推。

2. 采用滤膜法进行各类水样中总大肠菌群测定时,每片滤膜上长出的菌落数以 20～50 个为宜。因此,对于不同来源和不同水质特征的水样可考虑过滤一系列不同体积的水样,以便取得较好的实验结果。

3. 采用多管发酵法测定中,若所有乳糖蛋白胨培养基试管均呈阴性,可以记录为总大肠菌群未检出。

4. 目前市场上有售配制好的脱水培养基,使用非常方便。

【思考题】

1. 何谓总大肠菌群? 水中总大肠菌群的测定有何实际意义?

2. 比较本实验中两种测定水中总大肠菌群方法的优缺点。

【附录】

总大肠菌群 MPN 检数表

表 II -3-2- ③ 总大肠菌群 MPN 检数表

接种量 /mL			总大肠菌群 / （MPN/100 mL）	接种量 /mL			总大肠菌群 / （MPN/100 mL）
10	1	0.1		10	1	0.1	
0	0	0	<2	0	4	0	8
0	0	1	2	0	4	1	9
0	0	2	4	0	4	2	11
0	0	3	5	0	4	3	13
0	0	4	7	0	4	4	15
0	0	5	9	0	4	5	17
0	1	0	2	0	5	0	9
0	1	1	4	0	5	1	11
0	1	2	6	0	5	2	13
0	1	3	7	0	5	3	15
0	1	4	9	0	5	4	17
0	1	5	11	0	5	5	19
0	2	0	4	1	0	0	2
0	2	1	6	1	0	1	4
0	2	2	7	1	0	2	6
0	2	3	9	1	0	3	8
0	2	4	11	1	0	4	10
0	2	5	13	1	0	5	12
0	3	0	6	1	1	0	4
0	3	1	7	1	1	1	6
0	3	2	9	1	1	2	8
0	3	3	11	1	1	3	10
0	3	4	13	1	1	4	12
0	3	5	15	1	1	5	14

续表

接种量 /mL			总大肠菌群 /	接种量 /mL			总大肠菌群 /
10	1	0.1	（MPN/100 mL）	10	1	0.1	（MPN/100 mL）
1	2	0	6	2	1	0	7
1	2	1	8	2	1	1	9
1	2	2	10	2	1	2	12
1	2	3	12	2	1	3	14
1	2	4	15	2	1	4	17
1	2	5	17	2	1	5	19
1	3	0	8	2	2	0	9
1	3	1	10	2	2	1	12
1	3	2	12	2	2	2	14
1	3	3	15	2	2	3	17
1	3	4	17	2	2	4	19
1	3	5	19	2	2	5	22
1	4	0	11	2	3	0	12
1	4	1	13	2	3	1	14
1	4	2	15	2	3	2	17
1	4	3	17	2	3	3	20
1	4	4	19	2	3	4	22
1	4	5	22	2	3	5	25
1	5	0	13	2	4	0	15
1	5	1	15	2	4	1	17
1	5	2	17	2	4	2	20
1	5	3	19	2	4	3	23
1	5	4	22	2	4	4	25
1	5	5	24	2	4	5	28
2	0	0	5	2	5	0	17
2	0	1	7	2	5	1	20
2	0	2	9	2	5	2	23
2	0	3	12	2	5	3	26
2	0	4	14	2	5	4	29
2	0	5	16	2	5	5	32

续表

接种量 /mL			总大肠菌群 /	接种量 /mL			总大肠菌群 /
10	1	0.1	（MPN/100 mL）	10	1	0.1	（MPN/100 mL）
3	0	0	8	3	5	0	25
3	0	1	11	3	5	1	29
3	0	2	13	3	5	2	32
3	0	3	16	3	5	3	37
3	0	4	20	3	5	4	41
3	0	5	23	3	5	5	45
3	1	0	11	4	0	0	13
3	1	1	14	4	0	1	17
3	1	2	17	4	0	2	21
3	1	3	20	4	0	3	25
3	1	4	23	4	0	4	30
3	1	5	27	4	0	5	36
3	2	0	14	4	1	0	17
3	2	1	17	4	1	1	21
3	2	2	20	4	1	2	26
3	2	3	24	4	1	3	31
3	2	4	27	4	1	4	36
3	2	5	31	4	1	5	42
3	3	0	17	4	2	0	22
3	3	1	21	4	2	1	26
3	3	2	24	4	2	2	32
3	3	3	28	4	2	3	38
3	3	4	32	4	2	4	44
3	3	5	36	4	2	5	50
3	4	0	21	4	3	0	27
3	4	1	24	4	3	1	33
3	4	2	28	4	3	2	39
3	4	3	32	4	3	3	45
3	4	4	36	4	3	4	52
3	4	5	40	4	3	5	59

接种量 /mL			总大肠菌群 /（MPN/100 mL）	接种量 /mL			总大肠菌群 /（MPN/100 mL）
10	1	0.1		10	1	0.1	
4	4	0	34	5	2	0	49
4	4	1	40	5	2	1	70
4	4	2	47	5	2	2	94
4	4	3	54	5	2	3	120
4	4	4	62	5	2	4	150
4	4	5	69	5	2	5	180
4	5	0	41	5	3	0	79
4	5	1	48	5	3	1	110
4	5	2	56	5	3	2	140
4	5	3	64	5	3	3	180
4	5	4	72	5	3	4	210
4	5	5	81	5	3	5	250
5	0	0	23	5	4	0	130
5	0	1	31	5	4	1	170
5	0	2	43	5	4	2	220
5	0	3	58	5	4	3	280
5	0	4	76	5	4	4	350
5	0	5	95	5	4	5	430
5	1	0	33	5	5	0	240
5	1	1	46	5	5	1	350
5	1	2	63	5	5	2	540
5	1	3	84	5	5	3	920
5	1	4	110	5	5	4	1 600
5	1	5	130	5	5	5	>1 600

注：水样总量 55.5 mL，其中 5 份 10 mL，5 份 1 mL，5 份 0.1 mL。

表 II-3-2-④ 总大肠菌群 MPN 检数表

5 个 10 mL 水样试管中阳性管数	总大肠菌群 /（MPN/100 mL）
0	< 2.2
1	2.2
2	5.1
3	9.2
4	16.0
5	> 16

注：水样总量 50 mL。

（徐德强）

【网上视频资源】

· MPN 法测定水样的总大肠菌群数
· 滤膜菌落计数法

实验 Ⅱ-3-3 应用测菌管检测野外水体中微生物的数量

【目的】

1. 了解用测菌管检测野外水体中微生物数量的原理。
2. 学习并掌握应用测菌管检测野外水体中微生物数量的方法。
3. 通过该方法的学习，增强学生创新意识的培养。

【概述】

水体中微生物数量的常规分析方法是首先进行水样采集，然后将所采样品速送回实验室，再经过复杂的操作过程及较长时间恒温培养，才能取得分析结果。然而，在进行野外水体中微生物数量分布调查时，由于种种条件所限给分析工作带来一定困难。近年来已有公司推出了测菌管产品。实践证明，应用这种产品进行野外不同环境水体中微生物数量分析的方法是对水样中微生物常规分析方法的补充和更新，尤其适用于缺乏实验室条件时进行野外水体中微生物数量分布调查研究。测菌管是由测菌片和塑料圆管组成。其中测菌片是由塑料薄板 (7.7 cm × 1.9 cm) 作为培养基载体，在其两面分别附有适于一般细菌和真菌生长的无菌固体培养基 (图 Ⅱ-3-3- ①)。其中细菌生长培养基（表观呈黄色）中加有氧化还原指示剂 2,3,5- 三苯基四氮唑盐酸盐 (TTC)，其接受氢后可形成非水溶性的 1,3,5- 三苯基甲䐵 (TPF)。真菌生长培养基（表观呈红色）中加有孟加拉红等细菌抑制剂。塑料薄板一端有一短柄，其上连有一螺旋盖子，平时测菌片是置于该无菌塑料圆管中并密封保存。此外，该产品还附有用以判别样品中微生物（细菌、霉菌和酵母菌）数量的标准对照图谱（图 Ⅱ-3-3- ②、③和④)，在进行野外不同环境水体中微生物数量检测时，只需将测菌片浸入水体中维持 5 ~ 10 s 后经 27 ~ 30℃ 培养（在春、夏或秋季也可将测菌管竖放在室内)1 ~ 3 d，根据测菌片培养基表面所形成微生物菌落数查阅该产品所附的标准对照图谱（图中的 10^2、10^3 等数为微生物数量，单位为 CFU/mL)，即可知所测水体中微生物的数量。目前测菌管已被应用于水、化妆品和涂料等样品中微生物数量的分析。

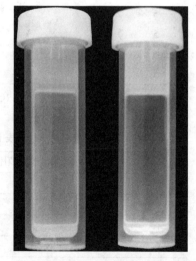

图 Ⅱ-3-3- ① 测菌管

【材料和器皿】

1. 测菌管 (mikrocount combi)

2. 恒温培养箱

【方法和步骤】

1. 贴标签

将标签贴在测菌管盖子表面（注明时间、地点）。

2. 取测菌片

拧开测菌管的盖子，取出测菌片。

3. 采集水样

速将测菌片浸入待检测的水体中（培养基全浸入水中，维持 5～10 s）。

4. 测菌片放回圆管中

速将上述测菌片放回塑料圆管中，拧紧盖子。

5. 培养

将上述测菌管竖放在 27～30℃恒温培养箱中，无恒温培养箱，则可将测菌管竖放在室内（春、夏或秋季）。

6. 结果观察

(1) **细菌结果观察**：培养 1～2 d 后，观察测菌片黄色培养基面上细菌菌落数（绝大多数细菌形成红色小点状菌落，偶然也有呈无色小点状菌落）。

(2) **真菌结果观察**：3 d 后观察红色培养基面上霉菌或酵母菌菌落数。

7. 查阅标准对照图谱

将观察结果与该产品所附的标准对照图谱进行比较，以判断所检水体中微生物的数量，并进而了解该水体中微生物污染的程度。

【结果记录】

1. 将上述的观察结果记录于下表 Ⅱ-3-3- ①中。

表 Ⅱ-3-3- ① 不同环境水体中微生物数量测定结果

测定地点	细菌 /（CFU/mL）	霉菌（轻度、中度、重度）	酵母菌 /（CFU/mL）

2. 拍摄测菌片黄色和红色培养基面上微生物菌落生长特征。

【注意事项】

为了取得较准确的结果，在测菌片浸入水体时，应维持 5～10 s（时间不宜过短或过长）；另从水体中取出时，需用无菌棉花吸去测菌片塑料薄板底部水滴，并竖放培养。

【思考题】

采用测菌管检测野外水体中微生物数量方法的优点是什么？

【附录】

细菌、霉菌和酵母菌标准图谱

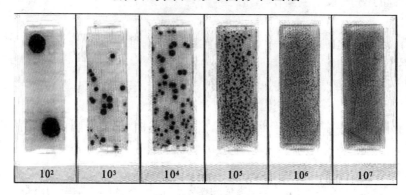

图Ⅱ-3-3-② 细菌标准图谱

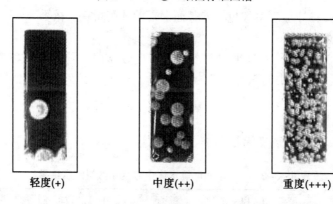

轻度(+) 中度(++) 重度(+++)

图Ⅱ-3-3-③ 霉菌标准图谱

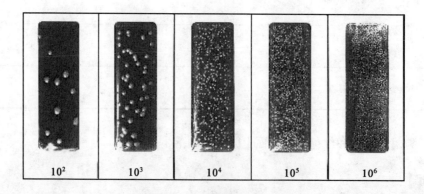

图Ⅱ-3-3-④ 酵母菌标准图谱

（徐德强 肖义平 王英明）

4. 分子微生物学实验技术

实验 II-4-1　利用 16S rRNA 基因序列鉴定细菌

【目的】

1. 掌握一种基本的分子生物学方法。
2. 利用 16S rRNA 基因序列进行细菌的分类鉴定。
3. 学会不需要提取 DNA 的菌落 PCR 方法。
4. 掌握常用的序列分析方法。

【概述】

C. R. Woese 通过基于小亚基核糖体 RNA(16S/18S rRNA)的系统发育学分析,建立了三域学说,这为微生物系统进行分类奠定了重要基础。同时,PCR 扩增和测序技术的发展加快了人们对纯培养原核生物 16S rRNA 基因序列的获得。自 20 世纪 80 年代以来,伯杰氏手册中原核生物分类已从以表型为主的经典鉴定细菌学体系发展到以遗传型系统进化为主的微生物系统分类学体系。通常认为,若所测菌株的 16S rRNA 基因序列与所有已知典型菌株的相似度小于 97%,则该菌株可能是新种;若与最接近的典型菌株相似度大于 97%,则不能确定是这个种,只能被认为最接近于该种,若需要更准确的结果,就应进行 DNA-DNA 杂交等。随着高通量测序技术的发展和测序价格的急剧下降,微生物基因组测序将成为常规分析,且基于基因组水平比较分析的分类体系必将会很快建立起来。

菌落 PCR 不需提取待鉴定细菌的 DNA,通常可直接将少量的细菌菌体加入到 PCR 体系中,使得在变性过程中由细胞裂解而释放出来的 DNA 可作为模板。菌落 PCR 方法节省了培养大量微生物的时间,并省略了从菌体中提取 DNA 的繁琐过程。但对一些不易破壁的细菌,还需要提取 DNA 作为模板。

【材料和器皿】

1. **菌种**

分离纯化的待鉴定的细菌菌株。

2. **试剂**

(1) PCR 相关试剂:

① 细菌 16S rRNA 基因的通用引物:

引物 1:27F〔5′-AGA GTT TGA T(C/T)(A/C)TGG CTC AG-3′〕

引物 2:1492R〔5′-TAC CTT GTT A(C/T)G ACT T-3′〕

② 10×PCR 缓冲液

③ dNTP mix(含 dATP,dTTP,dCTP 和 dGTP 各 2 mmol/L)

④ 25 mmol/L $MgCl_2$ 溶液

⑤ *Taq* 酶

⑥ ddH_2O

(2) 电泳检测相关试剂：

① 琼脂糖

② 1×TAE（Tris-乙酸）缓冲液（使用时把 50×TAE 稀释 50 倍）

③ 6× 凝胶加样缓冲液（loading buffer）

④ DNA Marker

⑤ 0.5 mg/L 溴化乙啶（EB）溶液

3. 器皿

离心机，PCR 仪，电泳仪，电泳槽，成像系统，振荡器，微波炉，天平，微量可调移液器以及配套吸头，称量纸，150 mL 三角瓶，100 mL 量筒，制胶器，1.5 mL 无菌离心管，0.2 mL 无菌 PCR 管，冰盒，封口膜，牙签，PE 手套，隔热手套等。

【方法和步骤】

1. 细菌 16S rRNA 基因的 PCR 扩增

（1）利用无菌的牙签或吸头从平板一个细菌菌落中挑取少量菌体，并放入 0.2 mL 无菌 PCR 管底部。未加菌体的另一个 PCR 管作为空白对照。

（2）PCR 相关试剂从冰箱中取出后，立即置于冰上，待其溶解。

在冰浴中，按以下次序将各成分用微量可调移液器分别加入到有菌体的 PCR 管和空白对照 PCR 管中，并混匀：

10×PCR 缓冲液	5 μL
dNTP mix（2 mmol/L）	4 μL
引物 1（5 μmol/L）	2 μL
引物 2（5 μmol/L）	2 μL
$MgCl_2$（25 mmol/L）	3 μL
Taq 酶（2 U/μL）	1 μL
加 ddH_2O 至	50 μL

（3）在 PCR 仪上设置反应程序。将上述混合液稍加离心，立即置 PCR 仪上，进行 PCR 扩增。扩增程序为：

94℃ 5 min ⟶ 94℃ 1 min，56℃ 1 min，72℃ 1 min 30 s ⟶ 72℃ 15 min

30～35 个循环

（4）反应结束后，电泳检测 PCR 产物。若暂不送测序，应将其置于 –20℃ 保存。

2. PCR 产物的电泳检测

(1) 1% 琼脂糖凝胶制备：

① 用天平称取 1 g 琼脂糖粉末，倒入 150 mL 三角瓶中。

② 用量筒量取 100 mL 1×TAE 缓冲液，倒入三角瓶，轻微混匀后，置于微波炉中，高火 5 min 使琼脂糖完全融化。

③ 戴隔热手套取出三角瓶,混匀,置室温降至 60~70℃。

④ 准备好制胶器,放好适当的底板,将上述胶液缓慢倒入胶盒并插上梳子(注意不要产生气泡)。胶液厚度达到 3~5 mm 即可。

⑤ 放室温至琼脂糖完全凝胶,轻轻拔出梳子,取出底板,抹去底板底下的碎胶。

(2) 上样和电泳:

① 准备电泳槽,电泳液为 1×TAE 缓冲液,若杂质较多,请及时更换。

② 把胶(包括底板)放入电泳槽,注意其方向。

③ 用微量可调移液器取 3 μL PCR 产物,在封口膜上或 PE 手套上与 0.5 μL 左右 6× 凝胶加样缓冲液混匀,小心点入胶孔中。(注意避免产生气泡)

④ 每块胶留一个孔,加 3 μL DNA Marker。

⑤ 用 120 V 电压运行 30~40 min。运行时可看到电泳槽的两端处可产生气泡。

(3) 染色和拍照:

① 电泳完成后,戴 PE 手套取出胶块,放入 EB 溶液中染色 10~15 min。

② 染色结束后将胶转入 TAE 溶液中浸泡 5 min。操作时戴 PE 手套,注意不要接触非 EB 区的任何东西。

③ 上述操作完成后,将胶块放入成像系统拍照,确定 PCR 产物的扩增效率,并确认扩增大小是否吻合、有无杂带和空白对照有无条带等。所拍照片存入自己的文件夹。关闭紫外灯,并关闭成像系统。取出胶块移到特定废弃位置。

3. 测序

若 PCR 扩增结果合适,即可利用 PCR 纯化试剂盒进行纯化,并将其送到测序服务公司去测序(也可把 PCR 产物直接送到公司,由公司纯化后测序)。送公司测序时需要提供测序引物[为了测全长,可直接用 21F 和 1492 引物。若需要很准确序列,也可用以下引物来测序:338F(5′–ACT CCT ACG GGA GGC AGC–3′),536R(5′–GTA TTA CCG CGG C(G/T)G CTG–3′),907F(5′–AAA CTC AAA GGA ATT GAC GG–3′)],并提供 PCR 产物大小、浓度以及引物浓度等信息。

4. 测序结果的分析

(1) 从测序公司获得序列信息之后,利用 DNAstar 软件的 seqman 程序等对所测序列的 abi 形式文件进行拼接,去除序列两端质量差的部分,并以 FASTA 形式保存。

(2) 进入 EzBioCloud(www.ezbiocloud.net)网站,登入之后在 analysis 下的 identify 网页提交所拼接的序列(FASTA 形式),则 user 的 result 下可以看到与已发表的典型菌株的相似度结果以及这些典型菌株的详细信息(如:NCBI 号等)。

(3) 根据最接近的几个序列的分类信息,就可以初步确定待鉴定细菌的分类地位。

(4) 如果需要确定更准确的分类信息,需要构建系统发育树。在构建系统发育树时,需要选择较多相关参考序列。这些参考序列要选择,此菌所属的属(Genus)中各个种典型菌株的 16S rRNA 基因序列,可通过此细菌属(或最接近属)的新种相关最近文献中的系统发育树获得参考序列 NCBI 号。构建系统发育树时可使用 clustalX,MEGA 等软件。具体使用方法请参考相关生物信息学教材或 clustalX 和 MEGA 软件的网站:

clustalX　http://www.clustal.org/clustal2/

MEGA　http://www.megasoftware.net/

【注意事项】

1. 对较黏稠的菌落,需挑取少量菌苔置于 0.5 mL 灭菌生理盐水中,经震荡、离心之后从沉淀中取少量菌体来作模板。放线菌一般不适宜做菌落 PCR。

2. 如果通过菌落 PCR 得不到扩增产物,应从待鉴定菌株提取 DNA(方法请参照实验 I-15-1)作为模板进行 PCR 扩增。

3. 准备 PCR 反应液时应注意最后加 *Taq* 酶,当加入此酶并用 ddH$_2$O 调总体积后应及时放进 PCR 仪进行扩增。

4. 电泳检测 PCR 产物时,若空白对照有对应条带,说明实验所用试剂或管子可能被污染。另外,所用 *Taq* 酶中也可能含有未去除干净的大肠埃希氏菌工程菌的 DNA。

5. 如果所得到的测序结果的峰图中多个位置出现峰图重叠的现象,可能是由于此细菌含有互相之间有序列差异的多拷贝 16S rRNA 基因而引起的,此时需要建克隆文库,并挑一些克隆来分析,具体克隆方法请参照实验 I-15-3 和实验 I-15-4。

【思考题】

1. 为什么这对引物(27F 和 1492R)可以扩增大部分细菌的 16S rRNA 基因?

2. 分析测序结果时,为什么要用 EzBioCloud 数据库来做比较,而不用 NCBI 数据库?

(全哲学)

【网上视频资源】

- PCR 的原理和实验过程
- 用 16S rRNA 基因序列鉴定细菌

实验 II-4-2　利用 ITS 序列鉴定真菌

【目的】

1. 掌握一种基本的分子生物学方法。
2. 利用 ITS 序列进行真菌的分类鉴定。
3. 掌握常用的序列分析方法。

【概述】

真菌的分类鉴定以往主要以形态学性状以及生理生化特点为主要依据。但随着分子生物学的发展及以基因型为主的原核生物(细菌和古生菌)分类学的发展,使得真菌也趋向于以结合基因型来进行分类。真菌的基因型分类方法中最广泛利用的是根据其 18S rRNA 基因序列的分类。但因 18S rRNA 基因的高度保守性,使得不同属之间有时也很难区分。因此相对 18S rRNA 基因变化比较大的 rRNA 基因转录间隔区(internal transcribed spacer,ITS)的序列更广泛地应用于真菌分类。ITS 序列由 18S 和 5.8S rRNA 基因之间的序列(ITS 1)和 5.8S 和 28S rRNA 基因之间的序列(ITS 2)所组成。ITS 序列的扩增主要是根据 18S rRNA 基因末端和 28S rRNA 基因开端的保守序列区间设计引物并进行 PCR 扩增。这样既能从大部分真菌中扩增出 ITS 片段,又能使得到的序列差异相对较大,从而可用于分辨真菌不同的属。

【材料和器皿】

1. 菌种
分离纯化的酵母菌。

2. 试剂
(1) DNA 提取使用的试剂

① 裂解缓冲液:在 20 mL ddH$_2$O 中先加入 5 mL Tris HCl(1 mol/L),10 mL EDTA(500 mmol/L) 10 ml 及 12.83 g 蔗糖,最后加 dd H$_2$O 至 50 mL。

② 20% 十二烷基硫酸钠(SDS)

③ 50 mg/mL 溶细胞酶(lyticase)

④ 20 mg/mL 蛋白酶 K

⑤ CTAB(10%)/NaCl(0.7 mol/L)溶液

⑥ 5 mol/L NaCl

⑦ 氯仿:异戊醇(24:1)

⑧ 酚:氯仿:异戊醇(25:24:1)[可把饱和酚和氯仿:异戊醇(24:1)以 1:1 的比例混合来制备]

⑨ 异丙醇

⑩ TE(Tris–EDTA)缓冲液

⑪ 70% 乙醇

⑫ 液氮

⑬ 玻璃珠(直径:0.2 ~ 0.6 mm)

(2) PCR 相关试剂

① 真菌 ITS 序列的通用引物:

　　引物 1:NSA3(5'–AAA CTC TGT CGT GCT GGG GAT A–3')

　　引物 2:NLC2(5'–GAG CTG CAT TCC CAA ACA ACT C–3')

② 10 × PCR 缓冲液

③ dNTP mix(含 dATP,dTTP,dCTP 和 dGTP 各 2 mmol/L)

④ 25 mmol/L MgCl$_2$ 溶液

⑤ *Taq* 酶

⑥ ddH$_2$O

3. 器皿
离心机,PCR 仪,电泳仪,电泳槽,水浴锅,成像系统,振荡器,烘箱,天平,微量可调移液器以及配套吸头,研钵,称量纸,1.5 mL 和 2 mL 无菌离心管(Axygen),0.2 mL 无菌 PCR 管,冰盒等。

【方法和步骤】

1. 真菌 DNA 的提取

真菌 DNA 的提取也有多种方法。本实验主要介绍利用酶的真菌 DNA 提取方法。此法也可用于环境样品中的真菌或细菌的 DNA 提取［提取细菌 DNA 时以溶菌酶（lysozyme）来代替溶细胞酶］。

DNA 提取步骤如下：

(1) 称取适量真菌菌体加入至含 450 μL 裂解缓冲液的 2 mL 离心管中。

(2) 在上述离心管中加入 10 μL 50 mg/mL 溶细胞酶，尽量混匀。

(3) 37℃水浴维持 30 min。

(4) 加入 25 μL 20% SDS 和 5 μL 20 mg/mL 蛋白酶 K；尽量混匀，但避免剧烈震荡。

(5) 55℃水浴维持 2 h 以上，加入约 0.1 g 玻璃珠，剧烈震荡 5 min。

(6) 液氮冻融 3 次，可在研钵中进行。

(7) 加 80 μL 5 mol/L NaCl，混匀；加入 60 μL CTAB/NaCl 溶液，混匀；65℃水浴 20 min。

(8) 加入等体积酚：氯仿：异戊醇（25:24:1），约 750 μL，混匀。

(9) 4 000 r/min 离心 20 min，将上清液移至新的 1.5 mL 离心管（Axygen）。若上层水相很浑浊或颜色深，重复一次(8)和(9)。

(10) 加等体积的氯仿：异戊醇（24:1），混匀。

(11) 12 000 r/min 离心 10 min，将上清液转移到新的 1.5 mL 离心管中，若上层水相很混浊或颜色深，则重复一次(10)和(11)。

(12) 加 0.6 体积的异丙醇，–20℃过夜。

(13) 12 000 r/min 离心 15 min。尽量倒掉液体，用 500 μL 预冷的 70% 乙醇（–20℃保存）清洗一次。

(14) 12 000 r/min 离心 15 min 小心去上清液。

(15) 在 65℃烘干（约 30 min，其间每过 10 min 轻弹管壁，促进液体挥发，至烘干为止）。

(16) 加 50 μL TE 溶解，保存。

2. 真菌 ITS 的 PCR 扩增

(1) PCR 相关试剂从冰箱中取出后，立即置于冰上，待其溶解。

在冰浴中，按以下次序将各成分加入一无菌 0.2 mL PCR 管中：

10×PCR 缓冲液	5 μL
dNTP mix（2 mmol/L）	4 μL
引物 1（5 μmol/L）	2 μL
引物 2（5 μmol/L）	2 μL
$MgCl_2$（25 mmol/L）	3 μL
模板（1～10 ng/μL）	2 μL
Taq 酶（2 U/μL）	1 μL
加 ddH₂O 至	50 μL

(2) 与步骤(1)一致，但以 ddH₂O 替代模板的 PCR 管作为空白对照

(3) 在 PCR 仪上设置反应程序。将上述混合液稍加离心，立即置 PCR 仪上，进行 PCR 扩增。

扩增程序为：

$$94\ ℃\ 2\ min \longrightarrow 94\ ℃\ 30\ s, 58\ ℃\ 30\ s, 72\ ℃\ 1\ min \longrightarrow 72\ ℃\ 15\ min$$

$$30 \sim 35\ 个循环$$

（4）反应结束后，电泳检测 PCR 产物。若暂不送测序，应将其置于 −20 ℃保存。

3. PCR 产物的电泳检测

具体实验过程请参照实验 Ⅱ−4−1。

4. 送公司测序

确定 PCR 扩增结果合适后，即用 PCR 纯化试剂盒进行纯化，后送测序服务公司测序（也可以将 PCR 产物直接送到公司，由公司对其纯化并测序）。送公司测序时需要提供测序引物（NSA3 或 NLC2），并提供 PCR 产物大小、浓度以及引物浓度等信息。

5. 测序结果的分析

（1）从测序公司获得序列信息之后，打开 abi 形式的峰图文件，去除两端质量差的序列部分，并以 FASTA 形式保存。

（2）打开真菌条形码网站（www.fungalbarcoding.org），点进 Identification，并选择"Pairwise sequence alignment"。

（3）打开所保存的 fasta 文件，复制序列到刚才打开网页的"Paste sequence to align"部分，点"Start alignment"运行。

（4）网站会从数据库中列出最接近的多个序列。

（5）根据软件所给出的顺序来确认最接近的分类信息（看 Reference description 部分），并确认相似度（Similarity%）。

（6）点进左侧的">"符号，网站会给更详细的信息，就可以初步确定所选菌株的分类。

（7）从步骤（1）得到测序结果的 FASTA 形式文件后，也可进 RDP 网站的 classifier 功能（http://rdp.cme.msu.edu/classifier/），并选择"Warcup Fungal ITS trainset 2"后输入测序结果进行分析。

【注意事项】

1. 酚、氯仿等为有毒溶剂，需在通风橱中配制相关溶液。染色用的 EB 为致癌物质，使用时需小心。

2. 加有机溶剂的离心管在高速离心时易破裂，因此在进行此项操作时需用标注可用有机溶剂的离心管产品。

3. 准备 PCR 反应液时一般应最后加 Taq 酶，且在加酶后应及时放进 PCR 仪进行扩增。

【思考题】

1. 为什么提取真菌 DNA 时采用溶细胞酶而不用溶菌酶破壁？

2. 为什么扩增 ITS 区域时所用引物对所对应的是 18S rRNA 基因和 28S rRNA 基因片段？

（全哲学）

【网上视频资源】

- PCR 的原理和实验过程
- ITS 序列分析鉴定酵母菌

实验 Ⅱ–4–3　环境样品中微生物群落结构的分析

【目的】

1. 掌握从环境样品中提取微生物 DNA 的方法。
2. 利用分子生物学方法进行微生物群落结构的分析。

【概述】

　　微生物群落结构的分析是微生物生态学和环境微生物学领域中的一个研究热点。微生物群落的常规分子生物学检测首先是从环境样品中提取 DNA，并对 rRNA 基因进行 PCR 扩增。在这基础上通过克隆文库的构建、变性梯度凝胶电泳（DGGE）、末端限制性片段长度多态性（T-RFLP）及高通量测序等方法对 PCR 产物进行分析。在 rRNA 基因的 PCR 扩增中，为了覆盖大部分的细菌或古生菌，通常采用 16S rRNA 基因序列的保守区相适应的"通用"引物。因此 16S rRNA 基因序列的系统发育分析，已成为人们研究生态环境样品中细菌或古生菌群落结构及变化的主要方法。

【材料和器皿】

1. 样品
土壤样品

2. 试剂

(1) DNA 提取相关试剂：

① 提取缓冲液：20 mL 1 mol/L 磷酸盐缓冲液，40 mL 0.5 mol/L EDTA（pH8.0），20 mL 1 mol/L Tris–HCl（pH 7.0），100 mL 3 mol/L NaCl，20 mL 10% CTAB；加 ddH$_2$O 至 200 mL。

② 20% 十二烷基硫酸钠（SDS）

③ 氯仿∶异戊醇（24∶1）

④ 异丙醇

⑤ TE 缓冲溶液

⑥ 玻璃珠（大小：200 ~ 300 μm）

⑦ 液氮

(2) PCR 相关试剂：

① 细菌 16S rRNA 基因的"通用"引物：

　　引物 1：27F［5′-AGA GTT TGA T(C/T) (A/C)TGG CTC AG–3′］

　　引物 2：1492R［5′-TAC CTT GTT A(C/T)G ACT T–3′］

② 10×PCR 缓冲液

③ dNTP mix（含 dATP，dTTP，dCTP 和 dGTP 各 2 mmol/L）

④ 25 mmol/L $MgCl_2$ 溶液

⑤ *Taq* 酶

⑥ 10 mg/mL 牛血清白蛋白（BSA）

⑦ ddH_2O

3. 器皿

离心机，PCR 仪，水浴锅，振荡器，天平，微量可调移液器及配套吸头，研钵，称量纸，50 mL 和 1.5 mL 无菌离心管，0.2 mL 无菌 PCR 管，冰盒等。

【方法和步骤】

1. 土壤中微生物 DNA 的提取

（1）称取 4 g 土壤样品和 2 g 玻璃珠置于已灭菌的研钵中。

（2）加液氮覆盖样品，并于解冻前用力研磨（注：这一步骤是实验的关键步骤，研磨一定要充分），重复本步骤 3～4 次。把样品转移至 50 mL 离心管。

（3）在上述离心管中加 9 mL 提取缓冲液，小心混匀（一般先加 5 mL 洗研钵，转移；然后再加 4 mL 洗研钵，转移，以便充分转移）。

（4）60℃水浴维持 3 min。

（5）加 1 mL 20% SDS，小心混匀。

（6）60℃水浴维持 15 min（每 5 min 摇匀一次）。

（7）离心（4 000 r/min，室温）10 min。

（8）将上清液转移至新的 50 mL 离心管中，对沉淀重复步骤（③）～（⑦）。

（9）将上清液与前一次上清液合并，离心（4 000 r/min，室温）10 min。

（10）将 CTAB 层（表面的一层絮状浮层）下的液体转移到新的 50 mL 离心管中，注意不要吸到 CTAB。后在上述离心管中再加入等体积的氯仿：异戊醇（24∶1），离心（4 400 r/min，室温）20 min。

（11）收集上清水层，加 0.6 体积的异丙醇，小心混匀，在室温（25℃）放置 30 min，使形成沉淀。

（12）离心 20 min（10 000 r/min，室温）。

（13）小心弃去上清液，60℃维持 30 min 干燥（每过 10 min 轻弹管壁，促进液体挥发）。

（14）加 120 μL 60℃预热的 TE 溶解（溶解要充分）。

（15）将上述提取的 DNA 溶液移至 1.5 mL 离心管中，冷冻保存。

2. 环境样品 DNA 的 PCR 扩增

（1）PCR 相关试剂从冰箱中取出后，立即置于冰上，待其溶解。

在冰浴中，按以下次序将各成分加入一无菌 0.2 mL PCR 管中：

10×PCR 缓冲液	5 μL
dNTP mix（2 mmol/L）	4 μL
引物 1（5 μmol/L）	2 μL
引物 2（5 μmol/L）	2 μL
$MgCl_2$（25 mmol/L）	3 μL
BSA	2 μL

模板（1 ~ 10 ng/µL）	2 µL
Taq 酶（2 U/µL）	1 µL
加 ddH₂O 至	50 µL

（2）与步骤（1）一致，但以 ddH₂O 代替模板的另一个 PCR 管作为空白对照

（3）在 PCR 仪上设置反应程序。将上述混合液稍加离心，立即置 PCR 仪上，进行 PCR 扩增。扩增程序为：

94℃ 2 min ⟶ 94℃ 1 min，56℃ 1 min，72℃ 1 min30 s ⟶ 72℃ 15 min

30 ~ 35 个循环

（4）反应结束后，对 PCR 产物进行电泳检测。且检测后的 PCR 产物，应置于 –20℃ 保存。

3. PCR 产物的电泳检测

请参照实验 Ⅱ–4–1 的相关内容。

4. PCR 产物的割胶回收

根据所购买的胶回收试剂盒说明书进行。

5. 克隆文库的构建

请参考实验 Ⅰ–15–3 的相关内容。

6. 测序

确认克隆板块中菌落的形成良好之后，送测序服务公司去测序。送公司测序时需提供测序引物，并提供 PCR 产物大小、浓度以及引物浓度等信息。测序引物可以用克隆载体上的序列，如：M13F（–47）（5′–CGC CAG GGT TTT CCC AGT CAC GAC–3′）或 M13R（–48）（5′–AGC GGA TAA CAA TTT CAC ACA GGA –3′）。

7. 测序结果的分析

（1）从测序公司获得序列信息后，打开 abi 形式的峰图文件，去除两端质量差的序列部分，并以 fasta 形式保存。

（2）通过 Bioedit 等软件，把所有序列加到同一个 fasta 文件中。

（3）在 RDP 数据库的 Classifier 功能下提交这个 fasta 文件，整体了解微生物种群的分布情况。

（4）根据此结果选择下载一些 reference 序列，与测序结果放在同一个 fasta 文件。

（5）用 ClustalX 进行比对。

（6）在 Bioedit 软件下打开比对后的文件，去除所有序列两端，使得所有序列两端对齐。

（7）用 MEGA 软件构建系统发育树。

具体方法请参考相关生物信息学教材或 ClustalX 和 MEGA 软件的网站：

RDP	http://rdp.cme.msu.edu/classifier/
ClustalX	http://www.clustal.org/clustalz/
MEGA	http://www.megasoftware.net/

【注意事项】

1. 氯仿有毒，使用时需戴口罩。（提取 DNA 过程中产生的废液要倒入指定的废液桶）。

2. 在提取环境样品 DNA 时，若提取液颜色较深，则可能是腐殖酸含量较多，因而需要用 DNA 纯化试剂盒进行纯化。

3. 环境样品中的 DNA 提取,可以考虑直接使用土壤 DNA 提取试剂盒。

4. 建立克隆文库时应注意 PCR 产物的量和载体的比例。

5. 此 DNA 提取方法能同时提取样品中细菌、古生菌及真核微生物的 DNA,因此只要改进 PCR 引物和 PCR 退火温度,就可以应用于古生菌和真核群落结构的分析。

【思考题】

1. 在环境样品 DNA 进行 PCR 扩增时需加入 BSA,请问其目的是什么?

2. 在进行 PCR 扩增时,有时用提取的 DNA 原样作模板则不能得到扩增产物,但把提取的 DNA 原样稀释后作模板,扩增试验便成功。试解释其原因。

(全哲学)

5. 免疫学实验技术

实验 II-5-1　巨噬细胞吞噬功能的测定

【目的】

1. 观察巨噬细胞在体外吞噬异物的现象。
2. 学习测定巨噬细胞吞噬功能的方法。

【概述】

　　巨噬细胞广泛分布于机体各器官和组织中,是机体中吞噬能力最强的一种细胞。在机体的免疫反应中,巨噬细胞具有多种功能,其主要功能之一是吞噬侵入机体的微生物和自体衰亡或恶变细胞,因此,在抗感染和肿瘤免疫中起着重要的作用。在进行特异性免疫反应的过程中,巨噬细胞具有识别、加工和储存抗原以及将抗原信息传递给淋巴细胞(T、B淋巴细胞)的功能。在正常机体中,巨噬细胞的吞噬率在60%以上,在患恶性肿瘤的患者中,巨噬细胞的吞噬率大多在45%以下。因此,测定巨噬细胞的吞噬率对了解机体的免疫功能及疾病的治疗效果具有一定的意义。

　　许多药物和免疫增强剂如卡介苗、脂多糖和小棒杆菌等都有激活巨噬细胞和增强其吞噬能力的作用。本实验通过向小鼠腹腔注射卡介苗后,再抽取小鼠腹腔的巨噬细胞,在体外与鸡红细胞相混合,在37℃条件下孵育一段时间,经染色后,在油镜下观察巨噬细胞吞噬鸡红细胞的现象,再通过计算吞噬的百分率和吞噬指数,来判断巨噬细胞的吞噬能力。

【材料和器皿】

1. 实验动物

小白鼠(体重 20~22 g)3~4 只。

2. 试剂

卡介苗 5 mg/mL,柠檬酸缓冲液(pH 7.2),含 10% 小牛血清的 Hanks 液,吉姆萨(Giemsa)染色液,瑞氏(Wright)染色液,阿氏(Alsever)液(葡萄糖 2.05 g,柠檬酸三钠 0.89 g,柠檬酸 0.055 g,NaCl 0.42 g,双蒸水 100 mL;全部用 AR 试剂,按配方顺序溶解,在 112~115℃下加压蒸汽灭菌 10 min,然后置 4℃冰箱保存备用)。

3. 器皿

无菌注射器 1 mL、5 mL,移液管 10 mL 2 支,滴管 2 支。

4. 仪器

血细胞计数板,离心机。

【方法和步骤】

1. 激活巨噬细胞(于实验前 3 d 进行)

(1) **小白鼠保定法**:先用右手抓住其尾巴,并向上提起,使小鼠的后肢离开桌面(最好在粗糙物体表面如铁笼子上面),然后用左手的大拇指、食指抓住小白鼠头顶部的皮肤,并迅速翻转左手,使小白鼠腹部朝上,将其尾巴夹在左手掌和小指之间(见图 Ⅱ-5-1- ①)。

(2) **注射卡介苗**:将仰卧的小白鼠头部下倾,后肢抬高,使内脏移向胸部,以防注射时被刺伤。先用 70% 乙醇棉球消毒腹股沟处的表皮,然后将注射器由腹股沟处刺入皮下,再进入腹腔,当针头有落空感时即注入 0.5 mL 卡介苗(见图 Ⅱ-5-1- ②)。注射完毕随之拔出针头,并对注射过的小白鼠做上标记。

图 Ⅱ-5-1- ①　小白鼠保定法

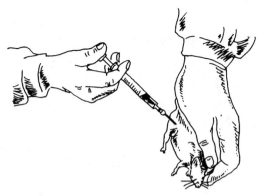

图 Ⅱ-5-1- ②　小白鼠腹腔内注射法

2. 制备 5% 鸡红细胞悬液

用 5 mL 注射器吸阿氏液 2 mL 于离心管中,再加入 3 mL 鸡红细胞,混匀,离心(2 000 r/min)7 min 后,用滴管小心地吸去上清液和界面的白细胞。再用生理盐水洗涤两次,每次洗涤、离心后都要仔细地吸去界面上的白细胞。然后吸 0.5 mL 鸡红细胞于生理盐水的三角瓶中,即成 5% 鸡红细胞悬液。置 4℃ 冰箱保存,备用。

3. 抽取腹腔巨噬细胞

(1) **小白鼠眼球放血**:用左手掌和小指夹住小白鼠尾巴,大拇指和食指抓住小白鼠头皮并往后拉,使眼球突出,然后用镊子拔出眼球,放血处死小白鼠。

(2) **消毒腹外部**:用 70% 乙醇棉球消毒小白鼠腹部皮肤,左手持镊子,将腹中部皮肤提起,右手拿剪刀将皮肤剪开约 5 mm 长的小口,然后撕开皮肤,暴露腹肌。

(3) **注入缓冲液**:用镊子将小白鼠腹腔中部提起,并向腹腔内注入 5 mL 柠檬酸缓冲液(或 Hanks 溶液),并轻揉腹部约 1 min,使细胞混入缓冲液中。

(4) **抽取腹腔液**:用针头抽取腹腔液 4 mL 注入冰浴中(以减少吸附)的离心管内,并在冰浴中离心(1 000 r/min)10 min,然后弃去清液。沉淀部分加入 2 mL 含 10% 小牛血清的 Hanks 液,混匀即成为含有巨噬细胞的悬液。

4. 计数

用血细胞计数板计巨噬细胞的数目(找体积大,折光性强的细胞),如细胞数太多,应用含牛血清的 Hanks 液稀释,使巨噬细胞浓度达 2×10^6 个 /mL。

5. 体外吞噬反应

(1) 加吞噬物:取腹腔巨噬细胞和鸡红细胞悬液等量混合(1∶1),然后用滴管加混合液于洁净的载玻片上,每片 2 ~ 3 滴(每组做 3 片)。

(2) 孵育:将载玻片置湿室内,放 37℃恒温箱中孵育约 30 min。

(3) 漂洗:从湿室中取出载玻片,在生理盐水中漂 2 ~ 3 次,以洗去上清液及未黏附的细胞。

(4) 染色:先加瑞氏染液染 1 ~ 2 min,然后加姬姆萨染液染 10 min,最后用自来水轻轻冲去染液,晾干,镜检。

(5) 镜检:用油镜观察巨噬细胞吞噬鸡红细胞的现象。在显微镜下可观察到巨噬细胞核着色较深,多呈马蹄形,细胞质着色较浅。被吞噬的鸡红细胞由于被消化的程度不同,因此在巨噬细胞内的形态也有差异,应注意观察。未被消化的鸡红细胞核呈红色椭圆形;如完全被消化,则巨噬细胞内只能见到类似鸡红细胞大小的空泡,边缘整齐,细胞核隐约可见。

6. 巨噬细胞吞噬能力的判断

巨噬细胞的吞噬能力是以吞噬百分率和吞噬指数这两个指标来表示的。计数时,随机计取 100 个巨噬细胞,并分别计出吞噬有鸡红细胞的巨噬细胞数和被吞噬的鸡红细胞总数(每个巨噬细胞吞噬能力有差异,其吞噬鸡红细胞的数目可从 0 到数个不等)。然后,按下列公式分别算出吞噬百分率和吞噬指数。

$$吞噬百分率 = \frac{吞噬鸡红细胞的巨噬细胞数}{巨噬细胞总数} \times 100\%$$

$$吞噬指数 = \frac{被吞噬的鸡红细胞总数}{吞噬有鸡红细胞的巨噬细胞数}$$

【结果记录】

将巨噬细胞吞噬能力的判断结果记录于下表中。

被检玻片	计巨噬细胞数	吞噬有鸡红细胞的巨噬细胞数量	被吞噬的鸡红细胞总数	吞噬百分率	吞噬指数
试验组	1				
	2				
	3				
对照组	1				
	2				
	3				

【注意事项】

1. 载玻片必须用洗液浸泡,洗净,晾干,否则细胞不易黏附于载玻片上。

2. 腹腔注射时切勿进针过深,以免刺伤小鼠内脏。

3. 计数时要仔细观察被吞噬的鸡红细胞由于消化程度的不同而出现的各种形状,避免重复或遗漏。

【思考题】

1. 巨噬细胞在机体免疫中有何作用? 测定其吞噬能力有何实际意义?
2. 给小鼠注射卡介苗起何作用?
3. 抽出的小白鼠腹腔液应注入冰浴中的离心管内并在冰浴中进行离心,其目的是什么?

(祖若夫)

实验 Ⅱ-5-2 用间接 ELISA 测定抗血清的效价

【目的】

1. 了解酶联免疫吸附试验的原理。
2. 掌握酶联免疫吸附试验的操作,并测定抗血清的效价。

【概述】

酶联免疫吸附试验(enzyme-linked immunosorbent assay,简称 ELISA)具有很高的灵敏度,可以用来定量或者半定量测定样品中微量的生物大分子成分(如乙型肝炎表面抗原)或者小分子有机物(如甲状腺激素)。样品中的待测物(抗体/抗原)和预先吸附在固相载体表面(酶标板小孔的内壁)的吸附分子(抗原/抗体)特异性结合后,再加入和待测物特异性结合的酶标记抗体,形成了吸附在酶标板上的酶联复合物,酶联复合物的量与待测物的量有关。然后,加入酶的无色底物进行显色反应,其光密度(用酶标仪测定)和待测物的含量相关。

ELISA 按照测定原理分夹心法和竞争法。夹心法是酶联复合物中待测物在中间(夹心),一种可以和待测物结合的抗体(或者抗原)吸附在固相载体上,另外一种抗体和酶直接(或间接)连接,酶联复合物的量和待测物的量成正比;竞争法是样品中的待测物和定量加入的已标记待测物竞争结合预先定量吸附在固相载体上的抗体,待测物多,则形成的抗体—标记待测物复合物就少。两种方法的示意图见图Ⅱ-5-2-①。

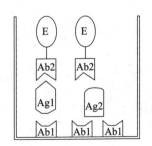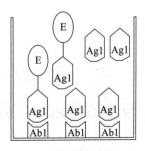

图Ⅱ-5-2-① 夹心法(左)和竞争法(右)示意图
(E 为酶,Ag1 和 Ag2 为两种抗原,Ab1 和 Ab2 为两种和 Ag1 结合的抗体)

酶标记的方法分为直接法和间接法。酶标记在抗原的特异性抗体（一抗）上称为直接法，特异性比较好；间接法指酶标记在与一抗特异性结合的分子上，如酶标记的羊抗鼠 IgG（一般称作二抗），可以和来源于小鼠的抗体（一抗）的恒定区特异性结合，通用性好，灵敏度高。

在 ELISA 中常用的酶是辣根过氧化物酶（horseradish peroxidase，HRP）和碱性磷酸酶（alkaline phosohatase，AP）。HRP 催化如下反应：

$$DH_2（供氧体）+H_2O_2 \longrightarrow D（氧化型染料）+2H_2O$$

邻苯二胺（o-phenylenediamine，OPD）是 HRP 的一种常用显色底物，氧化后的产物呈橙红色，用 2 mol/L 硫酸终止酶反应后，最大吸收在 492 nm 处。

经过免疫的动物血清中含有免疫原（即抗原）的多克隆抗体，一般称为抗血清（antiserum），高效价、高特异性的抗血清具有广泛的用途。抗血清的效价测定可以采用间接 ELISA，将抗原包被在酶标板上，经无关的蛋白封闭后加入系列稀释的抗血清，最后加入 HRP 标记的二抗，洗涤后，加入 OPD 显色，呈阳性反应的最高稀释倍数即为效价。这是一种半定量测定，可以根据效价的高低判断血清中特异性抗体的浓度。

【材料和器皿】

1. 牛血清白蛋白（bovine serum albumin，BSA）溶液：

用 50 mmol/L pH 9.6 的 Na_2CO_3 缓冲液配制的 10 μg/mL 的牛血清白蛋白溶液。

2. 50 mmol/L Na_2CO_3 缓冲液

pH 9.6，160 mg Na_2CO_3，294 mg $NaHCO_3$，加水 100 mL（本实验用水为蒸馏水或去离子水）。

3. 血清

用牛血清白蛋白免疫的小鼠血清和未免疫的小鼠血清。

4. 洗涤液（PBST）

3.59 g $Na_2HPO_4 \cdot 12H_2O$，0.24 g KH_2PO_4，0.2 g KCl，8.0 g NaCl，500 μL Tween-20，加水至 1 000 mL。

5. 封闭液

5 g 脱脂奶粉，溶于 100 mL PBST 中。

6. 二抗

羊抗小鼠 IgG-HRP。

7. 底物缓冲液

2.14 g 柠檬酸三钠·$2H_2O$，0.56 g 柠檬酸，加水至 100 mL。

8. 底物液

底物缓冲液 20 mL 加邻苯二胺 8 mg，30% H_2O_2 25 μL，临用前 20 min 内配制。

9. 终止液

2 mol/L 硫酸，20 mL 的 98% 的浓硫酸加入 165 mL 水。

10. 器皿

酶标仪，96 孔酶标板，200 μL 移液器和 200 μL 吸头。

11. 其他

吸水纸，一次性手套，保鲜膜等。

【方法和步骤】

1. 包被

在酶标板的每个孔加 100 μL 的 BSA 溶液,37℃保温 1 h。

2. 封闭

弃去包被液,用封闭液充满每个孔,37℃保温 1 h。

3. 第一次洗板

(1)弃去孔内液体,在吸水纸上拍去残液;(2)将洗涤液注满小孔,室温下轻轻摇动 3 min;(3)弃去洗涤液,在吸水纸上拍去残液;(4)重复洗涤 3~4 次,最后拍干酶标板。

4. 加抗血清

酶标板的各孔内加入一定稀释倍数的抗血清 100 μL,37℃保温 1.5 h。

二倍稀释法:首先在每孔内加 100 μL PBST,然后在第一孔中加入 100 μL 预先稀释一定稀释倍数的免疫小鼠血清,迅速吸吹 4~5 次混匀,并取 100 μL 加入下一孔中,依次至最后一个稀释度,弃去。未免疫小鼠的血清同样做梯度稀释。空白孔不加血清。

5. 第二次洗板

用 PBST 洗板 3~5 次,每次 3 min。

6. 加二抗

用 PBST 把 HRP 标羊抗小鼠 IgG 稀释到适宜倍数(如 1:2 000),每孔加 100 μL,37℃保温 1 h。

7. 第三次洗板

用 PBST 洗板 3~5 次,每次 3 min。

8. 显色

在酶标板的每个孔中加 200 μL 底物液,室温避光,显色 20 min。

9. 终止反应

每孔中加入 50 μL 2 mol/L 硫酸,并轻轻晃动酶标板,混匀。

10. 测定光密度

尽快测量酶标板各孔的 OD_{492} 或 OD_{495}。若 OD 值大于相应阴性对照的 OD 值的 2 倍,则该小孔记为阳性,1.5~2.0 倍为可疑值,需要进一步确认。

【结果记录】

将实验结果记录于下表中。

稀释倍数										
阴性血清 OD										
免疫血清 OD										

血清效价:

【注意事项】

1. 液体应加在 ELISA 板孔的底部,并避免溅出。保温时候为防止液体蒸发,可在板上加盖。

2. 抗原和酶标板的结合以及抗原和抗体的结合都需要在缓冲液中保温一定的时间，一般在37℃下经 1～2 h 后，产物的生成可达顶峰。注意保温的温度和时间应按规定力求准确。

3. OPD 的显色反应一般在室温或 37℃下进行 20 min。配好的底物液会缓慢变色，光照会加速反应，因此反应液在临用前配置，并在避光条件下进行酶反应。

【思考题】

1. 实验用水为去离子水或者蒸馏水，如果用自来水会有什么不利影响？

2. 如果各个孔所加的抗原包被液、一抗、二抗、显色液、硫酸的体积不准确，对测量的最后结果有何影响？

3. 加入 2 mol/L 硫酸的作用是什么？

（王英明）

附 录

一、若干微生物的学名及其音标

Acetobacter [ɑːsiːtəu'bæktə] ················· 醋杆菌属

Acinetobacter [eisi'netəubæktə] ················· 不动杆菌属

Actinomyces israelii [æktinəu'maisiːs is'reiliai] ················· 衣氏放线菌

Anabaena [ænɑː'biːnɑː] ················· 鱼腥蓝细菌属,项圈蓝细菌属

Arthrobacter [ɑːθrəu'bæktə] ················· 节杆菌属

Aspergillus flavus [æspəː'dʒilʌs 'fleivʌs] ················· 黄曲霉

A. fumigatus [—— fuːmi'gɑːtʌs] ················· 烟曲霉

A. nidulans [—— 'naidjulens] ················· 构巢曲霉

A. niger [—— 'naidʒə] ················· 黑曲霉

A. oryzae [—— ɔː'riːzi] ················· 米曲霉

A. tamarii [—— tæ'meiriːai] ················· 溜曲霉

Azomonas [eizəu'məunæs] ················· 氮单胞菌属

Azotobacter [ɑːzəutəu'bæktə] ················· 固氮菌属

Bacillus anthracis [bɑː'silʌs æn'θreisis] ················· 炭疽芽孢杆菌

B. brevis [—— 'brevis] ················· 短芽孢杆菌

B. cereus [—— 'seriːʌs] ················· 蜡状芽孢杆菌

B. coagulans [—— kəu'eigjuːlænz] ················· 凝结芽孢杆菌

B. licheniformis [—— laikeni'fɔːmis] ················· 地衣芽孢杆菌

B. megaterium [—— megɑː'təːriːʌm] ················· 巨大芽孢杆菌

B. mucilaginosus [—— mjusileidʒi'nɔsəs] ················· 胶质芽孢杆菌(钾细菌)

B. mycoides [—— mai'kɔidis] ················· 蕈状芽孢杆菌

B. polymyxa [—— pɔliː'miksɑː] ················· 多黏芽孢杆菌

B. sphaericus [—— s'ferikʌs] ················· 球形芽孢杆菌

B. stearothermophilus [—— sterəuθəː'mɑːfilʌs] ················· 嗜热脂肪芽孢杆菌

B. subtilis [—— 'sʌtilis] ················· 枯草芽孢杆菌

B. thuringiensis [—— θurindʒiː'ənsis] ················· 苏云金芽孢杆菌

Bacterorides fragilis [bæktə'rɔidiːz 'frædʒilis] ················· 脆弱拟杆菌

Bdellovibrio [deləu'vibriːəu] ················· 蛭弧菌属

Beauveria bassiana [bju'viəriə bæsi'ɑːnə] ················· 白僵菌

Beggiatoa [bedʒiːɑː'təuɑː] ················· 贝日阿托氏菌属

Bifidobacterium globosum [baifidəubæk'tiːriʌm glɔ'bəusʌm] ················· 浑圆双歧杆菌

Blastomyces dermatitidis [blæstəu'maisiːs dəːmɑː'taitidis] ················· 皮炎芽酵母

Bordetella parapertussis[bɔːdeˈtəːlɑː pæræpəˈtusis] ················· 副百日咳博德特氏菌

B. pertussis[—— pəˈtusis] ················· 百日咳博德特氏菌

Borrelia recurrentis[bɔˈreliːɑː riːkurˈrentis] ················· 回归热疏螺旋体

Bradyrhizobium japonicum[brædirɑiˈzəubiəm dʒəˈpɔnikəm] ·················

················· 日本慢生根瘤菌（大豆慢生根瘤菌，旧名，见大豆根瘤菌）

Brucella abortus[bruˈselɑː ɑːˈbɔːtʌs] ················· 流产布鲁氏菌

Campylobacter fetus[kæmpiloˈbæktəː ˈfitʌs] ················· 胚胎弯曲杆菌

C. jujuni[—— dʒiːˈdʒuːni] ················· 空肠弯曲杆菌

Candida albicans[ˈkændidɑː ˈælbikæns] ················· 白假丝酵母

C. tropicalis[—— trɔpiˈkæliz] ················· 热带假丝酵母

C. utilis[—— ˈjuːtilis] ················· 产朊假丝酵母

Cephalosporium[sefɑːləuˈspɔːriːʌm] ················· 头孢（霉）属

Chlamydia psittaci[klɑːˈmiːdiːɑː ˈsitɑːsi] ················· 鹦鹉热衣原体

C. trachomatis[—— trɑːkəuˈmɑːtis] ················· 沙眼衣原体

Chlamydomonas[klæmidəuˈməunɑːs] ················· 衣藻属

Chlorobium[klɔːˈrəubiːʌm] ················· 绿菌属

Chromatium vinosum[krəuˈmeiʃʌm ˈvinəusʌm] ················· 酒色着色菌

Citrobacter[ˈsiːtrəubæktəː] ················· 柠檬酸杆菌属

Claviceps purpurea[ˈklæviseps pəːpuˈriːɑː] ················· 麦角菌

Clostridium acetobutylicum[klɔːsˈtriːdiːʌm æsitəubjuˈtiːlikʌm] ········· 丙酮丁醇梭菌

C. botulinum[—— bɔtʃuːˈlainʌm] ················· 肉毒梭菌

C. butyricum[—— buːˈtiːrikʌm] ················· 丁酸梭菌

C. pasteurianum[—— pæstəːriːˈɑːnʌm] ················· 巴氏梭菌

C. perfringens[—— pəˈfrindʒəːns] ················· 产气荚膜梭菌

C. sporogenes[—— spɔːˈrɑːdʒeniːz] ················· 生孢梭菌

C. tetani[—— ˈtetæni] ················· 破伤风梭菌

C. thermosaccharolyticum[—— θəːməusækɑːrəuˈlitikʌm] ················· 热解糖梭菌

Corynebacterium diphtheriae[kɔriˈniːbækˈtiːriːʌm difˈθiːriːai] ········· 白喉棒杆菌

C. glutamicum[—— gluːˈtæmikʌm] ················· 谷氨酸棒杆菌

Coxiella burnetii[kɑːksiˈəːlɑː bəˈnəːtiːai] ················· 伯氏考克斯氏体

Cristispira[kristiˈspairɑː] ················· 脊螺旋体属

Cryptococcus neoformans[kriptəuˈkɔkʌs niːəuˈfɔːmænz] ················· 新型隐球酵母

Desulfotomaculum[diːsulfəutəuˈmɑːkulʌm] ················· 脱硫肠状菌属

Desulfovibrio[diːsulfəuˈvibriːəu] ················· 脱硫弧菌属

Enterobacter aerogenes[enterəuˈbæktəː eiˈrɑːdʒeniːz] ················· 产气肠杆菌

E. cloacae[—— kləuˈeikɑː] ················· 阴沟肠杆菌

Enterococcus faecalis[entəˈrəkɔkəs fiˈkɑːlis] ················· 粪肠球菌

Epidermophyton[epidəːməuˈfaitɔn] ················· 癣菌属

Escherichia coli[eʃəˈriːkiːɑː ˈkəuli (ˈkɔlai)] ················· 大肠埃希氏菌

Euglena [juːɡˈliːnɑː] ·· 裸藻属

Frankia [ˈfrænkiːɑː] ·· 弗兰克氏菌属

Fusobacterium [fuːsəubækˈtiːriʌm] ······························· 梭杆菌属

Gluconobacter [gluːkɔnəuˈbæktə] ······························· 葡糖杆菌属

Halobacterium halobium [hæləubækˈtiːriʌm hæˈləubiʌm] ········· 盐生盐杆菌

Haemophilus influenzae [hiːˈmɑːfilʌs influːˈenzai] ············· 流感嗜血杆菌

H. parainfluenzae [—— pæræinfluˈenzai] ······················ 副流感嗜血杆菌

Halococcus [hæləuˈkɔkʌs] ·· 盐球菌属

Histoplasma capsulatum [histəuˈplæsmɑː kæpsuːˈlɑːtʌm] ········· 荚膜组织胞浆菌

Klebsiella pneumoniae [klebsiːˈelɑː nuːˈməuniːai] ··············· 肺炎克雷伯氏菌

Lactobacillus acidophilus [læktəubɑːˈsilʌs æsidɑːˈfiːlʌs] ········ 嗜酸乳杆菌

L. delbrueckii subsp. *bulgaricus* [—— delbruˈkii bulˈgærikʌs] ·········

·································· 德氏乳杆菌保加利亚亚种(保加利亚乳杆菌)

Lactococcus lactis [læktəˈkɔkəs lækˈtis] ·········乳酸乳球菌, 旧名"乳链球菌"

Legionella pneumophila [liːdʒɑːˈnelɑː nuːˈməufilɑː] ··········· 嗜肺军团菌

Leptospira biflexa [leptəuˈspairɑː baiˈfleksɑː] ················· 双曲钩端螺旋体

L. interrogans [—— inˈtəːrɑːgænz] ······························ 问号钩端螺旋体

Leuconostoc mesenteroides [luːkəuˈnɔstɔk mesenteˈrɔidiːz] ······· 肠膜明串珠菌

Listeria monocytogenes [lisˈteriɑː mɔnəusaiˈtɔdʒeniːz] ········· 单核细胞增生李斯特氏菌

Methanobacterium [meθænəubækˈtiːriʌm] ······················· 甲烷杆菌属

Methylophilus methylotrophus [meθiˈlɔfilʌs meθiləuˈtrəufʌs] ····· 甲基营养嗜甲基菌

Micrococcus luteus [maikrəuˈkɔkʌs ˈljuːtiʌs] ··················· 藤黄微球菌

Micromonospora purpureae [maikrəumɔˈnɑːspɔːrɑː puːpuˈriːai] ····· 绛红小单胞菌

Mycobacterium bovis [maikəubækˈtiːriʌm ˈbəuvis] ············· 牛分枝杆菌

M. leprae [—— ˈleprai] ··· 麻风分枝杆菌

M. tuberculosis [—— tuːbəːkjuˈləusis] ·························· 结核分枝杆菌

Mycoplasma pneumoniae [maikəuˈpælzmɑː nuːˈməuniːai] ········· 肺炎支原体

Neisseria gonorrhoeae [naiˈseriɑː gɔnɔˈriːai] ··················· 淋病奈瑟氏球菌

N. meningitidis [—— meninˈdʒaitidis] ·························· 脑膜炎奈瑟氏球菌

Neurospora crassa [njuəˈrəuspɔːrɑː ˈkræsæ] ··················· 粗糙脉孢菌

Nitrobacter [naitrəuˈbæktə] ······································· 硝化杆菌属

Nitrosomonas [naitrəusəuˈməunɑːs] ······························ 亚硝化单胞菌属

Nocardia asteroides [nəuˈkɑːdiːɑː æstəˈrɔidiːz] ················· 星状诺卡氏菌

Paracoccus denitrificans [pærɑːˈkɔkʌs diːnaiˈtriːfikɑːnz] ········ 脱氮副球菌

Paramecium [pærɑːˈmiːsiʌm] ····································· 草履虫属

Pediococcus [pediəuˈkɔkʌs] ······································· 片球菌属

Penicillium chrysogenum [peniˈsiːliʌm krisəuˈdʒiːnʌm] ·········· 产黄青霉

P. griseofulvum [—— grisiəuˈfulvʌm] ·························· 灰棕黄青霉

P. notatum [—— nəuˈtɑːtʌm] ··································· 特异青霉

Phytophthora infestans [fai'tɔːfθɔːrɑː 'infestæns] ······················· 致病疫霉

Propionibacterium acnes [prəupiːɔniːbæk'tiːriʌm 'ækniːz] ··········· 疮疮丙酸杆菌

Proteus mirabilis ['prəutiʌs mi'ræbilis] ································· 奇异变形杆菌

P. vulgaris [—— vul'gæris] ·· 普通变形杆菌

Pseudomonas aeruginosa [sjuːdəu'məunɑːs eirudʒi'nəusɑː] ········· 铜绿假单胞菌

P. cepacia [—— se'pesiːɑː] ··· 洋葱假单胞菌

P. diminuta [—— dimi'nuːtɑː] ·· 缺陷假单胞菌

Rhizobium japonicum [rai'zəubiʌm dʒæ'pɔnikʌm] ····················

·· 大豆根瘤菌(旧名,见日本慢生根瘤菌)

Rhizopus arrhizus ['raizəupus ɑː'raizʌs] ······························ 少根根霉

R. nigricans [—— 'naigrikæns] ··· 黑根霉

Rhodomicrobium vannielii [rəudəumai'krəubiʌm væ'nieliː] ········· 万尼氏红微菌

Rhodospirillum [rəudəuspai'riːlʌm] ···································· 红螺菌属

Rhodotorula glutinis [rəudəutə'ruːla 'gluːtiniz] ······················ 黏红酵母

Rickettsia prowazekii [ri'ketsiɑː prɔwɑː'zekiːai] ····················· 普氏立克次氏体

R. rickettsii [—— ri'ketsiːai] ·· 立氏立克次氏体

R. tsutsugamushi [—— suːsuːgɑː'muːʃiː] ····························· 恙虫热立克次氏体

R. typhi [—— 'taifiː] ··· 斑疹伤寒立克次氏体

Saccharomyces carlsbergensis [sækɑːrəu'maisiːs kɑːls'bəːgensis] ··· 卡尔酵母

S. cerevisiae [—— seri'viːsiːai] ·· 酿酒酵母

S. ellipsoideus [—— iːlipsɔi'diːʌs] ···································· 椭圆酵母

Salmonella typhi [sælmɔn'nelɑː 'taifiː] ································· 伤寒沙门氏菌

S. typhimurium [—— taifi'muriʌm] ····································· 鼠伤寒沙门氏菌

Sarcina ventriculi [sɑː'sainɑː ven'triːkjuːlai] ························· 胃八叠球菌

Serratia marcescens [se'rɑːtiːɑː mɑː'sesəns] ·························· 黏质沙雷氏菌

Shigella dysenteriae [ʃi'gela disen'teriːai] ····························· 痢疾志贺氏菌

S. flexneri [—— 'fleksnəri] ··· 弗氏志贺氏菌

S. sonnei [—— 'səuniːai] ··· 宋氏志贺氏菌

Sphaerotilus natans [sfe'rəutilʌs 'neitæns] ··························· 漂浮球衣菌

Spirillum volutans [spai'riːlʌm vəu'luːtæns] ·························· 迂回螺菌

Spirulina [spairuː'lainɑː] ··· 螺旋蓝细菌属

Sporolactobacillus [spəurəulæktəubɑː'siːlʌs] ························· 芽孢乳杆菌属

Sporosarcina ureae [spɔːrəusɑː'sainɑː 'juːriɑː] ······················ 脲芽孢八叠球菌

Staphylococcus aureus [stæfiləu'kɔkʌs 'ɔːriːʌs] ····················· 金黄色葡萄球菌

Streptobacillus [streptəubɑː'siːlʌs] ···································· 链杆菌属

Streptococcus faecalis [streptəu'kɔkəs fi'kɑːlis] ········· 粪链球菌(旧名,见粪肠球菌)

S. lactis [—— læktis] ··························· 乳链球菌(旧名,见乳酸乳球菌)

S. mutans [—— 'mjuːtæns] ··· 变异链球菌

S. pneumoniae [—— nuː'məuniːai] ····································· 肺炎链球菌

S. pyogenes〔——pai'ɑːdʒeniz〕·················· 酿脓链球菌

S. salivarius〔——sæli'veriʌs〕·················· 唾液链球菌

Streptomyces aureofaciens〔streptəu'maisis ɔːriːəu'fæsiens〕········· 金霉素链霉菌

S. erythreus〔——e'riθriʌs〕·················· 红霉素链霉菌

S. fradiae〔——'frediːai〕·················· 弗氏链霉菌

S. griseus〔——gri'siːʌs〕·················· 灰色链霉菌

S. kanamyceticus〔——kænemai'setikʌs〕·················· 卡那霉素链霉菌

S. microflavus〔——maikrəu'fleivəs〕·················· 细黄链霉菌

S. nigrificans〔——'naigriːfikens〕·················· 黑化链霉菌

S. rimosus〔——ri'məusʌs〕·················· 龟裂链霉菌

S. venezuelae〔——venezuː'eliː〕·················· 委内瑞拉链霉菌

Sulfolobus〔sulfəu'ləubʌs〕·················· 硫化叶菌属

Thiobacillus ferrooxidans〔θaiəubɑ'siːlʌs ferəu'ɔksidænz〕········· 氧化亚铁硫杆菌

T.thiooxidans〔——θaiəu'ɔksidænz〕·················· 氧化硫硫杆菌

Treponema pallidum〔trepəu'niːmɑːˈpælidʌm〕·················· 苍白密螺旋体

Ureaplasma urealyticum〔juːriɑːˈplæsmɑː juːriːˈaliːtikʌm〕········· 解脲尿原体

Veillonella〔vilɔ'nelai〕·················· 韦荣氏球菌属

Vibrio cholerae〔'vibriːəu 'kɔlerai〕·················· 霍乱弧菌

V. ficheri〔——'fiʃərai〕·················· 费氏弧菌

Yersinia pestis〔jəːˈsiːniːɑːˈpestis〕·················· 鼠疫耶尔森氏菌

Zoogloea〔zəuəug'liːɑː〕·················· 动胶菌属

Zymomonas〔zəiməu'məunɑːs〕·················· 发酵单胞菌属

〔注〕本资料主要参考以下书籍编写：①Ketchum P A.Microbiology：Introduction for Health Professionals.John-Willey，1984. p.506~511。②Tortora G J，B R Funke，C L Case.Microbiology：An Introduction.2nd Edn.Benjamin/Cummings，1986. p.760~763。

二、酸碱指示剂的配制

精确称取指示剂粉末 0.1 g，移至研钵中，分数次加入适量的 0.01 mol/L NaOH 溶液(见下表)，仔细研磨直至溶解为止，最终用蒸馏水稀释至 250 mL，从而配成 0.04％指示剂溶液。但甲基红及酚红溶液应稀释至 500 mL，故最终质量浓度为 0.02％。

指示剂（0.1 g）		应加 0.01 mol/L NaOH 量 /mL	颜色变化		有效 pH 范围
中文名	英文名		酸	碱	
间甲酚紫	meta-cresol purple	26.2	红	黄	1.2~2.8

续表

指示剂（0.1 g）		应加 0.01 mol/L NaOH 量 /mL	颜色变化		有效 pH 范围
中文名	英文名		酸	碱	
麝香草酚蓝（百里酚蓝）	thymol blue	21.5	红	黄	1.2 ~ 2.8
溴酚蓝	bromophenol blue	14.9	黄	蓝	3.0 ~ 4.6
溴甲酚绿	bromocresol green	14.3	黄	蓝	3.8 ~ 5.4
甲基红	methyl red	37.0	红	黄	4.2 ~ 6.8
氯酚红	chlorophenol red	23.6	黄	红	4.8 ~ 6.4
溴酚红	bromophenol red	19.5	黄	红	5.2 ~ 6.8
溴甲酚紫	bromocresol purple	18.5	黄	紫	5.2 ~ 6.8
溴麝香草酚蓝	bromothymol blue	16.0	黄	蓝	6.0 ~ 7.6
酚红	phenol red	28.2	黄	红	6.8 ~ 8.4
甲酚红	cresol red	26.2	黄	红	7.2 ~ 8.8
间甲酚紫	meta-cresol purple	26.2	黄	紫	7.4 ~ 9.0
麝香草酚蓝	thymol blue	21.5	黄	蓝	8.0 ~ 9.6
酚酞	phenolphthalein	90%乙醇溶解	无色	红	8.2 ~ 9.8
麝香草酚酞	thymol–phthalein	90%乙醇溶解	无色	蓝	9.3 ~ 10.5
茜黄	alizarin yellow	90%乙醇溶解	黄	红紫	10.1 ~ 12.0

三、常用培养基成分

1. 牛肉膏蛋白胨固体培养基（培养一般细菌用）

牛肉膏 3 g，蛋白胨 10 g，NaCl 5 g，琼脂 15 ~ 20 g，自来水 1 000 mL，pH 7.2 ~ 7.4。

2. 牛肉膏蛋白胨半固体培养基（细菌动力观察或测定噬菌体效价用）

牛肉膏蛋白胨液体培养基 1 000 mL（成分见培养基 1），琼脂 4 ~ 6 g，pH 7.2 ~ 7.4。

注：此培养基最好先用两层纱布中间夹一薄层脱脂棉花过滤后再分装，以使培养基澄净和透明。

3. 查氏（或察氏 Czapek）培养基（培养霉菌用）

蔗糖或葡萄糖 30 g，$NaNO_3$ 2 g，$K_2HPO_4 \cdot 3H_2O$ 1 g，KCl 0.5 g，$MgSO_4 \cdot 7H_2O$ 0.5 g，$FeSO_4 \cdot 7H_2O$ 0.01 g，琼脂 15 ~ 20 g，蒸馏水 1 000 mL，自然 pH。

4. 马铃薯葡萄糖琼脂培养基（简称 PDA，培养真菌用）

马铃薯 200 g，葡萄糖（或蔗糖）20 g，琼脂 15 ~ 20 g，自来水 1 000 mL，自然 pH。

制法：马铃薯去皮后，切成小块，加水煮烂（煮沸 20 ~ 30 min，能被玻棒戳破即可），用 4 层纱布过滤，再加糖和琼脂，加热融化后再补足水分至 1 000 mL，121℃下灭菌 20 min。

5. 高氏 1 号培养基（培养各种放线菌用）

可溶性淀粉 20 g，KNO_3 1 g，NaCl 0.5 g，$K_2HPO_4 \cdot 3H_2O$ 0.5 g，$MgSO_4 \cdot 7H_2O$ 0.5 g，$FeSO_4 \cdot 7H_2O$ 0.01 g，琼脂 15 ~ 20 g，蒸馏水 1 000 mL，pH 7.4 ~ 7.6。

制法:先用少量冷水把可溶性淀粉调成糊状,用文火加热,然后再加水及其他药品,待各成分溶解后再补足水至 1 000 mL。

6. 钾细菌培养基(培养钾细菌用)

甘露醇(或蔗糖)10 g,酵母膏 0.4 g,$K_2HPO_4 \cdot 3H_2O$ 0.5 g,$MgSO_4 \cdot 7H_2O$ 0.2 g,NaCl 0.2 g,$CaCO_3$ 1 g,琼脂 15 ~ 20 g,蒸馏水 1 000 mL,pH 7.4 ~ 7.6。

7. 麦芽汁培养基(培养酵母菌和丝状真菌用)

(1) 从啤酒厂购买麦芽汁原液,加水稀释到 5 ~ 6 波美度。

(2) 自制麦芽汁:①取大麦若干,洗净,用水浸 6 ~ 12 h,置木筐内,上盖 1 块湿布,约在 20℃温度下让其发芽,其间每天冲水 1 ~ 2 次。待芽长至麦粒长度 1 ~ 1.5 倍时,停止其生长,然后将其晒干或置 50℃以下烘干。②将干麦芽压碎(不能太粗或太细,粗则影响糖化,细会阻碍过滤)。取 1 份麦芽屑加 4 份水浸泡 1 h,然后置 63℃水浴锅中糖化 6 ~ 12 h,用碘液(见附录四)滴检至呈黄色至无色时表示糖化已完成。然后用绒布过滤。如滤液反复过滤仍不澄明,可用一鸡蛋清充分打匀后倒入糖化液中,加热搅拌至沸,过滤后即成为透明的麦芽汁,分装后在 121℃下灭菌 15 min,备用。③将制备的麦芽汁稀释到 5 ~ 6 波美度,pH 约 6.4。在其中加入 1.5% ~ 2%琼脂后,经灭菌即成为麦芽汁琼脂培养基。

8. 饴糖培养基(培养酵母菌用)

取市售饴糖加水稀释到 5 ~ 6 波美度以代替麦芽汁,加入 1.5% ~ 2%琼脂。pH 约 6.4,在 112 ~ 115℃下灭菌 20 min 即可。

9. 糖发酵培养基(作细菌糖发酵试验用)

蛋白胨 2 g,NaCl 5 g,K_2HPO_4 0.2 g,1%溴麝香草酚蓝水溶液 3 mL,待试糖 10 g(一般糖或醇按 1%量加入,而半乳糖、乳糖则按 1.5%的量加入),蒸馏水 1 000 mL,pH 7.0 ~ 7.4。

制法:

① 溴麝香草酚蓝先用少量 95%乙醇溶解,再加水配制成 1%水溶液。

② 配制液体培养基:调 pH 后,分装试管。装量一般达 4 ~ 5 cm 高度,然后内放一杜氏小管(Durham's tube,注意应将其管口向下)。在 115℃下加压灭菌 20 min 后备用。灭菌时,务必驱尽锅内空气,否则杜氏小管内会有气泡残留,影响实验结果的观察判断。

③ 配制半固体培养基:在上述糖发酵培养基中加入 5 ~ 6 g 琼脂后灭菌即成,呈蓝绿色。

10. 蛋白胨液体培养基(又称蛋白胨水,作吲哚试验用)

蛋白胨 10 g,NaCl 5 g,自来水 1 000 mL,pH 7.2 ~ 7.4,121℃灭菌 20 min。

11. 葡萄糖蛋白胨液体培养基(VP 和 MR 试验用)

蛋白胨 5 g,葡萄糖 5 g,NaCl 5 g,自来水 1 000 mL,pH 7.2 ~ 7.4,121℃灭菌 20 min。

12. 西蒙斯(Simons)氏柠檬酸盐培养基(供柠檬酸盐利用试验用)

柠檬酸钠 2 g,NaCl 5 g,$MgSO_4 \cdot 7H_2O$ 0.2 g,$K_2HPO_4 \cdot 3H_2O$ 1 g,$(NH_4)_2HPO_4$ 1 g,1%麝香草酚蓝水溶液 10 mL,琼脂 15 ~ 20 g,蒸馏水 1 000 mL。

制法:将上述成分(指示剂除外)加热溶解,调 pH 至 7.0,再加入指示剂充分混匀,使呈淡绿色,再分装试管,121℃下灭菌 20 min,最终搁置斜面。

13. 柠檬酸铁铵培养基(供细菌产 H_2S 试验用)

柠檬酸铁铵(棕色)0.5 g,硫代硫酸钠 0.5 g,牛肉膏蛋白胨固体(1.5%)培养基,蒸馏水 1 000 mL,pH 7.4,121℃下灭菌 20 min,搁成直立柱备用。

14. 苯丙氨酸脱氨酶培养基(测细菌苯丙氨酸脱氨酶用)

酵母膏 3 g,NaCl 5 g,L– 苯丙氨酸 1 g,Na$_2$HPO$_4$ 1 g,琼脂 15 ~ 20 g,蒸馏水 1 000 mL,pH 7.2 ~ 7.4,分装试管,112℃下灭菌 20 min,搁成斜面备用。

15. 葡萄糖铵盐培养基(即 Davis 培养基,培养大肠埃希氏菌等部分细菌用的组合培养基)

葡萄糖 2 g,(NH$_4$)$_2$SO$_4$ 2 g,柠檬酸钠·2H$_2$O 0.5 g,K$_2$HPO$_4$ 7 g,KH$_2$PO$_4$ 2 g,MgSO$_4$·7H$_2$O 0.1 g,蒸馏水 1 000 mL,pH 7.2。

16. LB 培养基(Luria-Bertani 培养基,培养大肠埃希氏菌等细菌用)

胰蛋白胨 1%,NaCl 0.5%,酵母膏 1%,pH 7.2。

17. LAB 培养基(乳酸菌活菌计数用)

牛肉膏 10 g,酵母膏 10 g,乳糖 20 g,吐温 80 1.0 mL,CaCO$_3$ 10 g,K$_2$HPO$_4$ 2 g,琼脂 10 g,蒸馏水 1 000 mL,pH 6.6,121℃下灭菌 20 min。

18. MRS 培养基(乳酸菌分离、培养、计数用)

蛋白胨 10 g,牛肉膏 10 g,酵母膏 5 g,葡萄糖 20 g,吐温 80 1.0 mL,K$_2$HPO$_4$ 2 g,醋酸钠 5 g,柠檬酸二铵 2 g,MgSO$_4$·7H$_2$O 0.58 g,MnSO$_4$·4H$_2$O 0.25 g,蒸馏水 1 000 mL,pH 6.2 ~ 6.6(灭菌后为 6.0 ~ 6.5),121℃下灭菌 20 min。

19. 马铃薯牛奶琼脂培养基(分离乳酸菌用)

取马铃薯(去皮)200 g,切碎加 500 mL 自来水煮沸后用 4 层纱布过滤,取出滤液,加脱脂鲜牛奶 100 mL,酵母膏 5 g,琼脂 15 ~ 20 g,加水至 1 000 mL,调 pH 至 7.0。

注意:配制平板培养基时,牛奶应与其他成分分别灭菌,在倒平板前再混合。

20. 麦芽汁碳酸钙琼脂培养基(分离乳酸菌用)

麦芽汁(5 Brix 糖度)1 000 mL,CaCO$_3$ 5 g,琼脂 20 g,pH 6.5 ~ 7.0,121℃下灭菌 20 min。

21. 番茄汁碳酸钙琼脂培养基(分离乳酸菌用)

葡萄糖 10 g,酵母膏 7.5 g,蛋白胨 7.5 g,KH$_2$PO$_4$ 2 g,吐温 80 0.5 mL,琼脂 20 g,番茄汁 100 mL,自来水 900 mL,pH 7.0。

22. BCP 培养基(溴甲酚紫培养基,分离乳酸菌用)

乳糖 5 g,蛋白胨 5 g,酵母膏 3 g,琼脂 15 ~ 20 g,0.5 % 溴甲酚紫溶液 10 mL,自来水 1 000 mL,pH 6.8 ~ 7.0。

23. TYA 培养基(胰蛋白胨酵母膏醋酸盐琼脂培养基,培养厌氧梭菌用)

葡萄糖 40 g,胰蛋白胨 6 g,酵母膏 2 g,牛肉膏 2 g,醋酸钠 3 g,KH$_2$PO$_4$ 0.5 g,MgSO$_4$·7H$_2$O 0.2 g,FeSO$_4$·7H$_2$O 0.01 g,琼脂 15 ~ 20 g,自来水 1 000 mL,pH 6.2。

24. 中性红琼脂培养基(分离丙酮丁醇梭菌用)

葡萄糖 40 g,胰蛋白胨 6 g,酵母膏 2 g,牛肉膏 2 g,醋酸铵 3 g,KH$_2$PO$_4$ 0.5 g,中性红 0.2 g,MgSO$_4$·7H$_2$O 0.2 g,FeSO$_4$·7H$_2$O 0.01 g,琼脂 20 g,自来水 1 000 mL,pH 6.2,121℃下灭菌 20 min。

25. 玉米醪培养基(培养丙酮丁醇梭菌用)

称取 6.5 g 过筛后的玉米粉,加 100 mL 自来水混匀,煮沸成糊状,分装试管(每管 10 mL),自然 pH,121℃下灭菌 30 min。

26. 碳酸钙琼脂明胶麦芽汁培养基(培养丙酮丁醇梭菌用)

麦芽汁(6 波美度)1 000 mL,CaCO$_3$ 10 g,明胶 10 g,琼脂 20 g,pH 6.8,121℃下灭菌 20 min。

27. 伊红美蓝(亚甲蓝)培养基(EMB 培养基,鉴别大肠菌群用)

蛋白胨 10 g,乳糖 10 g(或用乳糖和蔗糖各 5 g),K₂HPO₄ 2 g,伊红 Y 0.4 g,美蓝 0.065 g,琼脂 15～20 g,蒸馏水 1 000 mL,pH 7.2。

28. 阿什比(Ashby)无氮培养基(筛选自生固氮菌用)

甘露醇 10 g,KH₂PO₄ 0.2 g,MgSO₄·7H₂O 0.2 g,NaCl 0.2 g,CaSO₄·2H₂O 0.1 g,CaCO₃ 5 g,蒸馏水 1 000 mL,琼脂 15～20 g,pH 7.2～7.4。

29. 马丁(Martin)培养基(筛选土壤真菌用)

葡萄糖 10 g,蛋白胨 5 g,KH₂PO₄ 1 g,MgSO₄·7H₂O 0.5 g,0.1% 孟加拉红溶液 3.3 mL,琼脂 15～20 g,蒸馏水 1 000 mL,2% 去氧胆酸钠溶液 20 mL(分别灭菌,使用前加入),10 000 U/mL 链霉素溶液 3.3 mL(用无菌水配制,使用前加入),自然 pH。

30. 酵母菌富集培养基(培养酵母菌用)

葡萄糖 50 g,尿素 1 g,(NH₄)₂SO₄·7H₂O 1 g,KH₂PO₄ 2.5 g,Na₂HPO₄ 0.5 g,MgSO₄·7H₂O 1 g,FeSO₄·7H₂O 0.1 g,酵母膏 0.5 g,孟加拉红 0.03 g,蒸馏水 1 000 mL,pH 4.5。

31. Wolfe 氏 1 号培养基(分离部分产甲烷细菌用)

无机盐溶液 1# 50 mL,无机盐溶液 2# 50 mL,微量元素液 10 mL,维生素液 10 mL,FeSO₄·7H₂O 0.002 g,Na₂HCO₃ 5.0 g,醋酸钠 2.5 g,甲酸钠 2.5 g,酵母膏 2.0 g,胰蛋白胨 2.0 g,L-半胱氨酸盐 0.5 g,Na₂S·9H₂O 0.5 g。

无机盐溶液 1#:6 g K₂HPO₄ 用蒸馏水定容至 1 000 mL。

无机盐溶液 2#:KH₂PO₄ 6 g,(NH₄)₂SO₄ 6 g,NaCl 12 g,MgSO₄·7H₂O 2.6 g,CaCl₂·2H₂O 0.16 g,用蒸馏水定容至 1 000 mL。

微量元素液:氮川三乙酸 1.5 g,MnSO₄·2H₂O 0.5 g,CoSO₄ 或 CoCl₂ 0.1 g,H₃BO₃ 0.01 g,CuSO₄·5H₂O 0.01 g,ZnSO₄ 0.1 g,AlK(SO₄)₂ 0.01 g,NaMoO₄·2H₂O 0.01 g,蒸馏水 1 000 mL(注意:配制时先用 KOH 调节氮川三乙酸溶液至 pH 6.5,再一加入其他无机盐,最后用 KOH 调节 pH 至 7.0)。

32. RCM 培养基(梭菌强化培养基,培养厌氧梭菌用)

蛋白胨 10 g,牛肉膏 10 g,酵母膏 3 g,葡萄糖 5 g,无水乙酸钠 3 g,可溶性淀粉 1 g,盐酸半胱氨酸 0.5 g,氯化钠 5 g,琼脂 15～20 g,蒸馏水 1 000 mL,pH 7.4。

四、染色液和试剂的配制

1. 染色液

(1) 萋尔氏(Ziehl)石炭酸复红液

A 液:碱性复红 0.3 g,95% 乙醇 10 mL。B 液:酚 5 g,蒸馏水 95 mL。

混合 A、B 液即成。

(2) 吕氏(Loeffler)美蓝液

A 液:美蓝 0.3 g,95% 乙醇 30 mL。B 液:0.01% KOH 100 mL。

混合 A、B 液即成。

(3) 草酸铵结晶紫(Hucker 氏配方)

A 液:结晶紫 2 g,95% 乙醇 20 mL。B 液:草酸铵 0.8 g,蒸馏水 80 mL。

混合 A、B 液即成。

（4）鲁氏（Lugol）碘液

碘 1 g，碘化钾 2 g，蒸馏水 300 mL。

先用少量（3~5 mL）蒸馏水溶解碘化钾，再加入碘片，待碘片溶解后，加水稀释至 300 mL。

（5）0.5% 沙黄（Safranine）液

2.5% 沙黄乙醇液 20 mL，蒸馏水 80 mL。

将 2.5% 沙黄乙醇液作为母液保存于不透气的棕色瓶中，使用时再稀释。

（6）1% 瑞氏（Wright's）染色液

称取瑞氏染粉 6 g，放研钵内磨细，不断滴加甲醇（共 600 mL）并继续研磨使溶解。经过滤后染液须贮存 1 年以上才可使用，保存时间越久，则染色色泽越佳。

（7）姬姆萨（Giemsa）染液

① 贮存液：称取 Giemsa 染粉 0.5 g，甘油 33 mL，甲醇 33 mL。先将 Giemsa 染粉研细，再逐滴加入甘油，继续研磨最后加入甲醇，在 56℃放置 1~24 h 后即可使用。

② Giemsa 应用液（临用时配制）：取 1 mL 贮存液加 19 mL pH 7.4 磷酸盐缓冲液即成。

2. 试剂

（1）甲基红试剂（0.2g/L）

甲基红 0.1 g，95% 乙醇 300 mL，蒸馏水 200 mL。

（2）测吲哚反应试剂

对二甲基氨基苯甲醛 8 g，95% 乙醇 760 mL，浓 HCl 160 mL。

（3）测硝酸盐还原试剂

① 格里斯氏（Griess）试剂

A 液：对氨基苯磺酸 0.5 g，稀醋酸（10% 左右）150 mL。

B 液：α-萘胺 0.1 g，蒸馏水 20 mL，稀醋酸（10% 左右）150 mL。

② 二苯胺试剂：二苯胺 0.5 g 溶于 100 mL 浓硫酸中，用 20 mL 蒸馏水稀释。

在培养液中滴加 A、B 液后，溶液如变为粉红色、玫瑰红色、橙色或棕色等表示有亚硝酸盐存在，硝酸盐还原反应为阳性，如无红色出现则可加 1~2 滴二苯胺试剂；如溶液呈蓝色则表示培养液中仍存在有硝酸盐，从而证实该菌无硝酸盐还原作用；如溶液不呈蓝色，则表示形成的亚硝酸盐已进一步还原成其他物质，故硝酸盐还原反应仍为阳性。

（4）Hanks 液

① 贮存液 *

A 液：（Ⅰ）NaCl 80 g，KCl 4 g，$MgSO_4 \cdot 7H_2O$ 1 g，$MgCl_2 \cdot 6H_2O$ 1 g，用双蒸水定容至 450 mL；（Ⅱ）$CaCl_2$ 1.4 g，（或 $CaCl_2 \cdot 2H_2O$ 1.85 g），用双蒸水定容至 50 mL。将Ⅰ和Ⅱ液混合，加氯仿 1 mL 即成 A 液。

B 液：$Na_2HPO_4 \cdot 12H_2O$ 1.52 g，KH_2PO_4 0.6 g，酚红 ** 0.2 g，葡萄糖 10 g，用双蒸水定容至 500 mL，然后加氯仿 1 mL。

② 应用液：取上述贮存液的 A 和 B 液各 25 mL，加双蒸水定容至 450 mL，112℃下灭菌

---

* 药品必须全部用A、B试液，并按配方顺序加入，用适量双蒸水溶解，待前一种药品完全溶解后再加入后一种药品，最后补足水到总量。

** 酚红应先置研钵内磨细，然后按配方顺序一一溶解。

20 min。置 4℃下保存。使用前用无菌的 3% NaHCO₃ 调至所需 pH。

(5) 碘液(用于测淀粉液化程度)

① 原碘液:称取碘(I₂)11 g,碘化钾(KI)22 g,先用少量蒸馏水溶解碘化钾,再加入碘,待完全溶解后再定容至 500 mL,贮存于棕色瓶内。

② 稀碘液:取原碘液 2 mL,加碘化钾 20 g,用蒸馏水溶解后定容至 500 mL,贮存于棕色瓶内。

五、蒸汽压力与温度的关系

压力表读数		温度 /℃		
MPa	1bf/in²	纯水蒸气	含 50% 空气	不排除空气
0	0	100		
0.03	5.0	109	94	72
0.05	6.0	110	98	75
0.06	8.0	112.6	100	81
0.07	10.0	115.2	105	90
0.09	12.0	117.6	107	93
0.10	15.0	121.5	112	100
0.14	20.0	126.5	118	109
0.17	25.0	131.0	124	115
0.21	30.0	134.6	128	121

六、培养基容积与加压灭菌所需时间

单位: min

培养基容积 /mL	容　　器	
	三角烧瓶	玻璃瓶
10	15	20
100	20	25
500	25	30
1 000	30	40

注: 指在 121℃下所需灭菌时间, 如灭菌前是凝固的培养基, 则还应增加 5～10 min 融化时间。

七、缓冲液的配制表

缓冲液名称	A 液	B 液
柠檬酸 – 磷酸盐	0.2 mol/L（35.6 g/L）Na₂HPO₄·2H₂O	0.1 mol/L（21 g/L）柠檬酸·H₂O
醋酸钠 – 醋酸	0.2 mol/L（27.22 g/L）醋酸钠·3H₂O	0.2 mol/L 醋酸 （11.5 mL 冰醋酸 +988.5 mL H₂O）

续表

缓冲液名称	A 液	B 液
磷酸盐	0.2 mol/L（35.6 g/L）$Na_2HPO_4 \cdot 2H_2O$	0.2 mol/L（31.2 g/L）$NaH_2PO_4 \cdot 2H_2O$
Tris−HCl	0.2 mol/L HCl（17 mL 36% HCl+983 mL H_2O）	0.2 mol/L（24.2 g/L）Tris

pH	缓冲液加 A 液量 /mL			
	1	2	3	4
2.2	0.40	—	—	—
2.4	1.24	—	—	—
2.6	2.18	—	—	—
2.8	3.17	—	—	—
3.0	4.11	—	—	—
3.2	4.94	—	—	—
3.4	5.70	—	—	—
3.6	6.44	3.7	—	—
3.8	7.10	6.0	—	—
4.0	7.71	9.0	—	—
4.2	8.28	13.2	—	—
4.4	8.82	19.5	—	—
4.6	9.35	24.5	—	—
4.8	9.86	30.0	—	—
5.0	10.30	35.2	—	—
5.2	10.72	39.5	—	—
5.4	11.15	41.2	—	—
5.6	11.60	45.2	—	—
5.8	12.09	—	4.00	—
6.0	12.63	—	6.15	—
6.2	13.22	—	9.25	—
6.4	13.85	—	13.25	—
6.6	14.55	—	18.75	—
6.8	15.45	—	24.50	—
7.0	16.47	—	30.50	—
7.2	17.39	—	36.00	22.10
7.4	18.17	—	40.50	20.70
7.6	18.73	—	43.50	19.20
7.8	19.15	—	45.75	16.25
8.0	19.45	—	47.35	13.40

pH	缓冲液加 A 液量 /mL			
	1	2	3	4
8.2	—	—	—	10.95
8.4	—	—	—	8.25
8.6	—	—	—	6.10
8.8	—	—	—	4.05
9.0	—	—	—	2.50
加 B 液量 /mL	20 减 A	50 减 A	50 减 A	50
最后加水至 /mL	—	100	100	100

八、常用消毒剂表

名　称	主要性质	质量或体积浓度及使用法	用　途
升汞	杀菌力强，腐蚀金属器械	0.05% ~ 0.1%	植物组织和虫体外消毒
硫柳汞	杀菌力弱，抑菌力强，不沉淀蛋白质	0.01% ~ 0.1%	生物制品防腐，皮肤消毒
甲醛（福尔马林）（市售含量为 37% ~ 40%）	挥发慢，刺激性强	10 mL/m^2 加热熏蒸，或用甲醛 10 份 + 高锰酸钾 1 份，产生黄色浓烟，密闭房间熏蒸 6 ~ 24 h	接种室消毒
乙醇	消毒力不强，对芽孢无效	70% ~ 75%	皮肤消毒
石炭酸（苯酚）	杀菌力强，有特别气味	3% ~ 5%	接种室（喷雾）、器皿消毒
新洁尔灭	易溶于水，刺激性小，稳定，对芽孢无效，遇肥皂或其他合成洗涤剂效果减弱	0.25%	皮肤及器皿消毒
醋酸	浓烈酸味	5 ~ 10 mL/m^3 加等量水蒸发	接种室消毒
高锰酸钾液	强氧化剂、稳定	0.1%	皮肤及器皿消毒（应随用随配）
硫黄	粉末，通过燃烧产生 SO$_2$，杀菌，腐蚀金属	15 g 硫黄 /m^3 熏蒸	空气消毒
生石灰	杀菌力强，腐蚀性大	1% ~ 3%	消毒地面及排泄物
来苏尔（煤粉皂液）	杀菌力强，有特别气味	3% ~ 5%	接种室消毒，擦洗桌面及器械
漂白粉	白色粉末有效氯易挥发，有氯味，腐蚀金属及棉织品，刺激皮肤，易潮解	2% ~ 5%	喷洒接种室或培养室

九、市售浓酸和氨水的相对密度和实际浓度

名　称	相对密度	质量分数 /%	摩尔浓度 / （mol/L）
盐酸	1.19	37.2	12.0
盐酸	1.18	35.2	11.3
硝酸	1.425	71.0	16.0
硝酸	1.4	65.6	14.5
硝酸	1.2	32.36	6.1
硫酸	1.84	95.3	18.0
高氯酸	1.15	70	11.6
磷酸	1.69	85	14.7
醋酸	1.05	99.5	17.4
醋酸	1.075	80	14.3
氨水	0.904	27	14.3
氨水	0.91	25	13.4
氨水	0.957	10	5.4

十、相对密度与糖度换算表

波美度（Baume）	相对密度	糖度（Brix）	波美度（Baume）	相对密度	糖度（Brix）
1	1.007	1.8	16	1.125	29.0
2	1.015	3.7	17	1.134	30.8
3	1.022	5.5	18	1.143	32.7
4	1.028	7.2	19	1.152	34.6
5	1.036	9.0	20	1.161	36.4
6	1.043	10.8	21	1.171	38.3
7	1.051	12.6	22	1.180	40.1
8	1.059	14.5	23	1.190	42.0
9	1.067	16.2	24	1.200	43.9
10	1.074	18.0	25	1.210	45.8
11	1.082	19.8	26	1.220	47.7
12	1.091	21.7	27	1.231	49.6
13	1.099	23.5	28	1.241	51.5
14	1.107	25.3	29	1.252	53.5
15	1.116	27.2	30	1.263	55.4

续表

波美度（Baume）	相对密度	糖度（Brix）	波美度（Baume）	相对密度	糖度（Brix）
31	1.274	57.3	39	1.368	72.7
32	1.286	59.3	40	1.380	74.5
33	1.297	61.2	41	1.392	76.4
34	1.309	63.2	42	1.404	78.2
35	1.321	65.2	43	1.417	80.1
36	1.333	67.1	44	1.429	82.0
37	1.344	68.9	45	1.442	83.8
38	1.356	70.8	46	1.455	85.7

十一、常用干燥剂

干燥剂的常用范围	常用干燥剂的种类
常用于气体的干燥剂	石灰，无水 $CaCl_2$，P_2O_5，浓硫酸，KOH
常用于液体的干燥剂	P_2O_5，浓硫酸，无水 $CaCl_2$，无水 K_2CO_3，KOH，无水 Na_2SO_4，无水 $MgSO_4$，无水 $CaSO_4$，金属钠
干燥器中常用的吸水剂	P_2O_5，浓硫酸，无水 $CaCl_2$，硅胶
常用的有机溶剂蒸汽干燥剂	石蜡片
常用的酸性气体干燥剂	石灰，KOH，NaOH 等
常用的碱性气体干燥剂	浓硫酸，P_2O_5 等

十二、十进制倍数和分数的词冠表（国际制）

词冠	译名	倍数	代号	词冠	译名	倍数	代号
exa	艾［可萨］	10^{18}	E	deci	分	10^{-1}	d
peta	拍［它］	10^{15}	P	centi	厘	10^{-2}	c
tera	太［拉］	10^{12}	T	milli	毫	10^{-3}	m
giga	吉［咖］	10^{9}	G	micro	微	10^{-6}	μ
mega	兆	10^{6}	M	nano	纳［诺］	10^{-9}	n
kilo	千	10^{3}	k	pico	皮［可］	10^{-12}	p
hecto	百	10^{2}	h	femto	飞［母托］	10^{-15}	f
deca	十	10^{1}	da	atto	阿［托］	10^{-18}	a

十三、常用的计量单位

度		量		衡		摩尔浓度		
单位名称	符号	单位名称	符号	单位名称	符号	单位名称	符号	相当量
米	m	升	L	千克	kg	摩尔/升	mol/L	mol/L
分米	dm	分升	dL	克	g	毫摩尔/升	mmol/L	10^{-3} mol/L
厘米	cm	毫升	mL	毫克	mg	微摩尔/升	μmol/L	10^{-6} mol/L
毫米	mm	微升	μL	微克	μg	纳摩尔/升	nmol/L	10^{-9} mol/L
微米	μm	纳升	nL	纳克	ng	皮摩尔/升	pmol/L	10^{-12} mol/L
纳米	nm	皮升	pL	皮克	pg			
皮米	pm							

注：（1）根据国际单位系统 International System of Units（简称 SI 单位），为了统一标准，便于文献资料上数据比较对照，国际上于 1974 年开始试行 SI 单位，不再用克当量浓度和百分浓度。

（2）物质的相对分子质量未确切了解时，采用质量浓度（质量/升）。

十四、镜头清洁液和洗液的配制

名称	试剂	配制方法及注意点
镜头清洁液	无水乙醚，无水乙醇	将 70 mL 无水乙醚和 30 mL 无水乙醇充分混合
洗液	重铬酸钠（或重铬酸钾），浓硫酸（工业用）	将 70 g 重铬酸钠（或 50 g 重铬酸钾）分数次缓缓加入至 1 000 mL 煮沸的工业用浓硫酸中，待溶解后用玻璃羊毛过滤

十五、标准筛孔对照表

筛号	筛孔直径		网目/（个·cm^{-1}）	网目/（个·in^{-1}）
	mm	in（英寸）		
2.5	8.00	0.315	1.0	2.6
3	6.72	0.265	1.2	3.0
3.5	5.66	0.223	1.4	3.6
4	4.76	0.187	1.7	4.2
5	4.00	0.157	2.0	5.0
6	3.36	0.132	2.3	5.8

筛号	筛孔直径		网目 / (个·cm^{-1})	网目 / (个·in^{-1})
	mm	in（英寸）		
7	2.83	0.111	2.7	6.8
8	2.38	0.094	3.0	7.9
10	2.00	0.079	3.5	9.2
12	1.68	0.066	4.0	10.8
14	1.41	0.055 7	5.0	12.5
16	1.19	0.046 8	6.0	14.7
18	1.00	0.039 4	7.0	17.2
20	0.84	0.033 1	8.0	20.2
25	0.71	0.027 8	9.0	23.6
30	0.59	0.023 4	11.0	27.5
35	0.50	0.019 7	13.0	32.3
40	0.42	0.016 6	15.0	37.9
45	0.35	0.013 9	18.0	44.7
50	0.30	0.011 7	20.0	52.4
60	0.25	0.009 8	24.0	61.7
70	0.21	0.008 3	29.0	72.5
80	0.177	0.007 0	34.0	85.5
100	0.149	0.005 9	40.0	101.0
120	0.125	0.004 9	47.0	120.0
140	0.105	0.004 1	56.0	143.0
170	0.088	0.003 5	66.0	167.0
200	0.074	0.002 9	79.0	200.0
230	0.062	0.002 5	93.0	233.0
270	0.053	0.002 1	106.0	270.0
325	0.044	0.001 7	125.0	323.0

注：筛号数即每英寸（in）长度内的网目（孔）数。

十六、部分国家的菌种保藏机构名称和网址信息

机构缩写	物种保藏机构名称及国别	物种保藏机构的网址信息
ACAM	澳大利亚南极微生物菌种保藏中心	http://www.antcrc.utas.edu.au/antcrc/micropro/acaminfo.html

机构缩写	物种保藏机构名称及国别	物种保藏机构的网址信息
ACCC	中国农业微生物菌种保藏中心（北京，农业科学院土壤肥料研究所）	http：//www.accc.org.cn
AGAL	澳大利亚国家分析实验室	http：//www.agal.gov.au/AGALServices
ATCC	美国典型菌种保藏中心	http：//www.atcc.org
BCCM	比利时微生物保藏中心	http：//www.belspo.be/bccm/bccm.htm
BCRC	中国台湾生物资源保存和研究中心	http：//www.bcrc.firdi.org.tw
CACC	中国抗生素菌种保藏管理中心	
CBS	荷兰真菌保藏中心	http：//www.cbs.knaw.nl
CCAP	英国剑桥藻类和原生动物保藏中心	
CCCCM	中国微生物菌种保藏管理委员会	http：//www.micronet.im.ac.cn/database/aboutcccmc.html
CCEB	捷克虫生细菌保藏中心	
CCF	捷克 Charles 大学真菌菌种保藏中心	
CCGMC	中国普通微生物菌种保藏管理中心（北京，中国科学院微生物研究所；武汉，中国科学院病毒学研究所）	
CCM	捷克微生物菌种保藏中心	http：//www.sci.muni.cz/ccm
CCTCC	中国典型微生物保藏中心	http：//www.cctcc.org
CCTL	印度尼西亚国立生物学研究所 Treub 实验室菌种保藏中心	
CCTM	法国典型菌种保藏中心（里尔）	
CCUG	瑞典大学的微生物菌种保藏中心	http：//www.ccug.gu.se
CCY	斯洛伐克酵母菌种保藏中心	
CDA	加拿大农业部菌种保藏中心（渥太华）	
CDC	美国传染病控制中心（亚特兰大）	
CECT	西班牙微生物菌种保藏中心	http：//www.uv.es/cect/english
CGMCC	中国普通微生物菌种保藏中心	
CICC	中国工业微生物菌种保藏管理中心（北京，轻工业部食品发酵研究所）	http：//www.china-cicc.org
CIP	巴斯德研究所菌种保藏部（法国）	http：//cip.pasteur.fr
CMCC	中国医学微生物菌种保藏中心（真菌类：南京，中国医学科学院皮肤病研究所；细菌类：北京，卫生部生物制品检定所；病毒类：北京，中国医学科学院病毒研究所）	
CMI	英联邦真菌学研究所	

机构缩写	物种保藏机构名称及国别	物种保藏机构的网址信息
CNCTC	捷克国家典型菌种保藏中心	
CSIRO	澳大利亚联邦科学和工业研究部（悉尼）	
CUB	Bradford 大学放线菌菌种保藏中心（英国）	
CVCC	中国兽医微生物菌种保藏管理中心（北京，农业部兽医药品监察所）	http：//cvcc.ivdc.gov.cn
DBVPG	意大利酵母菌菌种保藏中心	http：//www.agr.unipg.it/dbvpg
DMUR	Recife 大学真菌学系（巴西）	
DSMZ	德国菌种与细胞保藏中心（哥丁根）	http：//www.dsmz.de
ECCO	欧洲培养物保藏组织	http：//www.eccosite.org
FAT	东京大学农学系（日本）	
FDA	美国食品和药物管理局	
HAMBI	芬兰赫尔辛基大学菌种保藏中心	http：//honeybee.helsinki.fi/mmkem/hambi
IAM	东京大学应用微生物学研究所（日本）	
IAUR	Recife 大学抗生素研究所（巴西）	
IAW	华沙抗生素研究所（波兰）	
IBFM–VKM	俄罗斯科学院微生物物理化学研究所	
ICPB	国际植物致病细菌菌种保藏中心（美国，加利福尼亚大学戴维斯分校）	
IEM	捷克流行病和微生物学研究所国家菌种保藏中心	
IFM	日本千叶大学食品微生物学研究所	
IFO	日本大阪发酵研究所	
IMC	见 CMI	
IMCAS	捷克科学院微生物学研究所	
IMI	国际真菌学研究所（英国）	
IMRU	Rutgers 大学瓦克斯曼微生物学研究所（美国）	
INA	新抗生素研究所（俄国，莫斯科）	
INMI	俄罗斯科学院微生物学研究所菌种保藏中心	
IPV	米兰大学植物病理学研究所（意大利）	
ITCC	印度真菌典型培养物保藏中心（新德里）	
JCM	日本微生物菌种保藏中心	http：//www.jcm.riken.go.jp
JFCC	日本微生物菌种保藏联合会（由 17 个单位组成）	
KCCM	韩国微生物菌种保藏中心	http：//www.kccm.or.kr
KCTC	韩国典型微生物保藏中心	http：//kctc.kribb.re.kr

机构缩写	物种保藏机构名称及国别	物种保藏机构的网址信息
KIM	德国微生物学研究所菌种保藏中心（柏林）	
MI	瑞士微生物学研究所	
NBIMCC	保加利亚菌种保藏中心	http：//nbimcc.cablebg.net
NBRC	日本国家技术与评价研究所生物资源中心	http：//www.nbrc.nite.go.jp/e-home/genee.html
NCAIM	匈牙利国家农业和工业微生物菌种保藏中心	http：//ncaim.net
NCCB	荷兰细菌菌种保藏中心	http：//www.cbs.knaw.nl/nccb
NCDO	英国乳品微生物保藏中心	
NCFB	英国食品细菌保藏中心	
NCIB	英国工业细菌保藏中心	
NCIM	印度国家工业微生物菌种保藏中心	
NCIMB	英国国家工业和海洋细菌保藏中心	http：//www.ncimb.co.uk
NCMB	英国海洋细菌保藏中心	
NCPPB	英国植物致病细菌保藏中心	
NCTC	英国国家典型菌种保藏中心	http：//www.phls.co.uk/services/nctc/index.htm
NCYC	英国酵母菌种保藏中心	http：//www.ifrn.bbsrc.ac.uk/ncyc
NIBH	日本国家生命科学和人类技术研究所	
NIHJ	日本国立健康研究所抗生素系	
NRC	加拿大国家研究委员会生命科学部（渥太华）	
NRIC	东京农业大学 Nodai 菌种保藏研究所	
NRRL	美国农业部北方地区研究利用发展实验室	http：//nrrl.ncaur.usda.gov
PCM	波兰微生物菌种保藏中心	http：//surfer.iitd.pan.wroc.pl/index-en.html
PDDCC	新西兰植物致病真菌菌种保藏中心	
RKI	罗伯特-科赫研究所（德国）	http：//www.rki.de
TISTR	泰国科学技术研究所	
TUA	东京农业大学农业化学系（日本）	
UAMH	加拿大 Alberta 大学霉菌标本和菌种保藏室	
UBACC	阿根廷布宜诺斯艾利斯大学菌种保藏中心	
UKNCC	英国国家微生物菌种保藏中心	http：//www.ukncc.co.uk
UPJOHN	美国 Upjohn 公司菌种保藏中心	
UTEX	美国 Texas 大学藻种保藏中心（奥斯汀）	
UTMC	美国 Texas 大学黏菌保藏中心（奥斯汀）	
VKM	俄罗斯科学院微生物生化、生理研究所菌种保藏中心	http：//www.vkm.ru
VKPM	俄罗斯国家工业微生物菌种保藏中心	http：//www.genetika.ru
VPI	美国伐及尼亚综合工艺学院和州立大学	

机构缩写	物种保藏机构名称及国别	物种保藏机构的网址信息
WB	美国 Wisconsin 大学细菌学系	
WDCM	WFCC– 世界微生物数据中心	http：//wdcm.nig.ac.jp
WFCC	世界培养物保藏联合会	http：//www.wfcc.info
WRRL	美国农业部西部地区利用研究和发展实验室	

（周德庆）